量子力学

畠山 温
Hatakeyama Atsushi

［著］

日評ベーシック・シリーズ

日本評論社

まえがき

　量子力学は，大学で学習する物理学の花形ではないかと思う．筆者も学部生時代，はじめて本格的な量子力学を学んで，その概念の斬新さ（100年も前の話を斬新というのは適切ではないかもしれないが）にわくわくしたことを覚えている．また，量子力学の基礎概念の正しい修得は，大学で物理学を学ぶ学生が持てる，他の理工系学生にはない最大の特徴であるといってもよいだろう．本書は，少ない予備知識で，なるべく論理に飛躍がないように量子力学の基本概念を学ぶことを目指した教科書である．本書では，力学，電磁気学，振動・波動，微分積分学，線形代数学の知識が利用されるが，最小限である．解析力学の履修も前提としない．議論の過程で，古典力学で既習のことがらを折にふれ振り返り，量子力学において類似して考えられる点，異なる点を明確にする．数学の復習も必要に応じていれる．

　本書の構成として，最小限の歴史的な導入の後，量子力学に早く慣れるために，初学者には具体的なイメージがわきやすい波動関数により議論をスタートする．その後，抽象的ではあるものの本質が分かりやすく計算もしやすいブラ・ケットの手法を早い段階で導入し，その手法を用いて量子力学の基本的な理論体系を構築する．そして，角運動量の議論をへて，水素原子を取り扱う．

　本書では，量子力学の基礎概念を理解し，最終的には水素原子の内部構造を量子力学的に説明できるところまでを目標とする．大学学部レベルの量子力学の全範囲を網羅しているわけではない．特に，同種粒子，近似法，散乱，の内容がカバーされていない．また本書には，筆者の力不足で理論の厳密さに欠ける記述もあるかと思われる．読者は巻末に挙げる参考図書をはじめ，多くの量子力学の教

科書の中から自分にあった教科書を見つけて学習をさらに発展させてほしい.

本文中には,理解を深めるため多くの例題を詳しい解答例とともに載せてある.最初は読み流してもよいが必ず自分で解くことが望まれる.章末問題にはやや発展的な問題をいくつか収録した.これも巻末に略解をつけたので自分で解き,さらには他書で多くの優れた問題が見つけられるので,それを解くことで自分の理解を深めていってほしい.

量子力学の入門書は数多くあり,本書執筆の提案を受けたとき,最初,新たに自分が教科書を書く意義を考え,ためらいがあったのは事実である.もし本書がいくばくかでも他書にない特徴があり読者の量子力学への入門に役立つことができるとするならば,その多くは,筆者の所属大学で行ってきた量子力学の講義における多くの学生,あるいは同僚との議論によるものであろう.講義では学生に「教えている」ことにはなっているものの,筆者自身も講義を通じて学ぶことが多く,議論をしてくれた学生や同僚に感謝したい.特に講義と演習を一緒に行い,また本書の原稿に目を通してコメントしてくれた太田寛人氏,嘉治寿彦氏には御礼申し上げる.本書には太田氏が演習で準備した問題が多く含まれる.

筆者の研究室の学生にも原稿を読んでもらい,特に関口直太氏,釋佳佑氏からは指摘をもらった.本書執筆に時間が割かれ学生との実験に迷惑をかけたが,本書が諸君の量子力学の復習に役立てば幸いである.

本書は講義ノートがベースとなっているが,教科書としてまで書き上げるにはまた別のレベルの大変さがあり,完成には長い時間がかかってしまった.見つけ損ねた誤りがあった場合は筆者のホームページで随時修正したい.辛抱強く助言と励まし,技術的サポートをいただいた日本評論社の佐藤大器氏をはじめとする関係者に感謝申し上げる.

最後に「締め切りを守らなきゃだめじゃない」と励ましてくれた家族に感謝する.

2017 年 8 月

畠山 温

目次

まえがき … i

第 1 章　光子，電子，原子 … 1
　1.1　光子 … 1
　1.2　電子 … 5
　1.3　原子 … 9

第 2 章　波動関数とシュレーディンガー方程式 … 17
　2.1　波動関数とボルンの確率解釈 … 17
　2.2　シュレーディンガー方程式 … 25

第 3 章　演算子と期待値 … 30
　3.1　物理量の期待値と演算子 … 30
　3.2　エーレンフェストの定理：量子力学の古典的極限 … 35
　3.3　平面波と波束：補足 … 38

第 4 章　定常状態 … 41
　4.1　波動方程式の変数分離による解法の復習 … 42
　4.2　時間に依存しない 1 次元のシュレーディンガー方程式 … 47
　4.3　定常状態を使った時間発展の計算 … 50
　4.4　ポテンシャルエネルギーが空間的に一定の場合の一般解 … 52

第 5 章　束縛状態（1）——井戸型ポテンシャル … 54
　5.1　束縛状態 … 54
　5.2　最も簡単な例：無限の深さの井戸型ポテンシャル … 55
　5.3　有限の深さの井戸型ポテンシャル … 62

第 6 章　束縛状態（2）——調和振動子型ポテンシャル … 73
　6.1　1 次元調和振動子型ポテンシャル … 74
　6.2　定常状態のまとめ … 81

第 7 章　反射と透過 … 85
　7.1　確率の保存と流れ … 85
　7.2　確率の流れの反射と透過 … 87
　7.3　トンネル効果 … 93
　7.4　粒子の透過，反射の物理的イメージ … 98

第 8 章　量子力学の骨組み（1）——ブラ・ケット記法の導入 … 102
　8.1　ケット，ブラ … 103
　8.2　演算子 … 107

iv　　目次

第9章　量子力学の骨組み（2）——固有値・固有ケットと測定 … 116

9.1　固有値，固有ケット … 116

9.2　測定 … 122

第10章　量子力学の骨組み（3）——ケットと波動関数の対応 … 128

10.1　波動関数との対応 … 128

10.2　シュレーディンガー方程式 … 139

第11章　量子力学の骨組み（4）——観測における不確定性関係 … 143

11.1　両立できる観測可能量と両立できない観測可能量 … 143

11.2　不確定性関係 … 146

11.3　量子力学の骨組みの補足 … 150

第12章　角運動量の一般論 … 154

12.1　角運動量演算子の定義 … 154

12.2　角運動量の固有値 … 155

第13章　スピン角運動量 … 162

13.1　角運動量と磁気モーメント … 162

13.2　シュテルン–ゲルラッハの実験 … 163

13.3　連続したシュテルン–ゲルラッハ実験 … 165

13.4　スピン1/2演算子 … 166

13.5　行列表現と基底の変換 … 170

第14章　水素原子（1）——中心ポテンシャル中の粒子 … 175

14.1　中心ポテンシャル中の粒子 … 175

14.2　二体系のシュレーディンガー方程式 … 184

第15章　水素原子（2）——エネルギー固有状態 … 187

15.1　エネルギー準位 … 187

15.2　固有波動関数 … 191

今後の学習のために … 203

写真の出典 … 205

問題の略解 … 206

索引 … 217

第 1 章
光子，電子，原子

19 世紀の終わりから 20 世紀のはじめにかけて，力学，電磁気学，熱力学などが完成し，物理学には未開の領域はないと思われていた．しかし，原子スケールのミクロの世界においてこれらの物理学では説明できない多くの現象が実験的に発見され新しい「量子力学」の誕生につながった．そして量子力学以前の力学は「古典力学」とよばれるようになった．この章では，量子力学が記述するミクロの世界の主役である光子，電子，原子の性質について，それらが明らかになってきた 20 世紀はじめころの歴史を振り返りながら説明する．そして，水素原子の発光スペクトルを説明するために導入されたボーアの原子模型を学ぶ．本書の最終的な目標は，このボーアが説明しようとした水素原子の内部状態を，量子力学的に正しく記述できるようになることである．

1.1 光子

可視光がある種の波であることは，第 2 章で説明するヤングの二重スリットの実験などから知られていた．1865 年，マクスウェルが提示した電磁気学の 4 つの方程式，すなわちマクスウェル方程式により，電場と磁場が空間を振動して伝播していく電磁波の存在が理解されるようになった．伝播速度は真空中では一定の速度である光速 c であり，振動の周波数 ν と波長 λ には $c = \nu\lambda$ の関係がある．そして可視光もある特定の波長領域の電磁波であると認識されるようになった．

しかしその後，光が粒子の集まりのように振る舞う現象がいくつか見つかるようになった．これらの現象は，周波数 ν，波長 λ の光が，次の式で表されるエネ

ルギー E, 運動量 p を持つ**光量子**, すなわち**光子**とよばれる粒子から成り立っていると考えると容易に説明ができた.

$$E = h\nu, \tag{1.1}$$

$$p = \frac{h}{\lambda}. \tag{1.2}$$

ここで導入された定数 h は**プランク定数**とよばれる. 2017 年現在, 国際機関が認める h の推奨値[1]は次のとおりである.

$$h = 6.626070040(81) \times 10^{-34}\,\mathrm{J \cdot s}. \tag{1.3}$$

最後の括弧内の 2 桁の数字はプランク定数の推奨値の最後 2 桁に対する不確かさを表す数字である. $6.626070040 \pm 0.000000081$ と理解すればよく, **標準不確かさ**と呼ばれる.

　光子を厳密に理解するために必要な光の量子論は本書の範囲外であるが, これらの現象は続いて述べる粒子の波動性を理解する上で重要であるので, 光子の概念を使うと簡単に理解できる現象である光電効果とコンプトン効果の 2 つを見ておこう. なお, 2 つの現象には電子が関係する. 電子が発見されその性質が明らかになっていった過程は後の節で扱う.

1.1.1 光電効果

　光電効果は, 光を物質に照射したときに物質中の電子が外部に飛び出す現象である (図 1.1). 飛び出す電子は**光電子**とよばれる. 19 世紀末ごろ, 金属に可視光から紫外線の領域の光を照射したときに光電効果が起こり, 次の特徴があることが知られていた.

光周波数依存性　ある周波数 ν_{lim} 以下の周波数の光では光電効果は起こらない. そして, 光電子の最大の運動エネルギーは光の強さによらず振動数だけで決まり, 振動数とともに直線的に増加する.

光強度依存性　ν_{lim} 以上の周波数の光はどんなに弱くても光電効果が起こり, 単位時間あたりに飛び出す光電子の数は光の強度に比例する.

1]　The 2014 CODATA Recommended Values of the Fundamental Physical Constants より. 以下の推奨値もこれに基づく.

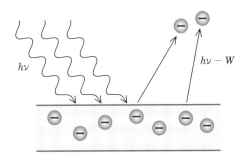

図 1.1　光電効果の概念図

1905 年，アインシュタインは，光がエネルギー $h\nu$ を持つ光子から成り立ち，1 つの光子のエネルギー $h\nu$ を使って 1 つの光電子が飛び出すと考えると光電効果が理解できることを提唱した．

光周波数依存性については次のように説明できる．金属から電子を飛び出させるために最小限必要なエネルギー W（**仕事関数**という）に $h\nu_{\text{lim}}$ は等しく，それより光子のエネルギーが低いと光電効果は起こらない．光電子の最大の運動エネルギーは光子のエネルギーから仕事関数を引いた $h\nu - W$ なので，振動数とともに直線的に増加する．光強度依存性についても，光の強度が単位時間あたりに照射される光子数に比例し，1 個の光電子の放出は光子 1 個で起こると考えることによって説明できる．

1.1.2　コンプトン効果

1923 年，コンプトンは，波長の短い電磁波である X 線を物質に照射したとき，散乱された X 線に照射 X 線より波長のわずかに長いものが混じっていて，その波長の差 $\Delta\lambda$ が散乱角 θ と次の関係にあることを発見した（図 1.2）．

$$\Delta\lambda = \frac{h}{m_e c}(1 - \cos\theta). \tag{1.4}$$

ここで m_e は電子の質量である．この結果は，エネルギー $h\nu = hc/\lambda$，運動量 h/λ を持つ光子と電子が弾性散乱すると考えると，次の例題のように説明できる．

例題 1.1　エネルギー $h\nu$，運動量 h/λ を持つ光子と静止している電子が弾性散

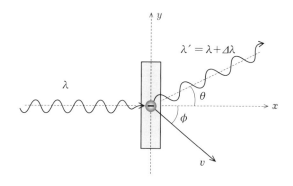

図 1.2 コンプトン効果の概念図

乱する過程に運動量保存則とエネルギー保存則を適用することにより，(1.4) を示せ．

解　図 1.2 にあるように，入射光子と散乱光子，散乱電子が含まれる面を xy 平面とし，光子の入射方向を x 軸とする．x 軸から測った光子と電子の散乱方向の角度をそれぞれ θ, ϕ とする．散乱光子の波長を λ'，散乱電子の速度を v とする．x 軸方向，y 軸方向の運動量保存則より，

$$\frac{h}{\lambda} = \frac{h}{\lambda'} \cos\theta + m_e v \cos\phi, \tag{1.5}$$

$$0 = \frac{h}{\lambda'} \sin\theta - m_e v \sin\phi. \tag{1.6}$$

また，エネルギー保存則より，

$$\frac{hc}{\lambda} = \frac{hc}{\lambda'} + \frac{1}{2} m_e v^2. \tag{1.7}$$

(1.5)，(1.6) より

$$(m_e v \cos\phi)^2 + (m_e v \sin\phi)^2 = m_e^2 v^2$$
$$= \left(\frac{h}{\lambda} - \frac{h}{\lambda'}\cos\theta\right)^2 + \left(\frac{h}{\lambda'}\sin\theta\right)^2 = h^2\left(\frac{1}{\lambda^2} + \frac{1}{\lambda'^2} - \frac{2}{\lambda\lambda'}\cos\theta\right). \tag{1.8}$$

これを (1.7) に代入すると，

$$\frac{hc}{\lambda} - \frac{hc}{\lambda'} = \frac{h^2}{2m_e}\left(\frac{1}{\lambda^2} + \frac{1}{\lambda'^2} - \frac{2}{\lambda\lambda'}\cos\theta\right). \tag{1.9}$$

両辺に $\lambda\lambda'/(hc)$ をかけて，$\lambda \simeq \lambda'$ のとき $\lambda'/\lambda + \lambda/\lambda' \simeq 2$ とする近似を使うと，

$$\lambda' - \lambda = \frac{h}{m_e c}(1 - \cos\theta) \tag{1.10}$$

となる．$\Delta\lambda = \lambda' - \lambda$ なので（1.4）は示された．　　　　□

1.2　電子

19 世紀にはすでに物質は小さな粒子の集まりであると認識されていて，その粒子は原子とよばれていた．ここからは原子自身の性質が明らかになっていく経過を見る．まず最初は電子の発見である．

1.2.1　トムソンの実験

両端に電極を内蔵したガラス管に希薄な気体を閉じ込めて，電極に高電圧を加えると気体が光り始める．これは**真空放電**[2]とよばれる現象である．19 世紀末には，真空放電では電位の低い電極である陰極から電位の高い電極である陽極に向けて何かが飛び出していると考えられるようになり，その飛び出しているものは**陰極線**と名付けられた．陰極線の正体は最初分からなかったが，いろいろな実験の結果から，負の電荷を持った粒子の流れなのではないかと推測されるようになった．これが後に**電子**とよばれる粒子である．

1897 年，トムソンは，電子の性質として，電気量の大きさ（e とおく）と質量（m_e とおく）の比を測定した．図 1.3 にその実験装置の概念図を示す．トムソンは，真空中において陰極線に電場もしくは磁場をかけてその軌道の変化を調べた．以下例題として見てみよう．

例題 1.2　　図 1.3 のような装置で，電子を x 軸に沿って正の方向に速さ v_0 で入射する．途中に電子の軌道を曲げる偏向板がある．電子の軌道の変化は下流に設置してある検出器で測定する．次のことを示せ．

（1）偏向板に電場をかけたときの軌道の変化を測定すると，入射速度 v_0 がわかっていれば e/m_e が求められる．

2]　希薄気体の放電を利用した機器として身近なものとしては，近年（2017 年現在）LED 照明への置き換えが急速に進んでいるものの，蛍光灯があげられる．

第 1 章 光子，電子，原子

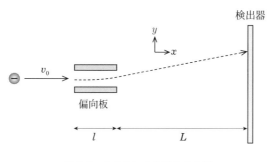

図 1.3 トムソンの実験の概念図

(2) 偏向板の領域に電場に加えて磁場も電場および電子入射方向に垂直にかけたとき，軌道が変化しない磁場の大きさから入射速度 v_0 が求められる．

解 (1) 偏向板に速さ v_0 で電子が入射したとする．電子は大きさが e の負の電荷を持つので，大きさ E の電場が $-y$ 方向にかかっていると，$+y$ 方向に大きさ eE の力を受ける．長さ l の偏向板を抜けるのにかかる時間 t_1 は $t_1 = l/v_0$ なので，その間の電子の軌道の y 方向への変位 y_1 は

$$y_1 = \frac{1}{2}\frac{eE}{m_\mathrm{e}}\left(\frac{l}{v_0}\right)^2$$

である．偏向板を通り抜けた後，電子は等速度運動をする．y 方向の速度は $\dfrac{eE}{m_\mathrm{e}}\dfrac{l}{v_0}$ である．また検出器までの距離は L なので到達するまでの時間 t_2 は $t_2 = L/v_0$ である．よってこの間の電子の軌道の y 方向への変位 y_2 は

$$y_2 = \frac{eE}{m_\mathrm{e}}\frac{l}{v_0}\frac{L}{v_0}$$

である．検出器では $y_1 + y_2$ を測定する．E, l, L は実験で設定する値でわかっているので，v_0 がわかればこの測定より比電荷 e/m_e を求めることができる．

(2) 偏向板の領域に磁場 B を紙面に垂直に表面から裏面の方向にかけると，ローレンツ力が $-y$ 方向にはたらく．その大きさは eBv_0 である．電子の軌道が変化しないとき，電場から受ける力と磁場から受ける力が釣り合うので，$eE = eBv_0$，つまり $v_0 = E/B$ である．E, B は実験で設定する値でわかっているので，この測定から v_0 を求めることができる．(1)(2) の測定をあわせると，比電荷

e/m_e が求められる. □

　電子の**比電荷**とよばれるこの量 e/m_e の値は，2017 年時点では

$$\frac{e}{m_e} = 1.758820024(11) \times 10^{11}\,\mathrm{C/kg} \tag{1.11}$$

が推奨されている．この比電荷の値は，物質の最小の構成要素として当時知られていた原子の荷電粒子（イオン）の比電荷より何桁も大きく，最も軽いイオンである水素イオンの約 1800 倍であった．また，電子の比電荷は電極の種類を変えても同じ値であり，電子は多くの物質に共通に含まれることがわかった．別の実験から，イオンと電子の電荷の大きさは同じであることがわかったので，比電荷の大きな違いは電子と原子の質量の違いに由来していることが明らかになった．したがって電子は，物質の質量の一部しか占めないものの，物質の共通の構成要素であることがわかった．

1.2.2　ミリカンの実験

　電子の電荷の大きさ e は**電気素量**とよばれる．ミリカンは 1909 年の実験において，帯電した油滴の電気量がある値の整数倍しかないことを明らかにした．この値の大きさが電気素量である．現在の精密な計測に基づく推奨値は，

$$e = 1.6021766208(98) \times 10^{-19}\,\mathrm{C} \tag{1.12}$$

である．

　図 1.4 にその実験の概念図を示す．帯電した油の粒（油滴）を空気中で電場をかけながら落下させ，その終端速度を測定することにより電気量を求める．まず電場がかかっていないとき，重力 Mg（M は油滴の質量，g は重力加速度）と空気抵抗 kv_{t1} とがつりあう：$Mg = kv_{t1}$．ここで v_{t1} は終端速度（下向きを正）で，それに比例定数 k で比例する空気抵抗がはたらくとしている．つづいて大きさ E の電場を重力と反対方向にかけた場合の終端速度を v_{t2} とすると，つりあいの式は次のようになる：$Mg - qE = kv_{t2}$．ただし q は帯電した油滴の電気量である．この 2 つの式より Mg を消去して $qE = k(v_{t1} - v_{t2})$ の式を得る．E は実験で設定する値であり，v_{t1}, v_{t2} を測定から求め，k も油滴の大きさより見積もられるの

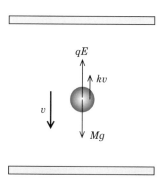

図 1.4　ミリカンの実験の概念図

で，結果として q を導出することができる．この値がある値の整数倍であるのを示したのがミリカンの発見であった．

1.2.3　電子の波動性

電子は質量 m_e，電荷 $-e$ の粒子と見なせることを述べてきた．しかし，電子が波のように振る舞う現象が見つかるようになった．その実験の 1 つが，1927 年にデビッソン，ガーマーが電子線を固体結晶に照射しその散乱パターンを観測した実験である．図 1.5 に示す通り，ある速度の電子線に対し散乱電子が特定の角度で強く観測された．その角度は，電子がある波長を持った波であると考えて導かれる干渉の強め合う方向によく一致していた．そしてその波長は，1924 年にド・ブロイが提唱していた次の仮説の予言と一致していた．ド・ブロイの仮説とは，光（電磁波）が粒子の性質を持つのと同様に粒子も波の性質を持つ，としたもので，その波は物質波あるいはド・ブロイ波とよばれる．ド・ブロイは物質波の波長（ド・ブロイ波長）λ と粒子の運動量 p が光子の場合と同様の次の関係にあるとした．

$$\lambda = \frac{h}{p}. \tag{1.13}$$

電子の干渉については，第 2 章でもう一度詳しく議論する．

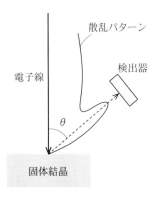

図 1.5　デビッソン–ガーマーの実験の概念図

1.3　原子

1.3.1　原子核

物質中には負の電荷を持った電子が存在していることが明らかになった．物質は通常電気的に中性なので，物質あるいは物質を構成している原子には正の電荷をもった部分があるはずである．しかも電子は一番軽い水素原子と比べても約 1800 分の 1 の質量しか持たないため，その正の電荷を持った部分が物質あるいは原子の質量の大部分を担っている．

1909 年にラザフォードらは，α 粒子[3]とよばれる運動エネルギーの大きい荷電

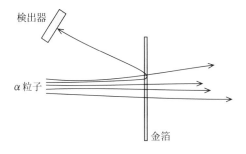

図 1.6　ラザフォードの実験の概念図

3]　^{4}He 原子の原子核である．

10　第 1 章｜光子，電子，原子

粒子を金箔に照射し，α 粒子がどのように散乱されるかを調べた（図 1.6）．ほとんどの α 粒子は金箔をまっすぐ通過するが，ごく一部，入射方向に大きく散乱されることがわかった．ラザフォードはその後，この実験結果は原子の中心のごく狭い領域に正の電荷をもったものが集中していると考えれば説明できることを示した．この原子の中心のごく狭い領域に存在する正の電荷をもったものが**原子核**である．

1.3.2　原子構造のモデル

原子核の発見により，原子の内部では正の電荷を持った重い原子核のまわりを負の電荷を持った軽い電子が回っている，という太陽と惑星からなる太陽系のようなモデルが考えられるようになった．原子の場合に粒子同士にはたらく力はクーロン力で，太陽系の場合は重力である．

式で記述してみよう．電子が 1 つの水素原子を想定し，原子核は十分重いとして原点に固定されているとする．電子は原子核からの距離 r を半径として等速円運動をしているとする．電子のポテンシャルエネルギー E_{pot} は，無限遠をエネルギーの基準（ゼロ）として，

$$E_{\mathrm{pot}} = -\frac{e^2}{4\pi\varepsilon_0 r} \tag{1.14}$$

である．ε_0 は真空の誘電率（電気定数）である．電子の運動エネルギー E_{kin} は，円運動の速さを v とすると，

$$E_{\mathrm{kin}} = \frac{1}{2}m_{\mathrm{e}}v^2 \tag{1.15}$$

である．円運動のときの向心力は原子核が電子に及ぼすクーロン力に等しいので

$$m_{\mathrm{e}}\frac{v^2}{r} = \frac{e^2}{4\pi\varepsilon_0 r^2}. \tag{1.16}$$

これらの式より，電子の全エネルギー E は次のように書ける．

$$E = \frac{1}{2}m_{\mathrm{e}}v^2 - \frac{e^2}{4\pi\varepsilon_0 r} = -\frac{e^2}{8\pi\varepsilon_0 r}. \tag{1.17}$$

つまり，電子の全エネルギーは，円運動の半径 r（あるいは円運動の速さ v）で決まり，r（あるいは v）が変わると連続的に変わる．

ただしこのモデルには問題があった．まず 1 つめとして，電子が原子核の周り

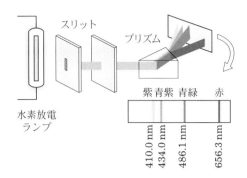

図 1.7　水素原子の発光スペクトル

を円運動しているとすると，電子は円運動の周波数に等しい周波数の電磁波を放出しエネルギーを失うことが電磁気学より知られていた．そのエネルギー放出の速さを計算すると，電子はあっという間にエネルギーを失い原子核に落ち込んでしまい，原子は安定して存在できないことになってしまう（章末問題参照）．そして 2 つめとしては，原子から放出される光を分光器で各波長にわけて観察することにより，原子はとびとびのある特定の波長の光を放出することが知られていた．この理由がまったく説明できないのである．

2 つめの問題について，原子からの発光スペクトルの実験結果を見てみる．図 1.7 が放電により光った水素ランプからの光のスペクトルである．ある特定の波長でのみ光が観測されているのがわかる．このスペクトル線の波長 λ には次の式で表される規則性があることが経験的に見いだされた．

$$\frac{1}{\lambda} = R\left(\frac{1}{n'^2} - \frac{1}{n^2}\right). \tag{1.18}$$

ここで $n' = 1, 2, 3, \cdots$ の整数で，n は n' より大きい整数である．R はリュードベリ定数とよばれ，$R = 1.097 \times 10^7\,\mathrm{m^{-1}}$ である．

1.3.3　ボーアの原子模型

この問題を解決するために，ボーアは 1913 年に大胆な仮説を立てた．
(1) 電子は 1.3.2 節で説明したように原子核の周りを等速円運動するが，ある特定の半径の軌道だけが許され，その軌道で運動している間はエネルギーは失わない．

12　第 1 章｜光子，電子，原子

(2)　異なる軌道に電子は飛び移ることができ，飛び移った前後の軌道のエネルギー差 ΔE と $\Delta E = h\nu$ の関係がある周波数 ν の光を放出あるいは吸収する（飛び移る前のエネルギーが後より高い場合に光を放出する）.

これらの仮説の根拠は明白ではなかったが，この仮説を認めて，さらに，許される特定の軌道半径が

$$2\pi r_n = n\frac{h}{m_e v_n} \qquad (n = 1, 2, 3, \cdots) \tag{1.19}$$

であるとすると，実験結果を見事に計算で再現することができた．その計算は下記の例題で取り扱う．ここで v_n は半径 r_n のときの電子の速さである．(1.13) の物質波の波長を考えると，(1.19) には円運動の円周が電子の波長の整数倍である，という幾何学的な意味がある．

なお $n = 1$ である最小の半径は**ボーア半径**とよばれ，しばしば文字 a_0 を使って表される．値は

$$\text{ボーア半径}：a_0 = \frac{h^2\varepsilon_0}{\pi e^2 m_e} \tag{1.20}$$

である．これも例題で求めよう．

例題 1.3　(1) ボーアの原子模型において，ある n のときの軌道半径 r_n をもとめよ.

(2) (1.18) を導け.

解　(1) (1.16) において $r \to r_n, v \to v_n$ と置き換えた式と (1.19) より v_n を消去すると，

$$r_n = \frac{h^2\varepsilon_0}{\pi e^2 m_e}n^2 \tag{1.21}$$

を得る．特に $n = 1$ のときの値はボーア半径とよばれ (1.20) となる．ボーア半径の値を計算すると，

$$\text{ボーア半径}：a_0 = \frac{h^2\varepsilon_0}{\pi e^2 m_e} = \frac{(6.626 \times 10^{-34})^2 \times 8.854 \times 10^{-12}}{3.142 \times (1.602 \times 10^{-19})^2 \times 9.109 \times 10^{-31}}$$
$$= 5.292 \times 10^{-11}\,\text{m}$$

となる.

（2）（1）で求めた式を（1.17）の r に代入すると，ある n のときの電子のエネルギー E_n は

$$E_n = -\frac{e^4 m_{\mathrm{e}}}{8\varepsilon_0^2 h^2 n^2}.\tag{1.22}$$

最低のエネルギーは $n = 1$ のときなので，数値を代入して eV 単位[4]で求めると，

$$E_1 = -\frac{(1.602 \times 10^{-19})^4 \times 9.109 \times 10^{-31}}{8 \times (8.854 \times 10^{-12})^2 \times (6.626 \times 10^{-34})^2} \times \frac{1}{1.602 \times 10^{-19}} = -13.60\,\mathrm{eV}$$

となる．エネルギーの基準（ゼロ）が電子が原子核より無限に離れて静止しているときであることに注意すると，水素原子の最低エネルギー状態にある電子を電離させる（最低エネルギー状態の水素原子をイオン化する）には最低限 $13.60\,\mathrm{eV}$ のエネルギーが必要であることがわかる．

$n'(>n)$ の軌道から n の軌道に電子が飛び移ったとき，エネルギーの変化は

$$E_n - E_{n'} = \frac{e^4 m_{\mathrm{e}}}{8\varepsilon_0^2 h^2}\left(\frac{1}{n^2} - \frac{1}{n'^2}\right)\tag{1.23}$$

である．このエネルギーの変化が，原子の発光する光の波長 λ と $E_n - E_{n'} = hc/\lambda$ の関係にあるので，

$$\frac{1}{\lambda} = \frac{e^4 m_{\mathrm{e}}}{8\varepsilon_0^2 h^3 c}\left(\frac{1}{n^2} - \frac{1}{n'^2}\right)$$

となる．この式はリュードベリ定数 R を

$$R = \frac{e^4 m_{\mathrm{e}}}{8\varepsilon_0^2 h^3 c}$$

とすると（1.18）と一致する．実際 R の値を計算してみると，

$$\frac{(1.602 \times 10^{-19})^4 \times 9.109 \times 10^{-31}}{8 \times (8.854 \times 10^{-12})^2 \times (6.626 \times 10^{-34})^3 \times 2.998 \times 10^8} = 1.097 \times 10^7\,\mathrm{m}^{-1}$$

であり，実験値を再現するために決められた値と一致する．　　　　□

ボーアの原子モデルは水素原子の発光スペクトルを正確に再現することができたが，その根拠は不明であった．その後，量子力学の確立により，基本原理に基

4]　$1\,\mathrm{eV}$ は電荷 e の粒子を $1\,\mathrm{V}$ の電圧で加速したときに粒子が得るエネルギーで，$1\,\mathrm{eV} = 1.602 \times 10^{-19}\,\mathrm{J}$ である．電子や原子の世界を記述するのに便利な単位である．

づき水素原子の発光スペクトルの説明ができるようになった．ボーアの仮説の2番目の説明は本書では範囲外だが，仮説の1番目は，原子の内部構造を量子力学的に正しく理解することで説明できる．これを最終目標として，次章から一歩一歩基礎概念を学んで行こう．

演習問題

問 1.1 原子核の周りを電子が大きさ a の加速度で等速円運動しているとしたとき，電磁気学に従うと，電子は次のレートで電磁波としてエネルギーを放出する（ラーマーの公式）．

$$S = \frac{e^2}{4\pi\varepsilon_0} \frac{2a^2}{3c^3} \tag{1.24}$$

ボーア半径 a_0 で等速円運動をしている水素原子の電子がエネルギーを放出して半径0になるまでの時間を見積もれ．

COLUMN | 量子力学を創った人物——ノーベル賞で振り返る

本書では量子力学が創られた歴史をたどる説明はごく最小限にとどめた．しかし，革新的な量子力学の理論体系が多くの研究者の議論のもとに作り上げられて行った過程を学ぶことは意義深いので，ぜひ他書にあたってほしい．古典的な名著として朝永振一郎[5]著，『量子力学I』『量子力学II』（みすず書房）を挙げたい．

本コラムでは，1, 2章を中心に本書に登場する研究者が受賞したノーベル物理学賞の歴史を振り返ろう．物理学者の写真もみて「歴史」を感じてほしい．

- 1906年　トムソン（Joseph John Thomson）：気体の電気伝導に関する理論的実験的研究
- 1908年（化学賞）　ラザフォード（Ernest Rutherford）：元素の崩壊および放射性物質の化学に関する研究
- 1918年　プランク（Max Karl Ernst Ludwig Planck）：エネルギー量子の発見

- 1921 年 アインシュタイン（Albert Einstein）：理論物理学への貢献，とくに光電効果の法則の発見
- 1922 年 ボーア（Niels Henrik David Bohr）：原子の構造とその放射に関する研究
- 1923 年 ミリカン（Robert Andrews Millikan）：電荷の単位と光電効果に関する業績
- 1927 年 コンプトン（Arthur Holly Compton）：コンプトン効果の発見
- 1929 年 ド・ブロイ（Prince Louis-Victor Pierre Raymond de Broglie）：電子の波動性の発見
- 1932 年 ハイゼンベルグ（Werner Karl Heisenberg）：量子力学の確立とオルト・パラ水素の発見

- 1933年 シュレーディンガー，ディラック（Erwin Schrödinger and Paul Adrien Maurice Dirac）：新形式の原子理論の発見
- 1937年 デビッソン，トムソン（Clinton Joseph Davisson and George Paget Thomson）：結晶による電子の干渉現象の実験的発見
- 1943年 シュテルン（Otto Stern）：分子線の方法の開発と陽子の磁気モーメントの発見
- 1954年 ボルン（Max Born）：量子力学の基礎研究，とくに波動関数の統計的解釈

E. シュレーディンガー　P. ディラック　C. デビッソン

G. トムソン　O. シュテルン　M. ボルン

5]　（14ページ）1965年ノーベル物理学賞受賞．朝永を「ともなが」と読めない物理学科の学生がいる，というのは一昔前の冗談だったが，今や冗談ではなくごく普通ではないかと危惧する．近年日本人のノーベル賞受賞者がどんどん増えているため朝永氏の希少性が小さくなった，と前向きにとらえたい．

第2章
波動関数とシュレーディンガー方程式

　この章では，原子サイズの世界を記述するための方法を考えるにあたり，粒子と波動の二重性が顕著に現れる電子の二重スリットの干渉実験の結果を紹介する．そして，その結果を説明するために「波動関数」とその意味を与える「ボルンの確率解釈」を天下り的に導入する．これらの導入により，電子の干渉パターンが説明できることを示す．続いて，その波動関数の時間発展を記述する「シュレーディンガー方程式」を導入する．

2.1　波動関数とボルンの確率解釈

2.1.1　二重スリットの干渉実験

　読者はヤングの二重スリットの実験をご存知だろう．図 2.1 に模式的に示された装置において，光源から出た光が 2 つのスリットを通り抜け，スクリーン上で縞模様を生じるというものだ．この縞模様は，2 つのスリットから出た光が干渉して強め合ったり弱め合ったりして生じるもので，干渉縞とよばれる．この現象は 2 つのスリットから出た光の波が重ね合わされた結果生じると理解できる．

　この干渉縞が現れる理由を以下に計算で示してみよう．光は電磁波であり，電場と磁場が真空中を振動しながら伝播していく．今，光の電場は図 2.1 の紙面垂直方向の成分のみを持っているとし，それを E とする．スクリーン上で測定するのは光の強度で，それは E^2 の時間平均に比例する．したがって，これからスクリーン上の各位置での E^2 を計算し，干渉縞が現れることを示す．

　光の波長を λ とする．図 2.1 に示すようにスクリーン上に X 軸をとり，スリッ

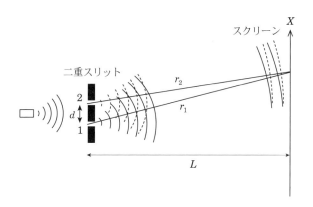

図2.1 ヤングの二重スリットの実験

ト 1,2 から X 軸上の点 P(X) までの距離を r_1, r_2 とする．スリット 1,2 から出た光の電場をそれぞれ E_1, E_2 とおくと，時刻 t での点 P における電場は次のように書ける．

$$E_1(X, t) = A_1 \cos(kr_1 - \omega t), \tag{2.1}$$

$$E_2(X, t) = A_2 \cos(kr_2 - \omega t) \tag{2.2}$$

ここで，A_1, A_2 はそれぞれのスリットを通った光の電場の振幅である．スクリーンはスリットより十分離れていて平面波と見なせるようになっているため，A_1, A_2 は X に依存せずに一定と考える．k は光の波数であり，$k = 2\pi/\lambda$ である．ω は光の角周波数であり，光速 c を使って $\omega = 2\pi c/\lambda = ck$ の関係がある．これらの式を使って点 P での光強度に比例する E^2 の時間平均を計算する．

$$\begin{aligned}
E^2 &= (E_1 + E_2)^2 = (A_1 \cos(kr_1 - \omega t) + A_2 \cos(kr_2 - \omega t))^2 \\
&= A_1^2 \cos^2(kr_1 - \omega t) + A_2^2 \cos^2(kr_2 - \omega t) + 2A_1 A_2 \cos(kr_1 - \omega t) \cos(kr_2 - \omega t) \\
&= \frac{A_1^2}{2}(1 + \cos 2(kr_1 - \omega t)) + \frac{A_2^2}{2}(1 + \cos 2(kr_2 - \omega t)) \\
&\quad + A_1 A_2 (\cos(k(r_1 + r_2) - 2\omega t) + \cos(k(r_1 - r_2))).
\end{aligned} \tag{2.3}$$

最後の式変形で三角関数の公式を用いた．これらの項の中で光の周波数で極めて速く（周波数 2ω で）振動する項は時間平均をとるとゼロになる．平均をとって残るのは次の通りである．

$$\overline{E^2} = \frac{A_1^2}{2} + \frac{A_2^2}{2} + A_1 A_2 \cos(k(r_1 - r_2)). \tag{2.4}$$

最初の 2 項は定数である．最後の項の $r_1 - r_2$ を次のように近似して計算する．

$$r_1 - r_2 = \left(L^2 + \left(X + \frac{d}{2} \right)^2 \right)^{1/2} - \left(L^2 + \left(X - \frac{d}{2} \right)^2 \right)^{1/2}$$

$$\simeq L \left(1 + \frac{1}{2} \left(\frac{\left(X + \frac{d}{2} \right)}{L} \right)^2 \right) - L \left(1 + \frac{1}{2} \left(\frac{\left(X - \frac{d}{2} \right)}{L} \right)^2 \right) = \frac{dX}{L} \tag{2.5}$$

ここで，スリットからスクリーンまでの距離 L はスリットの間隔 d や X より十分大きいとして，$|\varepsilon| \ll 1$ のときに成り立つ近似式 $(1 + \varepsilon)^{1/2} \simeq 1 + \frac{1}{2}\varepsilon$ を用いた．よって，最終的に

$$\overline{E^2} \simeq \frac{A_1^2}{2} + \frac{A_2^2}{2} + A_1 A_2 \cos \left(\frac{kd}{L} X \right). \tag{2.6}$$

を得る．これよりスクリーン上の X 軸上で，光強度が周期 $2\pi L/(kd) = \lambda L/d$ の干渉縞を描くことが示せた．

　このヤングの二重スリットの干渉実験と類似の実験を電子を使って行ったのが，1989 年の外村 彰らである．電子源から出た電子ビームは電子線バイプリズムと呼ばれる装置で 2 つに分けられた経路を通った後，電子の検出器上で重ねられる．外村らは装置の注意深い調整の結果，図 2.2 のような結果を得た．電子ビームは流量が小さく，電子の検出器上でぽつり，ぽつりと 1 個ずつ点として検出され記録される．最初は検出点はまばらでランダムな位置に検出されているように見えるが，時間をかけてその点を積算していくと，ヤングの実験と同じような縞模様が浮かび上がってくるのである．

2.1.2　波動関数とボルンの確率解釈

　この電子の二重スリットの実験結果は，電子のようなミクロの世界の粒子が波としての性質を持っていることをわかりやすく示している．その波動的な粒子の状態を記述するために，量子力学では**波動関数**というものを考える．古典力学では時刻 t における粒子の位置 $x(t)$ でその粒子の状態を表すことができた．それに対して量子力学では，波動関数で粒子の状態を表すのである．このことを本書で

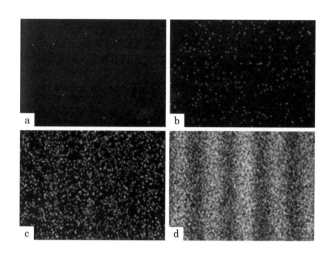

図 2.2 電子の二重スリット実験における電子の検出結果. 電子の数は (a) 8, (b) 270, (c) 2000, (d) 60000.

は量子力学の前提としよう. その波動関数によって二重スリット実験の干渉縞はどのように説明されるのであろうか. それにはボルンが 1926 年に立てた次の仮説を用いる.

> **ボルンの確率解釈**
>
> 波動関数 $\psi(x,t)$ で表されるある状態の 1 つの粒子に対して, 時刻 t に粒子の位置の測定を行うとき, 点 x を含む微小区間 dx に粒子の見いだされる確率は $|\psi(x,t)|^2 dx$ に比例する[1]. もし $\psi(x,t)$ に適当な数をかけて $\int_{-\infty}^{\infty} |\psi(x,t)|^2 dx = 1$ となるように規格化 (意味は後述) していれば, $|\psi(x,t)|^2 dx$ はその絶対確率を与える.

つまり,「波」としての性質は波動関数が担うが, ある場所にその波動関数が表す確率で「粒子」として検出される, ということで波と粒子の二重性を説明するのである. この仮定は初学者にはまったく唐突であるが, これまで知られている限りこの解釈で多くの実験結果が矛盾なく説明できるので, この解釈を本書では量

---

[1] すぐ後にみるように波動関数は一般的には複素数なので $|\psi(x,t)|^2$ は $\psi(x,t)$ とその複素共役 $\psi(x,t)^*$ の積の $|\psi(x,t)|^2 = \psi(x,t)^* \psi(x,t)$ である.

子力学の基本的な前提の1つとしよう．なお $|\psi(x,t)|^2$ のことを**確率密度**とよぶ．

規格化の意味：上述の定義に基づくと，一般に $x=a$ から $x=b$ までの区間に粒子が検出される確率は $\int_a^b |\psi(x,t)|^2 dx$ である．したがって，$\int_{-\infty}^{\infty} |\psi(x,t)|^2 dx$ は，空間中のどこか（$x=-\infty$ から $+\infty$ の間）に粒子を観測する確率である．粒子は空間中のどこかで必ず観測されるので，その確率は1である（100%の確率でどこかで検出されるということ）．このように規格化しておけば，$|\psi(x,t)|^2 dx$ は比例的なものではなく絶対的な検出確率を与える．通常，波動関数は規格化して扱うが，定数倍だけ異なる波動関数も必要に応じて規格化すればよいので，定数倍だけ異なる波動関数はすべて同じ物理状態を表すとする．

確率密度や規格化に慣れるために，次の例題を解いてみよう．

例題2.1 時刻 $t=0$ での粒子の状態を表す波動関数が

$$\psi(x, t=0) = \frac{1}{\sqrt{2a}} \left(\sin\left(\frac{\pi}{a}x\right) - \cos\left(\frac{\pi}{2a}x\right) \right) \quad (-a \leqq x \leqq a),$$
$$= 0 \quad (x < -a, a < x) \tag{2.7}$$

であるとする（図2.3）．
(1) 粒子を検出する確率が一番高い位置は図の (a) 〜 (c) のうちどこか．
(2) この波動関数が規格化されていることを示せ．

解 (1) 粒子を検出する確率が一番高いのは，確率密度 $|\psi(x,t=0)|^2$ が

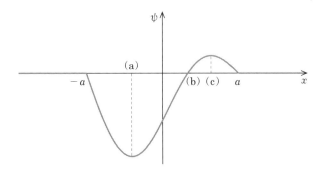

図2.3 波動関数 $\psi(x,t=0)$

一番大きい位置である．したがって（a）．

（2）　規格化されていることを示すには，

$$\int_{-\infty}^{\infty} |\psi(x, t=0)|^2 dx = 1 \tag{2.8}$$

を示せばよい．$x < -a, a < x$ で $|\psi(x, t=0)|^2 = 0$ なので積分区間は $-a \leqq x \leqq a$ になり，

$$\int_{-\infty}^{\infty} |\psi(x, t=0)|^2 dx = \int_{-a}^{a} |\psi(x, t=0)|^2 dx$$

$$= \frac{1}{2a} \int_{-a}^{a} \left(\sin^2\left(\frac{\pi}{a}x\right) + \cos^2\left(\frac{\pi}{2a}x\right) - 2\sin\left(\frac{\pi}{a}x\right)\cos\left(\frac{\pi}{2a}x\right) \right) dx. \tag{2.9}$$

各項を積分すると，

$$\int_{-a}^{a} \sin^2\left(\frac{\pi}{a}x\right) dx = \int_{-a}^{a} \frac{1 - \cos\left(\frac{2\pi}{a}x\right)}{2} dx = \left[\frac{x}{2} - \frac{a}{4\pi}\sin\left(\frac{2\pi}{a}x\right) \right]_{-a}^{a} = a, \tag{2.10}$$

$$\int_{-a}^{a} \cos^2\left(\frac{\pi}{2a}x\right) dx = \int_{-a}^{a} \frac{1 + \cos\left(\frac{\pi}{a}x\right)}{2} dx = \left[\frac{x}{2} + \frac{a}{2\pi}\sin\left(\frac{\pi}{a}x\right) \right]_{-a}^{a} = a, \tag{2.11}$$

$$-\int_{-a}^{a} 2\sin\left(\frac{\pi}{a}x\right)\cos\left(\frac{\pi}{2a}x\right) dx = -\int_{-a}^{a} \left(\sin\left(\frac{3\pi}{2a}x\right) + \sin\left(\frac{\pi}{2a}x\right) \right) dx$$

$$= -\left[-\frac{2a}{3\pi}\cos\left(\frac{3\pi}{2a}x\right) - \frac{2a}{\pi}\cos\left(\frac{\pi}{2a}x\right) \right]_{-a}^{a} = 0. \tag{2.12}$$

よって，

$$\int_{-\infty}^{\infty} |\psi(x, t=0)|^2 dx = \frac{1}{2a}(a + a + 0) = 1 \tag{2.13}$$

であり確かに規格化されている．　　　　　　　　　　　　　　　　　□

それでは波動関数とボルンの確率解釈を使って，ヤングの実験と同様に，電子の二重スリット実験の結果を説明してみよう．そのためには，電子の状態を表す波動関数を知らなくてはいけない．スリット（バイプリズム）とスクリーン（検出器）の間では電子にはなにも力がはたらかない．そのような領域を自由空間と

いう．また電子はある決まった大きさの運動量を持っているとしよう．そのような粒子の状態を表す波動関数を本書では次の式のように与え，量子力学の前提とする．それは実数の関数ではなく複素数の関数である．1次元空間[2]において，

$$\psi(x,t) = A\exp(i(kx - \omega t)). \tag{2.14}$$

と表される．A は定数であり，一般に複素数である．$\exp(i(kx - \omega t))$ は実数の関数 $\cos(kx - \omega t), \sin(kx - \omega t)$ を使って $\exp(i(kx - \omega t)) = \cos(kx - \omega t) + i\sin(kx - \omega t)$ と書け，$kx - \omega t$ の部分は位相と呼ばれる．この形の関数は平面波を表す関数とよく呼ばれる．後で述べるように3次元空間で考えると「平面」波の意味がむしろわかりやすいだろう．

　このとき，この波の波数 k と角振動数 ω は，第1章で述べたように，プランク定数 h，あるいは $\hbar = h/(2\pi)$ を使って，粒子の運動量 p，エネルギー E と次のような関係があるとする．

$$k = \frac{2\pi}{\lambda} = \frac{2\pi p}{h} = \frac{p}{\hbar}, \tag{2.15}$$

$$\omega = \frac{E}{\hbar}. \tag{2.16}$$

これらを式（2.14）に代入すると，

$$\psi(x,t) = A\exp(i(px - Et)/\hbar) \tag{2.17}$$

となる．

　なお3次元空間では，位置 x の代わりに位置ベクトル $\boldsymbol{r} = (x, y, z)$，波数 k の代わりに波数ベクトル $\boldsymbol{k} = (k_x, k_y, k_z)$ を用いて，自由空間において運動量 $\hbar\boldsymbol{k}$，エネルギー $\hbar\omega$ を持つ粒子の状態は次の式で表される．

$$\psi(\boldsymbol{r},t) = A\exp(i(\boldsymbol{k}\cdot\boldsymbol{r} - \omega t)) = A\exp(i(k_x x + k_y y + k_z z - \omega t)) \tag{2.18}$$

この式をみると，位相 $\boldsymbol{k}\cdot\boldsymbol{r} - \omega t$ がある時刻において等しい等位相面は $\boldsymbol{k}\cdot\boldsymbol{r} =$ 一定を満たす面であり，つまり $\boldsymbol{k}$ に垂直な平面である．このことからこの式が平面波を表すことがわかる（図 2.4）．

　2] 身のまわりは3次元空間なので1次元空間では逆に混乱するかもしれないが，数学的な複雑さを避け理論の本質をつかむには1次元空間の議論で十分なので，本書ではまず1次元空間での問題を扱う．3次元空間において，ある一方向（たとえば x 軸方向）に沿ってしか運動しないような場合は1次元空間の問題になる．

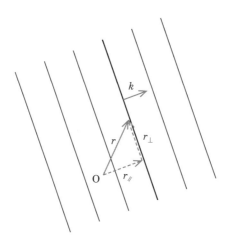

図 2.4 平面波のイメージ図．ある等位相面（太線）上の点の位置ベクトル r が $k \cdot r = k \cdot (r_{/\!/} + r_\perp) = k \cdot r_{/\!/} = $ 一定 を満たしているのがわかる．

ここまでの知識を利用して，冒頭で述べた電子の二重スリットの干渉実験の干渉パターンを考えてみよう．

例題 2.2 本章の冒頭に述べた二重スリットにおける電子の干渉実験の結果を，平面波の波動関数とボルンの確率解釈を使って説明せよ．

解 考え方は，ヤングの二重スリットの実験において光の干渉縞を計算したときと同じである．座標系をそのときと同じにとる．電場 E を波動関数 ψ に置き換えて考えればよい．電子がスリット 1, 2 を通った状態を表す波動関数を ψ_1, ψ_2 とする．時刻 t のとき検出器の X 軸上の点 P(X) における波動関数の値は，それぞれ，

$$\psi_1(X,t) = A_1 \exp(i(kr_1 - \omega t)), \tag{2.19}$$
$$\psi_2(X,t) = A_2 \exp(i(kr_2 - \omega t)) \tag{2.20}$$

である．ただし今 A_1, A_2 は実数とする．$\psi = \psi_1 + \psi_2$ の確率密度を計算する．

$$|\psi(X,t)|^2 = |\psi_1(X,t) + \psi_2(X,t)|^2$$
$$= |\psi_1(X,t)|^2 + |\psi_2(X,t)|^2 + \psi_1^*(X,t)\psi_2(X,t) + \psi_1(X,t)\psi_2^*(X,t)$$

$$= A_1^2 + A_2^2 + A_1 A_2 \exp(-ik(r_1 - r_2)) + A_1 A_2 \exp(ik(r_1 - r_2))$$

$$= A_1^2 + A_2^2 + 2A_1 A_2 \cos(k(r_1 - r_2)). \tag{2.21}$$

(2.5) と同じ近似をすると，

$$|\psi(X,t)|^2 \simeq A_1^2 + A_2^2 + 2A_1 A_2 \cos\left(\frac{dk}{L}X\right). \tag{2.22}$$

このように確率密度が検出器上で周期 $2\pi L/(dk) = \lambda L/d$ で変化するので，電子が検出された点の濃度もそれにしたがって変化する．ここで λ は電子のド・ブロイ波長である．

以上より電子の二重スリット実験の結果を説明することができた． □

2.2 シュレーディンガー方程式

それでは，波動関数の時間発展を記述する方程式を考えよう．これは古典力学において粒子の運動を記述するニュートンの運動方程式や，波の運動を記述する波動方程式に相当するものである．量子力学は古典力学の適用範囲外にあるので，量子力学誕生以前に確立していた古典力学から導出することはできない．この困難は量子力学に限らず新しい理論を生み出すときはよくあることであるが，自然科学である物理学にはこういう場合に明確な指針がある．つまり，「自然現象（もう少し限定的に言えば実験結果）を説明できるかどうか」である．量子力学も，いろいろな実験結果を説明するために試行錯誤を重ねた結果その理論体系ができあがってきた．したがって，量子力学の基礎方程式であるシュレーディンガー方程式も，「どうしてそのような方程式がでてくるのか．どうしてそういう形をしているのか」という問いには，「それだと実験結果がきちんと説明できるから」というのが究極の答えなのだが，ここでは，前節で本書における量子力学の前提として導入した，自由空間中で運動量が定まった粒子の状態を表す波動関数が満たす方程式としてシュレーディンガー方程式を「導出」してみる．

式（2.17）を時間 t で偏微分（つまり，もう 1 つの変数である x を固定して t についてのみ微分）すると，

$$\frac{\partial}{\partial t}\psi(x,t) = -i\frac{E}{\hbar}\psi(x,t). \tag{2.23}$$

位置 x で 2 回偏微分すると，

$$\frac{\partial^2}{\partial x^2}\psi(x,t) = -\frac{p^2}{\hbar^2}\psi(x,t). \tag{2.24}$$

ところで今は自由空間なので $E = \dfrac{p^2}{2m}$ が成り立つはずである．つまり，

$$E\psi(x,t) = \frac{p^2}{2m}\psi(x,t) \tag{2.25}$$

である．これらの式 (2.23)，(2.24)，(2.25) から，次の微分方程式が導かれる．

$$i\hbar\frac{\partial}{\partial t}\psi(x,t) = -\frac{\hbar^2}{2m}\frac{\partial^2}{\partial x^2}\psi(x,t). \tag{2.26}$$

この方程式は，古典的な自由粒子の関係式 $E = \dfrac{p^2}{2m}$ において，

$$E \to i\hbar\frac{\partial}{\partial t}, \qquad p \to \frac{\hbar}{i}\frac{\partial}{\partial x} \tag{2.27}$$

のように**演算子**に置き換えて，左から ψ に作用させて得られた，と考えることもできる[3]．(2.27) を**量子化の手続き**と呼ぶ．

　今は粒子に力がはたらいていない自由な空間の場合を考えたが，一般には粒子はあるポテンシャル $V(x)$ 中で力をうけている．このときの粒子のエネルギーは $E = \dfrac{p^2}{2m} + V$ なので，上と同様の量子化の手続きを行うと，ポテンシャルがある場合は次のようになる．

$$i\hbar\frac{\partial}{\partial t}\psi(x,t) = \left(-\frac{\hbar^2}{2m}\frac{\partial^2}{\partial x^2} + V(x)\right)\psi(x,t). \tag{2.28}$$

この式が，1926 年にシュレーディンガーが提唱した，ポテンシャルが $V(x)$ で与えられる場合の 1 次元の**シュレーディンガー方程式**である．

　この方程式はつぎの重要な性質を備えている．

(1)　この方程式は ψ について線形である．すなわち $\psi_1(x,t), \psi_2(x,t)$ が (2.28) の解であれば，それらの一次結合あるいは線形結合 $(c_1\psi_1(x,t)+$

3]　ここだけの議論だとマイナスをつけて $p \to -\dfrac{\hbar}{i}\dfrac{\partial}{\partial x}$ もありうるが，以後の理論体系で矛盾が生じないようにプラスにしてある．

$c_2\psi_2(x,t)$, c_1, c_2 は定数（一般に複素数））も解である（下記例題を参照）.
この「状態の重ね合わせ」ができることが干渉などの量子力学特有の現象
につながる.

(2) 時刻 t に関して 1 階の偏微分方程式であるため，ある時刻（たとえば
$t = 0$) での波動関数がわかれば，任意の時刻での波動関数が求められる.
これは，古典力学において，ある時刻での位置と運動量がわかれば，任意
の時刻での位置（したがって運動量）をニュートンの運動方程式を解い
て求められるのと同じである.

なお，3 次元の場合のシュレーディンガー方程式は式 (2.28) の自然な拡張と
して，

$$i\hbar\frac{\partial}{\partial t}\psi(\boldsymbol{r},t) = \left(-\frac{\hbar^2}{2m}\left(\frac{\partial^2}{\partial x^2} + \frac{\partial^2}{\partial y^2} + \frac{\partial^2}{\partial z^2}\right) + V(\boldsymbol{r})\right)\psi(\boldsymbol{r},t)$$

$$= \left(-\frac{\hbar^2}{2m}\nabla^2 + V(\boldsymbol{r})\right)\psi(\boldsymbol{r},t) \tag{2.29}$$

となる. ここで $\boldsymbol{r} = (x, y, z)$ は位置ベクトルであり，また $\nabla^2 = \frac{\partial^2}{\partial x^2} + \frac{\partial^2}{\partial y^2} + \frac{\partial^2}{\partial z^2}$
である. この式の $V(\boldsymbol{r}) = 0$ の場合の解は (2.18) であり，一次元の場合の (2.14)
に対応する.

例題2.3 $\psi_1(x,t)$ と $\psi_2(x,t)$ がシュレーディンガー方程式の解であるとき，
$c_1\psi_1(x,t) + c_2\psi_2(x,t)$ (c_1, c_2 は任意の複素数) もシュレーディンガー方程式の解
であることを示せ.

解 $\psi_1(x,t), \psi_2(x,t)$ はシュレーディンガー方程式の解なので次の式を満
たす.

$$i\hbar\frac{\partial}{\partial t}\psi_1(x,t) = \left(-\frac{\hbar^2}{2m}\frac{\partial^2}{\partial x^2} + V(x)\right)\psi_1(x,t), \tag{2.30}$$

$$i\hbar\frac{\partial}{\partial t}\psi_2(x,t) = \left(-\frac{\hbar^2}{2m}\frac{\partial^2}{\partial x^2} + V(x)\right)\psi_2(x,t). \tag{2.31}$$

第 1 式に c_1，第 2 式に c_2 をかけて足し合わせると，

$$i\hbar \frac{\partial}{\partial t}(c_1\psi_1(x,t)+c_2\psi_2(x,t)) = \left(-\frac{\hbar^2}{2m}\frac{\partial^2}{\partial x^2}+V(x)\right)(c_1\psi_1(x,t)+c_2\psi_2(x,t)). \tag{2.32}$$

したがって $c_1\psi_1(x,t)+c_2\psi_2(x,t)$ もシュレーディンガー方程式の解である． □

上記例題の $c_1\psi_1(x,t)+c_2\psi_2(x,t)$ のような波動関数について「2 つの波動関数が重ね合わされている」と表現されることがしばしばあるが，それは「2 つの粒子が重ね合わされている」ということではないことに注意すべきである．2 つの波動関数を重ね合わせてできた新しい波動関数が 1 つの粒子の状態を表すのである．なお，本書では，1 つの粒子の状態を記述する波動関数のみを扱う．複数の粒子の状態を表す波動関数ももちろんあるが，それは本書の範囲外である[4]．

この章の最後に，運動量の定まった状態を表す式 (2.14) にボルンの確率解釈を適用してその性質を調べてみよう．絶対値の 2 乗を計算すると，

$$|\psi(x,t)|^2 = A^* \exp(-i(kx-\omega t)) \times A\exp(i(kx-\omega t)) = |A|^2 \tag{2.33}$$

である．A^* は A の複素共役である．つまりこの状態の波動関数は，時刻 t においてある位置 x で粒子が検出される確率が t,x によらず一定，つまりいつでもどの位置でも粒子が検出される確率は同じである，ということを表している．これは常識的には奇妙な状態（極端な言い方をすると全宇宙すべてに渡って検出される可能性がある状態の粒子！）であるが，理論的にはこれは第 11 章で学ぶ位置と運動量の不確定性関係と整合している．今，運動量が完全に定まっているという理想的な状態を考えているので，そのとき位置はまったく定まらないのである．現実の粒子の状態は，位置と運動量がそれぞれある程度定まっており，運動量の異なる平面波の重ね合わせで表現される（次章で取り扱う）．

演習問題

問 2.1 粒子の状態を表す波動関数を $\psi(x,t)$ とする．確率密度を全空間に渡って積分した値を時間微分するとゼロ，つまり粒子が空間中のどこかで検出される確率は時間によらない定数であることを示せ．この事実はつまり，粒子はどこか

4] 例外として，第 14 章で電子 1 個と原子核 1 個の 2 つの粒子の状態を表す波動関数を扱う．

で生成されたり消滅したりしないということを述べている．

COLUMN | 世界でもっとも美しい物理実験

　本章で紹介した「電子の二重スリットの干渉実験」は，2002年にイギリスの Physics World 誌により，世界でもっとも美しい物理実験に選ばれた．電子が1個ずつ二重スリットを通過して検出器で検出されるのだが，検出位置の空間パターンが干渉縞を描くことが見事に示された．電子が干渉することは，第1章で述べたデビッソン–ガーマーの電子線回折の実験でも示されており決して新しいことではない．しかしこの実験では，一度にせいぜい1個の電子しか装置内に存在しないため，その電子1個1個がまさに「自分自身と」干渉すると考えざるをえないことを，二重スリットという単純で理想的な干渉装置できれいに実証した．このインパクトはとても大きかったのである．この実験はまさに「教科書」的な実験であり，現在多くの教科書で引用されている．

　この実験を主導したのが日立製作所の研究者の外村彰氏であった．外村氏は電子顕微鏡の専門家だったが，突き詰めた電子顕微鏡の技術を武器に，このような量子力学の基礎に関する研究で大きな成果をあげた．本書では説明しないが，アハラノフ–ボーム効果を実証した実験も有名である．

　外村氏はノーベル物理学賞の有力な候補者とされていたが，残念ながら2012年5月2日，70歳で亡くなった．

第3章

演算子と期待値

　前章では，本書で量子力学の前提とする波動関数，ボルンの確率解釈，シュレーディンガー方程式，を立て続けに導入した．初学者には唐突で戸惑いがあるかもしれないが，量子力学を学ぶためのショック療法と受け取り，さらに議論を進めていこう．本章では，ボルンの確率解釈に基づき，測定値の期待値がどのように計算できるかを調べる．その過程で演算子の概念を導入する．最後に，量子力学の古典極限でニュートンの運動方程式が導かれること，つまり量子力学は古典力学を含むより広い力学体系であることを学ぶ．

3.1　物理量の期待値と演算子

　ボルンの確率解釈によると，量子力学はある1回の測定でどのような測定結果が得られるかは予想できないが，どの値がどのくらいの確率で得られるかを予言できる．この解釈を用いると，同じ状態の粒子を多数個用意してその粒子をそれぞれ測定したときに得られる測定値の平均値，すなわち**期待値**を計算することができる．その方法を調べていこう．

3.1.1　位置の期待値

　今，粒子の状態を記述する波動関数は，図 3.1 に示すように，ある程度限られた領域で検出される確率が高く十分遠方ではその確率は 0 であるとする．

　粒子の位置を測定したとき，その測定結果の期待値は，ボルンの確率解釈より直ちに計算できる．すなわち，時刻 t において，ある値 x のまわりの微小区間 dx

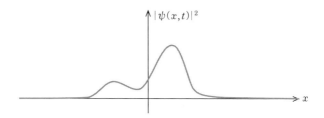

図 3.1 粒子が検出される確率がある程度限られた領域で高い波動関数の確率密度

に粒子が見いだされる確率が $|\psi(x,t)|^2 dx$ なので（波動関数は規格化されているとする），期待値 $\langle x \rangle$ は，

$$\langle x \rangle = \int_{-\infty}^{\infty} x|\psi(x,t)|^2 dx = \int_{-\infty}^{\infty} \psi^*(x,t) x \psi(x,t) dx \tag{3.1}$$

となる．最後の表式が有用なことはすぐ後でわかる．粒子の位置座標 x だけの任意の関数 $f(x)$ で表される測定値の期待値も，同じようにして求めることができる．

$$\langle f(x) \rangle = \int_{-\infty}^{\infty} f(x)|\psi(x,t)|^2 dx = \int_{-\infty}^{\infty} \psi^*(x,t) f(x) \psi(x,t) dx \tag{3.2}$$

3.1.2 運動量の期待値

続いて運動量の期待値はどのようになるか考える．古典力学では，運動量は速度すなわち位置の時間微分に比例する．そのために，上で求めた位置の期待値 $\langle x \rangle$ を時間微分してみる（$\langle x \rangle$ は時間 t の関数[1]）．

$$\begin{aligned}
\frac{d}{dt}\langle x \rangle &= \frac{d}{dt} \int_{-\infty}^{\infty} \psi^*(x,t) x \psi(x,t) dx \\
&= \int_{-\infty}^{\infty} \psi^*(x,t) x \frac{\partial \psi(x,t)}{\partial t} dx + \int_{-\infty}^{\infty} \frac{\partial \psi^*(x,t)}{\partial t} x \psi(x,t) dx.
\end{aligned} \tag{3.3}$$

シュレーディンガー方程式 (2.28) とその複素共役

$$-i\hbar \frac{\partial}{\partial t} \psi^*(x,t) = \left(-\frac{\hbar^2}{2m} \frac{\partial^2}{\partial x^2} + V(x) \right) \psi^*(x,t). \tag{3.4}$$

---

[1] x 自身は単に空間の座標なので t の関数ではないことに注意．

を代入して整理すると,

$$\frac{d}{dt}\langle x\rangle = \frac{i\hbar}{2m}\int_{-\infty}^{\infty}\left[\psi^* x\left(\frac{\partial^2\psi}{\partial x^2}\right)-\left(\frac{\partial^2\psi^*}{\partial x^2}\right)x\psi\right]dx \tag{3.5}$$

となる. この式の右辺第 2 項の積分で部分積分を行う. 今は x の絶対値が大きくなると十分すみやかに 0 になる ($x\to\pm\infty$ で $\psi\to 0$) ので, 2 回部分積分を行うと,

$$\int_{-\infty}^{\infty}\frac{\partial^2\psi^*}{\partial x^2}x\psi dx = \left[\frac{\partial\psi^*}{\partial x}x\psi\right]_{-\infty}^{\infty}-\int_{-\infty}^{\infty}\frac{\partial\psi^*}{\partial x}\frac{\partial}{\partial x}(x\psi)dx$$

$$= -\left[\psi^*\frac{\partial}{\partial x}(x\psi)\right]_{-\infty}^{\infty}+\int_{-\infty}^{\infty}\psi^*\frac{\partial^2}{\partial x^2}(x\psi)dx = \int_{-\infty}^{\infty}\psi^*\frac{\partial^2}{\partial x^2}(x\psi)dx. \tag{3.6}$$

これを (3.5) に代入すると,

$$\frac{d}{dt}\langle x\rangle = \frac{i\hbar}{2m}\int_{-\infty}^{\infty}\psi^*\left[x\left(\frac{\partial^2\psi}{\partial x^2}\right)-\frac{\partial^2}{\partial x^2}(x\psi)\right]dx = \frac{1}{m}\int_{-\infty}^{\infty}\psi^*\frac{\hbar}{i}\frac{\partial}{\partial x}\psi dx \tag{3.7}$$

を得る. この式は,

$$m\frac{d}{dt}\langle x\rangle = \int_{-\infty}^{\infty}\psi^*\frac{\hbar}{i}\frac{\partial}{\partial x}\psi dx \tag{3.8}$$

と書き直すことができる. 左辺は位置の期待値の時間微分と質量の積なので, 古典力学の運動量に相当すると考えることができる. したがって, 右辺が運動量の期待値を表すとしてよいだろう. 式で改めて書くと,

$$\langle p\rangle = \int_{-\infty}^{\infty}\psi^*\frac{\hbar}{i}\frac{\partial}{\partial x}\psi dx \tag{3.9}$$

である.

　この式に運動量が $\hbar k$ で定まっている粒子の状態を表す平面波の波動関数 (2.14) を代入して $\langle p\rangle$ を計算すると $\hbar k\int_{-\infty}^{\infty}|\psi|^2 dx$ となり, 適当に規格化が行われていて $\int_{-\infty}^{\infty}|\psi|^2 dx = 1$ であれば確かに $\langle p\rangle = \hbar k$ となることからも, この式の妥当性が言える.

　ここで, 量子化の手続き (2.27) を思い出すと, 上式は, (波動関数)＊ ×（運動量の演算子）×（波動関数）の積分の形になっていることがわかる. これと形式をあわせて書いたのが, 式 (3.1), (3.2) の最右辺であったことが今わかる.

3.1.3　物理量の演算子と期待値

ここまで位置，運動量などの物理量の期待値の計算のしかたを調べて来た．この議論を一般化すると，ある物理量 A に対応した演算子 $\hat{A}$ を導入して，それが位置と運動量の演算子 $\hat{x}, \hat{p}$ の関数 $\hat{A}(\hat{x}, \hat{p})$ であるとき，

$$\langle A \rangle = \int_{-\infty}^{\infty} \psi^*(x,t) A\left(x, \frac{\hbar}{i}\frac{\partial}{\partial x}\right) \psi(x,t) dx \tag{3.10}$$

の計算をすることにより A の期待値を求めることができると考えてよいであろう．本書では物理量 A に対応する演算子に＾（ハット）をつけて $\hat{A}$ と書くことにする．以下に読者が現時点で知っておくべき代表的な演算子をまとめる[2]．矢印の左側が $\hat{A}(\hat{x}, \hat{p})$，右側が (3.10) の $A\left(x, \frac{\hbar}{i}\frac{\partial}{\partial x}\right)$ に対応する．

- 位置　$\hat{x} \to x$
- ポテンシャルエネルギー　$\hat{V} \to V(x)$
- 運動量　$\hat{p} \to \dfrac{\hbar}{i}\dfrac{\partial}{\partial x}$
- 運動エネルギー　$\hat{T} = \dfrac{\hat{p}^2}{2m} \to -\dfrac{\hbar^2}{2m}\dfrac{\partial^2}{\partial x^2}$
- 全エネルギー　$\hat{H} = \hat{T} + \hat{V} \to -\dfrac{\hbar^2}{2m}\dfrac{\partial^2}{\partial x^2} + V(x)$　（この演算子は特にハミルトニアンと呼ばれる）

ここで期待値の計算の練習をしてみる．

例題3.1　時刻 $t = 0$ での粒子の状態を表す波動関数が

$$\psi(x, t = 0) = \frac{1}{\sqrt{2a}}\left(\sin\left(\frac{\pi}{a}x\right) - \cos\left(\frac{\pi}{2a}x\right)\right) \quad (-a \leqq x \leqq a),$$
$$= 0 \quad (x < -a, a < x) \tag{3.11}$$

であるとする（例題 2.1 と同じ）．この状態の粒子の位置と運動量の期待値を求めよ．

解　まず位置の期待値を計算する．

$$\langle x \rangle = \int_{-\infty}^{\infty} \psi^* x \psi dx$$

2]　本書ではこのほかに角運動量の演算子が出てくる．

$$= \frac{1}{2a} \int_{-a}^{a} \left(x \sin^2 \left(\frac{\pi}{a} x \right) + x \cos^2 \left(\frac{\pi}{2a} x \right) - 2x \sin \left(\frac{\pi}{a} x \right) \cos \left(\frac{\pi}{2a} x \right) \right) dx. \quad (3.12)$$

積分の最初の 2 項は x の奇関数なので積分するとゼロである．3 項目を積分する．

$$-\int_{-a}^{a} 2x \sin \left(\frac{\pi}{a} x \right) \cos \left(\frac{\pi}{2a} x \right) dx = -\int_{-a}^{a} \left(x \left(\sin \left(\frac{3\pi}{2a} x \right) + \sin \left(\frac{\pi}{2a} x \right) \right) \right) dx$$

$$= -\left[x \left(-\frac{2a}{3\pi} \cos \left(\frac{3\pi}{2a} x \right) - \frac{2a}{\pi} \cos \left(\frac{\pi}{2a} x \right) \right) \right]_{-a}^{a}$$

$$+ \int_{-a}^{a} \left(-\frac{2a}{3\pi} \cos \left(\frac{3\pi}{2a} x \right) - \frac{2a}{\pi} \cos \left(\frac{\pi}{2a} x \right) \right) dx$$

$$= -\left[\left(\frac{2a}{3\pi} \right)^2 \sin \left(\frac{3\pi}{2a} x \right) + \left(\frac{2a}{\pi} \right)^2 \sin \left(\frac{\pi}{2a} x \right) \right]_{-a}^{a} = -\frac{64a^2}{9\pi^2}. \quad (3.13)$$

よって，$\langle x \rangle = -32a/(9\pi^2)$ である．

続いて運動量の期待値を計算する．

$$\langle p \rangle = \int_{-\infty}^{\infty} \psi^* \frac{\hbar}{i} \frac{\partial}{\partial x} \psi dx$$

$$= \frac{\hbar}{2ai} \left(\int_{-a}^{a} \left(\sin \left(\frac{\pi}{a} x \right) - \cos \left(\frac{\pi}{2a} x \right) \right) \left(\frac{\pi}{a} \cos \left(\frac{\pi}{a} x \right) + \frac{\pi}{2a} \sin \left(\frac{\pi}{2a} x \right) \right) \right). \quad (3.14)$$

各項を積分して計算していくと，最終的にゼロになる．よって $\langle p \rangle = 0$ である．□

ここで，位置と運動量の演算子が満たす**正準交換関係**とよばれる次の重要な関係式を示しておこう．

例題3.2 位置と運動量の演算子 $\hat{x}, \hat{p}$ が満たす**正準交換関係** $\hat{x}\hat{p} - \hat{p}\hat{x} = i\hbar$ を示せ．なお，$\hat{x}\hat{p} - \hat{p}\hat{x}$ はしばしば $[\hat{x}, \hat{p}]$ と表される．

解 $[\hat{x}, \hat{p}]$ の期待値を計算する式を書く．

$$\langle [\hat{x}, \hat{p}] \rangle = \int_{-\infty}^{\infty} \psi^* \left(\left[x, \frac{\hbar}{i} \frac{\partial}{\partial x} \right] \psi \right) dx. \quad (3.15)$$

積分の中の括弧内を計算する．

$$\left[x, \frac{\hbar}{i} \frac{\partial}{\partial x} \right] \psi = \left(x \frac{\hbar}{i} \frac{\partial}{\partial x} - \frac{\hbar}{i} \frac{\partial}{\partial x} x \right) \psi = \left(x \frac{\hbar}{i} \frac{\partial}{\partial x} \psi - \frac{\hbar}{i} \frac{\partial}{\partial x} (x \psi) \right)$$

$$= \left(x \frac{\hbar}{i} \frac{\partial}{\partial x} \psi - \frac{\hbar}{i} \psi - \frac{\hbar}{i} x \frac{\partial}{\partial x} \psi \right) = i\hbar \psi. \quad (3.16)$$

よって $\langle[\hat{x},\hat{p}]\rangle = i\hbar\int_{-\infty}^{\infty}|\psi|^2 dx = i\hbar$ である．この等式は任意の $\psi(x,t)$ について成り立つので，

$$[\hat{x},\hat{p}] = i\hbar \tag{3.17}$$

である． $\square$

3.2 エーレンフェストの定理：量子力学の古典的極限

前節までの議論で，本書における量子力学の基本的な前提の導入が済んだ．量子力学の正しさは，その理論がミクロの世界の実験結果を正しく説明できることで証明されるが，一方で，量子力学誕生前までに成立していてマクロな世界の記述として正しかった古典力学と整合性があるということも，量子力学が満たすべき条件である．たとえば，これまで電場中や磁場中での電子の運動を議論するとき，古典力学を適用して考えたことがあるだろう（たとえば第 1 章のトムソンの実験）．一方，第 2 章で述べたように，実験条件を整えると電子の振る舞いが極めて波動的になることが示されている．同じ電子に対してこれは矛盾ではないだろうか．この節では前節で学んだ測定の期待値を用いてそれについて議論しよう．

前節で，粒子の座標の期待値 $\langle x\rangle$ の時間微分が運動量の期待値 $\langle p\rangle$ を質量でわったものに等しい

$$\frac{d}{dt}\langle x\rangle = \frac{\langle p\rangle}{m} \tag{3.18}$$

という，古典力学における

$$\frac{dx}{dt} = \frac{p}{m} \quad (古典力学) \tag{3.19}$$

の関係式に相当する関係が成り立つとして運動量の期待値の表式を導いた．

そこで次に $\langle p\rangle$ の時間微分を調べてみる．式 (3.9) を t で微分すると，

$$\frac{d}{dt}\langle p\rangle = \frac{\hbar}{i}\int_{-\infty}^{\infty}\left[\frac{\partial\psi^*}{\partial t}\frac{\partial\psi}{\partial x} + \psi^*\frac{\partial}{\partial x}\left(\frac{\partial\psi}{\partial t}\right)\right]dx. \tag{3.20}$$

これにシュレーディンガー方程式 (2.28) とその複素共役 (3.4) を代入して整理すると，

$$\frac{d}{dt}\langle p \rangle = -\frac{\hbar^2}{2m} \int_{-\infty}^{\infty} \left[\frac{\partial^2 \psi^*}{\partial x^2} \frac{\partial \psi}{\partial x} - \psi^* \frac{\partial}{\partial x} \frac{\partial^2 \psi}{\partial x^2} \right] dx$$
$$+ \int_{-\infty}^{\infty} \left[V\psi^* \frac{\partial \psi}{\partial x} - \psi^* \frac{\partial}{\partial x} (V\psi) \right] dx \qquad (3.21)$$

を得る．右辺第一項の積分はゼロになる（(3.6) と同様に部分積分を行うとよい）ので，

$$\frac{d}{dt}\langle p \rangle = \int_{-\infty}^{\infty} \psi^* \left[V\frac{\partial \psi}{\partial x} - \frac{\partial}{\partial x} (V\psi) \right] dx = -\int_{-\infty}^{\infty} \psi^* \frac{dV}{dx}\psi dx. \qquad (3.22)$$

したがって，

$$\frac{d}{dt}\langle p \rangle = -\left\langle \frac{dV(x)}{dx} \right\rangle \qquad (3.23)$$

が導かれた．

$\langle x \rangle$, $\langle p \rangle$ の時間変化を表す関係（3.18），（3.23）を**エーレンフェストの定理**と呼ぶ．これを用いると容易に，

$$m\frac{d^2}{dt^2}\langle x \rangle = -\left\langle \frac{dV(x)}{dx} \right\rangle = \langle F(x) \rangle \qquad (3.24)$$

が得られる（$F(x)$ は粒子の受ける力）．これはポテンシャル $V(x)$ の中でのニュートンの運動方程式

$$m\frac{d^2}{dt^2}x = -\frac{dV(x)}{dx} = F(x) \quad （古典力学） \qquad (3.25)$$

とよく似ている．

さて，ここまでの準備に基づき，古典力学的な粒子の運動が量子力学で導かれることを示そう．この話を進めるにあたり，粒子が見いだされる確率が空間的に一様である平面波の波動関数（式 (2.14)）の場合ではなく，粒子の存在する場所がある程度限られた状態を表す**波束**と呼ばれる形をした波動関数を念頭におく（図 3.2）．これは，少し異なる波数を持った平面波を重ね合わせることによって作ることができる．したがって，この波束は位置と運動量がよく定まっている[3]古典的な粒子の運動を表すと期待できる（波束についての説明は章末でも補足される）．

今，波動関数の波束の広がりが十分小さく（位置がかなり確定していて）（図

3] 位置と運動量の定まり具合（分散）が満たす不確定関係については第 11 章で学ぶ．

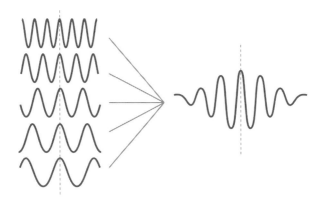

図 3.2 波束のイメージ図. 波数 (波長) の少し異なる波が重なり合うと, 特定の位置で強め合いほかでは打ち消し合って, ある領域だけ振幅の大きい波束ができる.

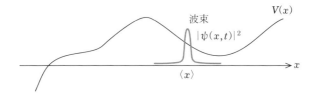

図 3.3 波束とポテンシャル

3.3), 波束の中で $F(x) = -\dfrac{dV(x)}{dx}$ をほぼ一定とみなすことができれば (波束の幅の中で $V(x)$ の傾きがほとんど変化しなければ),

$$-\left\langle \frac{dV(x)}{dx} \right\rangle = -\int_{-\infty}^{\infty} \psi^* \frac{dV(x)}{dx} \psi dx \simeq -\frac{dV}{dx}\bigg|_{x=\langle x \rangle} \int_{-\infty}^{\infty} \psi^* \psi dx = -\frac{dV}{dx}\bigg|_{x=\langle x \rangle} \tag{3.26}$$

と置くことができる. これを式 (3.24) の右辺に代入すると,

$$m\frac{d^2}{dt^2}\langle x \rangle = F(\langle x \rangle) \tag{3.27}$$

となる[4]. $\langle x \rangle$ が古典的な粒子の位置であると思えば, 古典力学のニュートンの運動方程式が導かれたことがわかる. このように, 量子力学で記述される電子のよ

4] 右辺が $\langle F(x) \rangle$ でないことに注意.

うなミクロな粒子を，条件によっては古典力学的な運動をする粒子として取り扱うことに矛盾がないことが示された．

3.3 平面波と波束：補足

平面波と波束の考え方でよく混乱すると思われる点をここでまとめておく．平面波 $\exp(i(kx-\omega t))$ の波動関数で表される状態は，運動量が $\hbar k$ で定まった粒子の状態である．ただ，この波動関数では，確率密度が空間的，時間的に一様になってしまう．古典的な粒子の状態，すなわち位置と運動量がある程度定まった状態を表すためには，波束が有効である．この波束は運動量（あるいは波数）が少し異なる平面波を重ね合わせて作られる．おおまかにいって波束の運動はエーレンフェストの定理が教えるようにニュートンの運動方程式に従う．

それでは平面波で考えることは理論上の空論なのか．そのようなことはない．まず第一に，平面波でよく記述できる（よく近似できる）状態を実験的につくることができる．つまり，運動量がかなり確定しているが，空間的あるいは時間的にはどこに粒子がいるのかはっきりしない状態である．たとえば電子の二重スリットの干渉実験では電子はそのような状態になっているといえる．そして第二に，波束は結局平面波の重ね合わせである．平面波の振る舞いが理解できれば，シュレーディンガー方程式の線形性によりそれを重ね合わせて波束の振る舞いを理解できる．その意味で平面波でまず議論することは有用である．

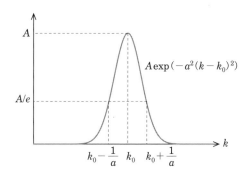

図 3.4 ガウス波束

３.３｜平面波と波束：補足　　39

　波束についてさらに具体的なイメージをつかむために次のようなガウス波束と呼ばれる波動関数を式で書いてみよう．波数 k，周波数 ω の平面波の波動関数 $\exp\left(i(kx - \omega t)\right)$ を，ある波数 k_0（運動量 $\hbar k_0$）の周りの狭い範囲の k について重ね合わせる．具体的には，$A\exp\left(-a^2(k - k_0)^2\right)$ という重ね合わせ係数で重ね合わせる．このとき $|k - k_0| < 1/a$ を満たす平面波からの寄与が大きい（図3.4）．

$$\psi(x, t) = A\int_{-\infty}^{\infty} \exp\left(-a^2(k - k_0)^2\right)\exp\left(i(kx - \omega t)\right)dk. \tag{3.28}$$

ω は一般に k の関数であり，被積分関数が大きな値を持つ $k = k_0$ の近傍で $\omega \simeq \omega(k_0) + \frac{d\omega}{dk}|_{k=k_0}(k - k_0) = \omega_0 + v_g(k - k_0)$ と近似する．これを（3.28）に代入して，式変形後，積分を実行すると，

$\psi(x, t)$

$= A\exp(-i\omega_0 t)\int_{-\infty}^{\infty}\exp\left(-a^2\left(k - k_0 - \frac{i(x - v_g t)}{2a^2}\right)^2 - \frac{(x - v_g t)^2}{4a^2} + ik_0 x\right)dk$

$$= A\sqrt{\frac{\pi}{a^2}}\exp\left(-\frac{1}{4a^2}(x - v_g t)^2\right)\exp\left(i(k_0 x - \omega_0 t)\right) \tag{3.29}$$

となる．なお最後の計算で積分公式 $\int_{-\infty}^{\infty}\exp\left(-a^2\left(k - k_0 - \frac{i(x - v_g t)}{2a^2}\right)^2\right)dk = \sqrt{\frac{\pi}{a^2}}$ を用いた．確率密度 $|\psi(x, t)|^2$ は次式のようになる．

$$|\psi(x, t)|^2 = |A|^2\frac{\pi}{a^2}\exp\left(-\frac{1}{2a^2}(x - v_g t)^2\right). \tag{3.30}$$

　粒子の検出される確率の高い領域 $\left(\left(\frac{1}{e}\text{全幅}\right)^{[5]} = 2\sqrt{2}a\right)$ が中心 $v_g t$ で時間とともに移動するガウス関数で表されることがわかり，波束の運動がイメージしやすいだろう．自由粒子のとき $E = \hbar\omega = \hbar^2 k^2/2m$ なので確かに $v_g = \frac{d\omega}{dk}\Big|_{k=k_0} = \hbar k_0/m$ であり，波束がある波数 k_0（運動量 $\hbar k_0$）の周りの狭い範囲の k について平面波を重ね合わせて作られたことを考えると納得できる．

5]　ピーク値の $1/e$ になるピーク位置からの距離の 2 倍（広がりの半幅ではなくて全幅なので 2 倍）．

演習問題

問 3.1 ガウス波束とよばれる波動関数の式（3.28）を $\omega \simeq \omega(k_0) + \frac{d\omega}{dk}|_{k=k_0}(k-k_0) = \omega_0 + v_g(k-k_0)$ の近似をせずに式変形し確率密度を計算することにより，ガウス波束は厳密には時間とともに広がっていくことを示せ．

COLUMN | 結局電子は粒子なのか，波なのか？

　電子は粒子と波の二重性を持つ，などとよくいわれるが，結局，ここまで本書を読んでも，電子は何者なのかよくわからん，という読者は多いと思う．筆者のお勧めは，「無理に古典的に解釈しようとせず，量子力学の教えそのままに慣れる」である．本書のここまでの教えは，「電子は波動関数で表される状態にあり，位置を検出するとどこかに粒子として検出される」である．特に前半の「波動関数で表される状態」というのが理解しにくいだろうが，それを「波として存在する」などと意訳すると逆に危険だと思う．

　このような量子世界の本質的な理解しがたさは，古典世界に生きる人間にはやむを得ない．学習を進めるにつれ徐々に慣れていく一方で，その違和感を忘れずに心の片隅にとめておいてほしい．有名なボーアとアインシュタインの論争などに代表されるように，量子力学ができあがったころも量子力学がいったい何を意味しているのかは激しい論争の的であった．単なる哲学的な解釈の問題であり科学的な問題ではない，とされる面も確かにあるが，量子力学の基礎概念に関する研究は，近年再び，実験技術の進歩や量子コンピューターへの期待などを背景に盛り上がりを見せている．

　このような量子論の基礎に関する一般向けの図書として，1冊，ジョージ・グリーンスタイン，アーサー・G・ザイアンツ著，森弘之訳『量子論が試されるとき——画期的な実験で基本原理の未解決問題に挑む』（みすず書房）を紹介しておく．

第4章

定常状態

前章までで本書における量子力学の基本的な前提を導入した．まとめると次のとおりである．

(1) 粒子の状態は波動関数で表される．

(2) 波動関数に対して，粒子の位置の測定に関するボルンの確率解釈が適用される．

(3) 波動関数の時間発展はシュレーディンガー方程式に従う．

(4) 位置 x，運動量 p の関数である物理量 $A(x, p)$ の期待値は
$\displaystyle\int_{-\infty}^{\infty} \psi^*(x, t) A\left(x, \frac{\hbar}{i}\frac{\partial}{\partial x}\right)\psi(x, t)dx$ で計算される．

(5) 自由空間において運動量が $\hbar k$，エネルギーが $\hbar\omega$ の粒子の状態を表す波動関数は（規格化を別にして）$\psi(x, t) = A\exp(i(kx - \omega t))$ である（A は定数）[1]．

この章からはこの前提に基づき，いくつかの典型的な状況において量子力学が表す事実を学んでいく．まずこの章では，量子力学の基本方程式であるシュレーディンガー方程式の解として定常状態を求めるやり方を学ぶ．定常状態は量子力学において重要な状態であり，それを正しく理解することが量子力学の世界を理

1] この最後の前提は上の 4 つから出せる．この波動関数はポテンシャル V が $V = 0$ のとき（つまり自由空間のとき）のシュレーディンガー方程式の解である．さらに，運動量，エネルギーについて，期待値が $\langle p \rangle = \hbar k$, $\langle H \rangle = \hbar\omega$，さらにそれらの分散（各測定値が期待値からどれだけばらつくかを表す）が，$\langle (\Delta p)^2 \rangle = \langle (p - \langle p \rangle)^2 \rangle = \langle p^2 \rangle - \langle p \rangle^2 = 0$, $\langle (\Delta H)^2 \rangle = \langle H^2 \rangle - \langle H \rangle^2 = 0$ であることから，粒子の運動量とエネルギーは $\hbar k$, $\hbar\omega$ であるといえる（分散が 0 ということは，各測定結果が必ず期待値と同じであるということ）．

解する第一歩である．

4.1 波動方程式の変数分離による解法の復習

シュレーディンガー方程式の解法を学ぶにあたり，変数分離による古典力学の波動方程式の解法を復習しよう．考えるのは一本の弦の振動である．今，外部からの力によって振動が増幅したり減衰したりすることはないものとする．

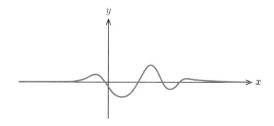

図 4.1　弦の振動

図 4.1 を見てみよう．弦が静止しているときに伸びている方向に x 軸をとる．時刻 t において位置 x の弦の垂直方向の変位を $y(x,t)$ とする．このとき，$y(x,t)$ は次の波動方程式を満たすことが知られている．

$$\frac{\partial^2}{\partial t^2}y(x,t) = \frac{T}{\rho}\frac{\partial^2}{\partial x^2}y(x,t). \tag{4.1}$$

ここで T は弦の張力，ρ は弦の線密度である．ここで後の便利のためにあらかじめ $T/\rho = v^2$ と置き換えておく[2]．

$$\frac{\partial^2}{\partial t^2}y(x,t) = v^2\frac{\partial^2}{\partial x^2}y(x,t). \tag{4.2}$$

この方程式を見ると，左辺は t についての偏微分，右辺は x についての偏微分と分かれていることに気づく．この場合，方程式の解として，x だけの関数と t だけの関数の積に変数分離した

$$y(x,t) = Y_x(x)Y_t(t) \tag{4.3}$$

2]　この v は弦を伝わる波の位相速度である．

の形をした解が存在する．実際，(4.3) を (4.2) に代入して計算すると，

$$Y_x \frac{\partial^2 Y_t}{\partial t^2} = v^2 \frac{\partial^2 Y_x}{\partial x^2} Y_t \tag{4.4}$$

となり，両辺を $v^2 Y_x Y_t$ で割ると

$$\frac{1}{v^2 Y_t} \frac{\partial^2 Y_t}{\partial t^2} = \frac{1}{Y_x} \frac{\partial^2 Y_x}{\partial x^2} \tag{4.5}$$

を得る．(4.5) は左辺が t だけの関数，右辺が x だけの関数なので，この等式が任意の t, x について成り立つには両辺が x, t に関係しない定数でなくてはいけない．今その定数を $-k^2$ と置く．このとき

$$\frac{1}{v^2 Y_t} \frac{\partial^2 Y_t}{\partial t^2} = \frac{1}{Y_x} \frac{\partial^2 Y_x}{\partial x^2} = -k^2 \tag{4.6}$$

であるので，次の 2 つの方程式を得る．

$$\frac{\partial^2 Y_t}{\partial t^2} = -k^2 v^2 Y_t. \tag{4.7}$$

$$\frac{\partial^2 Y_x}{\partial x^2} = -k^2 Y_x. \tag{4.8}$$

この方程式を見ると，変数分離の定数 $-k^2$ は負，つまり k は実数が適切であることがわかる．なぜなら，もし $-k^2$ が正つまり k が純虚数で $k = i\alpha$（α は実数）のとき，$-k^2 = \alpha^2$ となり (4.7) の解は $\exp(-\alpha vt)$ あるいは $\exp(\alpha vt)$ である．このとき (4.7) の一般解は，c_-, c_+ を定数として

$$Y_t(t) = c_- \exp(-\alpha vt) + c_+ \exp(\alpha vt) \tag{4.9}$$

と書けるが，$t \to \infty$ のとき，片方の項は発散し，もう片方の項は 0 に収束する．今考えている状況は振動の増幅や減衰を含んでいないので，この解は不適切である．したがって，k は実数である．

以上より，変数分離の定数が $-k^2$ のときの (4.7) と (4.8) の一般解は，k を実数として

$$Y_t(t) = A_k \cos(kvt) + B_k \sin(kvt), \tag{4.10}$$

$$Y_x(x) = C_k \cos(kx) + D_k \sin(kx). \tag{4.11}$$

A_k, B_k, C_k, D_k は境界条件や初期条件から決まる．

今，次のような具体例で考えてみる．まず弦の長さが有限で両端が $x = 0$ と

$x = L$ で固定されているとする．このとき，$y(x=0,t) = y(x=L,t) = 0$ であるので，(4.11) において $Y_x(0) = Y_x(L) = 0$ より，

$$C_k \cos(k \cdot 0) + D_k \sin(k \cdot 0) = C_k = 0, \tag{4.12}$$
$$C_k \cos(kL) + D_k \sin(kL) = D_k \sin(kL) = 0 \tag{4.13}$$

なので，これより $C_k = 0, kL = n\pi$（n は整数）を得る．また，弦は最初固定されていて $t=0$ においてそっと固定を外されて振動が始まるとすると，$t=0$ において変位 y の時間変化は 0 なので，$\left.\frac{\partial}{\partial t} y(x,t)\right|_{t=0} = 0$ より $\left.\frac{d}{dt} Y_t(t)\right|_{t=0} = 0$ である必要があるので

$$\left.\frac{d}{dt} Y_t(t)\right|_{t=0} = -A_k kv \sin(kv \cdot 0) + B_k kv \cos(kv \cdot 0) = B_k kv = 0. \tag{4.14}$$

よって $B_k = 0$ を得る．以上をまとめて，$kL = n\pi$ のときの解を $y_n(x,t)$ とすると，F_n を全体にかかる新たな係数として，

$$y_n(x,t) = F_n \sin\left(\frac{n\pi}{L}x\right) \cos\left(\frac{n\pi}{L}vt\right) \tag{4.15}$$

となる．n は 1 以上の整数であれば十分である（$n=0$ ではまったく振動しないし，n が負のときは n が正の場合に含められる）．

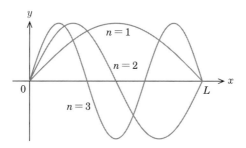

図 4.2　両端を固定された弦の固有振動

この解を小さな n について図示したのが図 4.2 である．これらは両端を固定された弦に生じる定在波で，読者にはなじみがあるだろう．これらの振動は**固有振動**あるいは**基準振動**と呼ばれる．固有振動の波数は $k = n\pi/L$ で $n = 1,2,3,\cdots$ に応じてとびとびの値をとり，角振動数も $\omega = n\pi v/L$ でとびとびの値をとる．

さて，現在考えている境界条件と初期条件の場合でも弦に許される振動は固有

振動だけではない．一般の振動は，$y_n(x,t)$ をさまざまな n について重ね合わせることにより記述できる．すなわち，

$$y(x,t) = \sum_{n=1}^{\infty} y_n(x,t) = \sum_{n=1}^{\infty} F_n \sin\left(\frac{n\pi}{L}x\right) \cos\left(\frac{n\pi}{L}vt\right) \tag{4.16}$$

と書き表せる．

例題 4.1 （4.16）が確かに波動方程式，境界条件，初期条件（$t=0$ で静止）を満たすことを示せ．

解 t で 2 回偏微分すると，

$$\frac{\partial^2 y}{\partial t^2} = -\sum_{n=1}^{\infty} F_n \left(\frac{n\pi}{L}v\right)^2 \sin\left(\frac{n\pi}{L}x\right) \cos\left(\frac{n\pi}{L}vt\right)$$

$$= -v^2 \sum_{n=1}^{\infty} F_n \left(\frac{n\pi}{L}\right)^2 \sin\left(\frac{n\pi}{L}x\right) \cos\left(\frac{n\pi}{L}vt\right). \tag{4.17}$$

x で 2 回偏微分すると

$$\frac{\partial^2 y}{\partial x^2} = -\sum_{n=1}^{\infty} F_n \left(\frac{n\pi}{L}\right)^2 \sin\left(\frac{n\pi}{L}x\right) \cos\left(\frac{n\pi}{L}vt\right). \tag{4.18}$$

両式を比べて $\dfrac{\partial^2 y}{\partial t^2} = v^2 \dfrac{\partial^2 y}{\partial x^2}$ が成り立つので，確かに波動方程式を満たしている．$y(x=0,t) = y(x=L,t) = 0$ なので境界条件も満たしている．

y を t で 1 回偏微分すると，

$$\frac{\partial y}{\partial t} = -\frac{n\pi}{L}v \sum_{n=1}^{\infty} F_n \sin\left(\frac{n\pi}{L}x\right) \sin\left(\frac{n\pi}{L}vt\right). \tag{4.19}$$

この式で $t=0$ とおくと，$\left.\dfrac{\partial y}{\partial t}\right|_{t=0} = 0$ であり，確かに初期条件（$t=0$ で静止）を満たしている． □

時刻 $t=0$ での弦の波形が $f(x)$ のときは，$f(x) = y(x,t=0)$ なので

$$f(x) = \sum_{n=1}^{\infty} F_n \sin\left(\frac{n\pi}{L}x\right) \tag{4.20}$$

となる．これは，一般の関数を正弦関数（あるいは余弦関数）の和で表す**フーリエ級数展開**の例である．フーリエ級数展開，あるいは第 10 章に出てくるフーリエ変換は，音を例として説明すると，ある音色が，どのような周波数（あるいは

波長）の音の正弦波をどのような強度と位相で重ね合わせて作られるかを表すものである．今の場合，強度を表す各係数 F_n は，次の正弦関数の直交関係

$$\frac{2}{L}\int_0^L \sin\left(\frac{n\pi}{L}x\right)\sin\left(\frac{m\pi}{L}x\right)dx = \delta_{nm} \tag{4.21}$$

を使って以下のように計算できる．なお，δ_{nm} はクロネッカーのデルタと呼ばれる記号で，$n = m$ のとき 1，$n \neq m$ のとき 0 である．

$$F_n = \frac{2}{L}\int_0^L f(x)\sin\left(\frac{n\pi}{L}x\right)dx. \tag{4.22}$$

例題4.2 （1）正弦関数の直交関係（4.21）を示せ．

（2）（4.22）を示せ．

解 （1）（4.21）の左辺を計算すると，三角関数の積和公式を使って，

$$\frac{2}{L}\int_0^L \sin\left(\frac{n\pi}{L}x\right)\sin\left(\frac{m\pi}{L}x\right)dx$$

$$= \frac{1}{L}\int_0^L \left(-\cos\left(\frac{(n+m)\pi}{L}x\right) + \cos\left(\frac{(n-m)\pi}{L}x\right)\right)dx. \tag{4.23}$$

$n \neq m$ のとき，各項の積分はゼロ．$n = m$ のとき，第 1 項目の積分はゼロ，第 2 項目は被積分関数が 1 なので，

$$\frac{1}{L}\int_0^L 1 dx = 1. \tag{4.24}$$

よって（4.21）は証明された．

（2）（4.20）の両辺に $\frac{2}{L}\sin\left(\frac{m\pi}{L}x\right)$ をかけて x について 0 から L まで積分する．

$$\frac{2}{L}\int_0^L f(x)\sin\left(\frac{m\pi}{L}x\right)dx = \frac{2}{L}\int_0^L \left(\sum_{n=1}^\infty F_n \sin\left(\frac{n\pi}{L}x\right)\right)\sin\left(\frac{m\pi}{L}x\right)dx$$

$$= \sum_{n=1}^\infty F_n \left(\frac{2}{L}\int_0^L \sin\left(\frac{n\pi}{L}x\right)\sin\left(\frac{m\pi}{L}x\right)dx\right) = \sum_{n=1}^\infty F_n \delta_{nm} = F_m. \tag{4.25}$$

よって（4.22）は証明された． □

この節をまとめると次のようになる．

- 波動方程式の解として，x の関数と t の関数の積で表される特別な解がある．
- 両端を固定された弦の振動の場合，その特別な解は定在波を表し，固有振動とよばれる．
- 固有振動の重ね合わせで一般の振動は表され，重ね合わせの係数は境界条件や初期条件より求まる．
- 各固有振動を表す関数は直交している．

これらの特徴の理解はシュレーディンガー方程式の解法を理解する上で極めて役に立つ．

　この節の最後に，固有振動のエネルギーについて述べておこう．厳密な導出は省略するが，固有振動のエネルギーは振動の振幅の 2 乗と周波数の 2 乗（波数の 2 乗）の積に比例する．このことは質点の単振動のエネルギーが振幅の 2 乗と周波数の 2 乗に比例していたことを思い出すと直観的に理解できるだろう．つまり，振幅が同じ振動であれば，n が大きくなるにつれてエネルギーはとびとびに大きな値をとる．n が同じであれば，振幅が連続的に大きくなるにつれてエネルギーも連続的に大きくなる．

4.2　時間に依存しない 1 次元のシュレーディンガー方程式

　それでは量子力学に戻ろう．ポテンシャル $V(x)$ がある場合の一次元のシュレーディンガー方程式（2.28）をもう一度書いてみよう．

$$i\hbar\frac{\partial}{\partial t}\psi(x,t) = \left(-\frac{\hbar^2}{2m}\frac{\partial^2}{\partial x^2} + V(x)\right)\psi(x,t). \tag{4.26}$$

この方程式も左辺は t についての偏微分，右辺は x についての偏微分になっている．ポテンシャル $V(x)$ が時間に依存しない場合，$\psi(x,t)$ が x だけの関数 $\phi(x)$ と t だけの関数 $T(t)$ との積で表される特別な解を，変数分離の方法で求めることができる．$\psi(x,t) = \phi(x)T(t)$ を（4.26）に代入すると，

$$i\hbar\phi(x)\frac{dT(t)}{dt} = \left[-\frac{\hbar^2}{2m}\frac{d^2\phi(x)}{dx^2} + V(x)\phi(x)\right]T(t) \tag{4.27}$$

を得る．両辺を $\phi(x)T(t)$ で割ると，

$$i\hbar\frac{1}{T(t)}\frac{dT(t)}{dt} = \frac{1}{\phi(x)}\left[-\frac{\hbar^2}{2m}\frac{d^2\phi(x)}{dx^2} + V(x)\phi(x)\right] \tag{4.28}$$

となる．この式の左辺は t のみの関数，右辺は x のみの関数なので，この式が任意の t, x について成り立つには，両辺はある定数に等しくならなければならない．その定数を E と置くと[3]，

$$i\hbar\frac{1}{T(t)}\frac{dT(t)}{dt} = E \tag{4.29}$$

$$\frac{1}{\phi(x)}\left[-\frac{\hbar^2}{2m}\frac{d^2\phi(x)}{dx^2} + V(x)\phi(x)\right] = E \tag{4.30}$$

の 2 式を得る．(4.29) はすぐに解けて，

$$T(t) = C\exp\left(-\frac{iEt}{\hbar}\right) \tag{4.31}$$

となる（C は定数）．$\phi(x)$ に関する方程式は，(4.30) より，

$$-\frac{\hbar^2}{2m}\frac{d^2\phi(x)}{dx^2} + V(x)\phi(x) = E\phi(x) \tag{4.32}$$

となる．この方程式を**時間に依存しない**（あるいは**時間を含まない**）**シュレーディンガー方程式**と呼ぶ．繰り返しになるが，(4.32) を解くと，もともと解きたかったシュレーディンガー方程式 (4.26) の特別な解，すなわち $\psi(x, t) = \phi(x)T(t)$ の形の解が得られる．前節の弦の振動の場合と同様に，シュレーディンガー方程式 (4.26) の一般解は，この形の解（一般に複数得られる）の線形結合で得られる．線形結合の係数は境界条件や初期条件で決められる．したがって，時間に依存しないシュレーディンガー方程式が解ければ，問題は解けたのと同然であるといえる．これに関しては 4.3 節で詳しく解説する．

なお，(4.32) を演算子であるハミルトニアン（3.1.3 節）を使って書き直すと，

$$\hat{H}\phi(x) = E\phi(x) \tag{4.33}$$

となる．このような方程式（演算子を波動関数に作用させるとその波動関数の定数倍になる）を**固有値方程式**と呼ぶ．一般的な演算子に関する固有値方程式に関

3] この定数がエネルギーの次元をもっていることは (4.30) よりわかる．特に左辺の第 2 項は $V(x)$ でポテンシャルエネルギーそのもの．のちにこの E が粒子の全エネルギーを表すことがわかる．

しては第 9 章で改めて導入するが，ここでは，時間に依存しないシュレーディンガー方程式はハミルトニアンの固有値方程式である，ということを注意しておこう．その解である $\phi(x)$ を**エネルギー固有関数**，E を**エネルギー固有値**と呼ぶ．この波動関数で表される状態は**エネルギー固有状態**と呼ばれる．

ここで，この変数分離の結果として得られる時間に依存しないシュレーディンガー方程式の解は，単なる数学的なテクニックの結果にとどまらない，重要な物理的な意味があることを指摘しておこう．時間に依存しないシュレーディンガー方程式を解いて得られた（4.26）の解は

$$\psi(x,t) = C\phi(x)\exp\left(-\frac{iEt}{\hbar}\right) \tag{4.34}$$

となる．C は規格化条件から決めればよい．この波動関数で表されるエネルギー固有状態の粒子のエネルギーは E で確定している．確定しているという意味は，その状態の粒子のエネルギーを測定すれば必ず E が得られるということである．これはエネルギー演算子であるハミルトニアン $\hat{H}$ の期待値が確かに E でさらにその分散[4]が 0 であることから納得できる．実際，$\hat{H}\psi(x,t) = E\psi(x,t)$ なので，

$$\langle H \rangle = \int_{-\infty}^{\infty} \psi^* \hat{H} \psi dx = \int_{-\infty}^{\infty} \psi^* E \psi dx = E \int_{-\infty}^{\infty} \psi^* \psi dx = E, \tag{4.35}$$

$$\langle H^2 \rangle = \int_{-\infty}^{\infty} \psi^* \hat{H}^2 \psi dx = \int_{-\infty}^{\infty} \psi^* E^2 \psi dx = E^2 \int_{-\infty}^{\infty} \psi^* \psi dx = E^2. \tag{4.36}$$

なお，計算の最後で ψ が規格化されているとしている．これを使うと，分散は $\langle (\Delta H)^2 \rangle = \langle (H - \langle H \rangle)^2 \rangle = \langle H^2 - 2H\langle H \rangle + \langle H \rangle^2 \rangle = \langle H^2 \rangle - \langle H \rangle^2 = E^2 - E^2 = 0$ である．

あるいは，$V = 0$ のときのシュレーディンガー方程式の解である平面波解はすでに知っている通り $\psi(x,t) = A\exp(\pm i(kx - \omega t))$ である．つまり $\phi(x) = A\exp(\pm ikx)$ であり，（4.33）を用いると $E = \hbar^2 k^2/2m$ となる．E は確かに運動量 $\pm\hbar k$ の自由粒子のエネルギーになっている．なお，E はエネルギーなので実数である．

さらに，このエネルギー固有状態は**定常状態**とも呼ばれる．その理由は確率密度を考えるとわかる．すなわち，$|\psi(x,t)|^2 = |C|^2|\phi(x)|^2$ なので，粒子を観測する

4]　分散については第 11 章で詳しく扱う．

50 | 第 4 章 | **定常状態**

確率の空間的な分布は時間によらず一定である.

　続いて，一般的な期待値も時間に依存しないことを例題で示そう.

[例題4.3] 　定常状態を考える. ある物理量 A の期待値を計算することにより, 期待値が時間によらず一定であることを示せ. ただし物理量 A に対応する演算子を $\hat{A}$ とし, $\hat{A}$ は時間に依存しない演算子とする.

[解] 　定常状態の波動関数は, エネルギーを E として, 一般に $\psi(x,t) = \phi(x)\exp(-iEt/\hbar)$ と表される.

$$\langle A \rangle = \int_{-\infty}^{\infty} \psi(x,t)^* \hat{A} \psi(x,t) dx = \int_{-\infty}^{\infty} \phi^*(x)\exp(iEt/\hbar)\hat{A}\phi(x)\exp(-iEt/\hbar)$$

$$= \int_{-\infty}^{\infty} \phi^*(x)\hat{A}\phi(x)dx. \tag{4.37}$$

よって $\langle A \rangle$ は時間に依存しない. □

4.3　定常状態を使った時間発展の計算

　このように, 時間に依存しないシュレーディンガー方程式により, 定常状態の波動関数とその時のエネルギーを求められることがわかる. 本書の大部分もこの定常状態を調べることが中心となる. 古典力学では運動方程式を解いて粒子の運動を調べることが基本であったが, 量子力学では定常状態を求めることをまず習得する. ただし,「量子力学的な状態とは, 時間に依存しないシュレーディンガー方程式の解すなわち定常状態である」というわけではないことに注意してほしい. エネルギーの異なる定常状態の波動関数を足し合わせてできる波動関数も（時間に依存する）シュレーディンガー方程式の解であるが, それは決して定常状態ではない.

　それでは定常状態ではない一般の状態の時間発展はどうやってわかるのであろうか. ある時刻, たとえば $t=0$ における波動関数 $\psi(x, t=0)$（つまり初期状態）がわかれば, その後の波動関数はもとの「時間に依存する」シュレーディンガー方程式を解けばわかる. これは, 古典力学において $t=0$ における位置 x と運動量 p がわかれば, その後の $x(t)$ がニュートンの運動方程式を解いてわかるのと同

じである．シュレーディンガー方程式を解いて時間発展を追うことは本書の範囲外であるが，原理的にはシュレーディンガー方程式はコンピューターを使って数値的に解いてもよい．

ただし，時間に依存しないシュレーディンガー方程式を解いて定常状態の解が求められていれば，その解の重ね合わせによって，もとの「時間に依存する」シュレーディンガー方程式の一般解を構築できるので，もとのシュレーディンガー方程式が楽に解ける．これは，弦の振動が固有振動の重ね合わせで表せたのと同様である．

具体的に説明する．「時間に依存しない」シュレーディンガー方程式の解が$\phi_n(x)$，そのときのエネルギーがE_nとする．なおこの解で表される状態を記述する波動関数は，「時間に依存する」シュレーディンガー方程式を満たす形で書くと，$\psi_n(x,t) = \phi_n(x)\exp(-iE_n t/h)$であることに注意する．このとき，「時間に依存する」シュレーディンガー方程式の一般解は$\psi(x,t) = \sum_n c_n\phi_n(x)\exp(-iE_n t/h)$とかける．係数$c_n$は，与えられた初期条件$\psi(x,t=0)$を使って$\psi(x,t=0) = \sum_n c_n\phi_n(x)$から求められる．

下記の例題を解きながら具体例を通じて理解を深めよう．

例題4.4 時間に依存しないシュレーディンガー方程式の2つの解を$\phi_1(x), \phi_2(x)$とする．また，それぞれに対応する状態のエネルギーを$E_1, E_2\,(E_1 \neq E_2)$とする．これら2つの状態に対応する時間に依存するシュレーディンガー方程式の解をそれぞれ$\psi_1(x,t), \psi_2(x,t)$とする．

（1）$\psi_1(x,t), \psi_2(x,t)$を書き下せ．

（2）$\psi_1(x,t), \psi_2(x,t)$の絶対値の2乗を計算することにより，これらの状態が定常状態であることを確認せよ．

（3）$\psi_1(x,t), \psi_2(x,t)$の線型結合$c_1\psi_1(x,t) + c_2\psi_2(x,t)$（$c_1, c_2$は複素数）も時間に依存するシュレーディンガー方程式の解である．つまりこの波動関数は$t = 0$において$c_1\phi_1(x) + c_2\phi_2(x)$の初期状態をもつ粒子の時刻$t$における状態を表す．$c_1\psi_1(x,t) + c_2\psi_2(x,t)$の絶対値の2乗を計算することにより，この状態は定常状態ではないことを示せ．また$E_1 = E_2$の場合はどうなるか考察せよ．

52　第 4 章 | **定常状態**

┌─**解**─┐　　(1)（4.34）より

$$\psi_1(x,t) = \phi_1(x) \exp(-iE_1t/\hbar), \tag{4.38}$$

$$\psi_2(x,t) = \phi_2(x) \exp(-iE_2t/\hbar). \tag{4.39}$$

（2）$\psi_1(x,t)$ の絶対値の 2 乗を計算すると

$$|\psi_1(x,t)|^2 = \psi_1^*\psi_1 = \phi_1^* \exp(iE_1t/\hbar)\phi_1 \exp(-iE_1/\hbar) = \phi_1^*\phi_1 = |\phi_1(x)|^2. \tag{4.40}$$

よって確率密度 $|\psi_1(x,t)|^2$ は t に依存しないので定常状態といえる．$|\psi_2(x,t)|^2$ も同様．

（3）絶対値の 2 乗を計算すると

$$|c_1\psi_1(x,t) + c_2\psi_2(x,t)|^2 = |c_1\phi_1(x) \exp(-iE_1t/\hbar) + c_2\phi_2(x) \exp(-iE_2t/\hbar)|^2$$

$$= |c_1|^2|\phi_1(x)|^2 + |c_2|^2|\phi_2(x)|^2 + c_1^*c_2 \exp(i(E_1 - E_2)t/\hbar)$$

$$+ c_1c_2^* \exp(-i(E_1 - E_2)t/\hbar). \tag{4.41}$$

よって確率密度 $|c_1\psi_1(x,t) + c_2\psi_2(x,t)|^2$ は t に依存しており，定常状態とはいえない．ただし $E_1 = E_2$ のときは t に依存せず定常状態である．　　□

4.4　ポテンシャルエネルギーが空間的に一定の場合の一般解

　この章の最後に，次章の準備としてポテンシャルエネルギーが空間的に一定の場合の一般解を調べておこう．ポテンシャル $V(x) = V$ として，時間に依存しないシュレーディンガー方程式（4.32）を書き直すと，

$$\frac{d^2\phi(x)}{dx^2} + \frac{2m}{\hbar^2}(E - V)\phi(x) = 0. \tag{4.42}$$

$E > V$ の場合，$\sqrt{\dfrac{2m}{\hbar^2}(E - V)} = k$ とおくと，（4.42）は次の式になる．

$$\frac{d^2\phi(x)}{dx^2} = -k^2\phi(x). \tag{4.43}$$

この方程式の解は，$\sin(kx), \cos(kx)$ あるいは $\exp(ikx), \exp(-ikx)$ である．したがって一般解は，

$$\phi(x) = A\sin(kx) + B\cos(kx), \tag{4.44}$$

あるいは
$$\phi(x) = A'\exp(ikx) + B'\exp(-ikx) \tag{4.45}$$
と書ける．$E < V$ の場合，$\sqrt{\dfrac{2m}{\hbar^2}(V-E)} = \rho$ とおくと，(4.42) は次の式になる．
$$\frac{d^2\phi(x)}{dx^2} = \rho^2\phi(x). \tag{4.46}$$
この方程式の解は，$\exp(\rho x), \exp(-\rho x)$ である．したがって一般解は，
$$\phi(x) = C\exp(\rho x) + D\exp(-\rho x) \tag{4.47}$$
である．なお，A, B, A', B', C, D は定数 である．

演 習 問 題

問 4.1 ポテンシャルが $V(x) = 0$ の自由空間を考える．下記の各問に答えよ．
(1) 今，粒子は，波動関数 $\phi(x) = A\exp(ikx)$（ただし A, k は正の定数）で表される状態にあるとする．
  (a) この状態は定常状態かどうか，理由をつけて述べよ．定常状態であれば，そのエネルギー（エネルギー固有値）を求めよ．
  (b) この状態の粒子をある位置で検出する確率の位置依存性を述べよ．
(2) 今，粒子は，波動関数 $\phi(x) = A\exp\left(-\dfrac{x^2}{2a^2}\right)\exp(ikx)$（ただし A, a, k は正の定数）で表される状態にあるとする．
  (a) この状態は定常状態かどうか，理由をつけて述べよ．定常状態であればそのエネルギー（エネルギー固有値）を求めよ．
  (b) この状態の粒子をある位置で検出する確率の位置依存性を述べよ．

第 5 章

束縛状態（1）

——井戸型ポテンシャル

　この章では，ポテンシャルに束縛された粒子の状態を調べる．これにより，原子の中の電子（原子核に束縛されている），原子が互いに束縛されている分子，固体中に閉じ込められている伝導電子，のようにある範囲に閉じ込められた粒子の性質を理解するために必要な基礎知識が得られる．特に，定常状態のエネルギーであるエネルギー固有値が離散的になることは特徴的である．

5.1　束縛状態

　束縛状態やポテンシャルのイメージを持つために，古典力学における次の2つの例を考えよう．1つめは，x 軸方向に一様な電場 E がかかっている空間中におかれた電荷 q の荷電粒子である．この粒子が電場から受ける力は x 軸方向に $F = qE$ である．F はポテンシャル $V_1(x)$ より $F = -\dfrac{\partial V_1}{\partial x}$ で求まるので，$V_1(x)$ がゼロである基準を原点とすると，$V_1(x)$ は

$$V_1(x) = -qEx \tag{5.1}$$

である．2つめの例は，ばねにつながれて1次元的な運動をする粒子である．ばねが自然長のときの粒子の位置を原点ととると，粒子のポテンシャル $V_2(x)$ は，

$$V_2(x) = \frac{1}{2}kx^2 \tag{5.2}$$

である．ここで k はばね定数である．粒子の受ける力は $-\dfrac{\partial V_2}{\partial x} = -kx$ である．

　この2つの例のどちらが束縛状態かというと後者である．前者では荷電粒子は

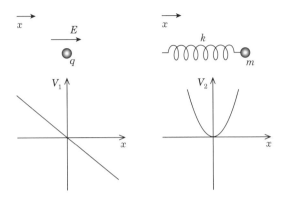

図 5.1　ポテンシャルと束縛状態の例

力は受けるものの，空間中の限られた領域に閉じ込められることはない．両者のポテンシャルをグラフに描いてみるとよりイメージがつきやすいだろう（図 5.1）．

5.2　最も簡単な例：無限の深さの井戸型ポテンシャル

束縛状態の最も簡単な例として，無限の深さの井戸型ポテンシャルを考える（図 5.2）．ここで考える無限の深さの井戸型ポテンシャルとは，次の関数

$$V(x) = \begin{cases} \infty & (x < -a, \, a < x), \\ 0 & (-a \leqq x \leqq a) \end{cases} \tag{5.3}$$

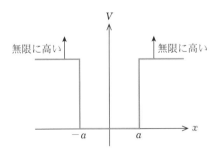

図 5.2　無限に深い井戸型ポテンシャル

で表されるものである. 物理的イメージとしては, 十分大きい (サイズが大きい
のではなく値が大きい) 静電ポテンシャルによってある領域に閉じ込められた電
子, を想像するとよいだろう [1].

古典力学の場合, このポテンシャルに閉じ込められた質量 m の粒子は, 全エネ
ルギーが E のときは, 運動量の大きさ p が $p = \sqrt{2mE}$ で $x = -a$ と $x = a$ の間
を往復運動する. エネルギーが高くなれば運動量は大きくなり, エネルギーがゼ
ロであれば粒子は静止している. エネルギーはゼロ以上の任意の値をとることが
できる.

それでは量子力学の場合はどのようになるであろうか. それを理解するために,
この系での時間に依存しないシュレーディンガー方程式の解, すなわち定常状態
の解を求める. 井戸の外側のポテンシャルが無限大の領域で, 時間に依存しない
シュレーディンガー方程式 (4.32) が (有限のエネルギー E の値に対して) 成り
立つには, 波動関数がゼロでなくてはいけない. つまり, $x < -a, a < x$ において
$\phi(x) = 0$ である. さらに, 井戸の境界 $x = \pm a$ では井戸の内側と外側で波動関数
が連続である (つまり $\phi(\pm a) = 0$) と仮定する. この仮定が正しいことは次章で
示される (そこでも述べるが, この無限に深い井戸型ポテンシャル問題は有限の
深さの井戸型ポテンシャルの問題のポテンシャルが十分大きい極限と理解すべき
である). この境界条件のもとで井戸の内側の波動関数を求める. 今, その領域
ではポテンシャルがゼロなので, 時間に依存しないシュレーディンガー方程式を
書くと,

$$-\frac{\hbar^2}{2m}\frac{d^2\phi(x)}{dx^2} = E\phi(x) \tag{5.4}$$

となる. 今ポテンシャルがゼロであるから, 全エネルギー E はゼロ以上の値をと
る. $k = \sqrt{2mE}/\hbar$ とすると (もちろん k もゼロ以上の実数), この方程式の解
は $\phi(x) = A\sin(kx)$ あるいは $\phi(x) = B\cos(kx)$ (A, B は定数) であるので, (4.44)
で見たように, 一般解はそれらを足し合わせた

$$\phi(x) = A\sin(kx) + B\cos(kx) \tag{5.5}$$

と書ける [2]. 境界条件つまり $\phi(\pm a) = 0$ を課すと,

1] ただし 3 次元空間において「静電場のみでは荷電粒子は電荷がない領域において閉じ込められな
い」というアーンショーの定理があるので, これはあくまでイメージであることに注意.

$$A \sin(ka) + B \cos(ka) = 0, \tag{5.6}$$

$$-A \sin(ka) + B \cos(ka) = 0 \tag{5.7}$$

となる．この 2 式より

$$A \sin(ka) = 0, \tag{5.8}$$

$$B \cos(ka) = 0 \tag{5.9}$$

が得られる．A, B がともに 0 になると，波動関数が全空間に渡って 0 になる．これは粒子が存在しないということで意味がないので，そうならないような解を探すと，

$$(1): A = 0, \quad \cos(ka) = 0, \tag{5.10}$$

$$(2): B = 0, \quad \sin(ka) = 0 \tag{5.11}$$

が解としてありうる．(1) の場合，$ka = n\pi/2 \ (n = 1, 3, 5, \cdots)$ である（ka は正なので n が負は考えなくてよい）．波動関数は $\phi(x) = B \cos\left(\frac{n\pi}{2a}x\right)$ である．一方 (2) の場合，$ka = n\pi/2 \ (n = 2, 4, 6, \cdots)$ であり，波動関数は $\phi(x) = A \sin\left(\frac{n\pi}{2a}x\right)$ である（$n = 0$ だと $\phi(x) = 0$ になってしまうのでこれは除く）．定数 A, B は規格化条件 $\displaystyle\int_{-\infty}^{\infty} |\phi(x)|^2 dx = 1$ から決めればよい．計算すると $A = B = 1/\sqrt{a}$ であることがわかる[3]．$E = \dfrac{\hbar^2 k^2}{2m}$ だったことを思い出し，ある n に対応する E や ϕ を E_n, ϕ_n のように表すと，エネルギーと波動関数はまとめて，

$$E_n = \frac{\hbar^2 k_n^2}{2m} = \frac{\pi^2 \hbar^2 n^2}{8ma^2}, \quad (n = 1, 2, 3, \cdots) \tag{5.12}$$

$-a \leqq x \leqq a$ のとき：

$$\phi_n(x) = \begin{cases} \dfrac{1}{\sqrt{a}} \cos\left(\dfrac{n\pi}{2a}x\right) & (n = 1, 3, 5, \cdots), \tag{5.13} \\[4mm] \dfrac{1}{\sqrt{a}} \sin\left(\dfrac{n\pi}{2a}x\right) & (n = 2, 4, 6, \cdots) \tag{5.14} \end{cases}$$

2] （56 ページ）この形の一般解を使うのは単に解法が楽になるからである．(4.45) のように $\phi(x) = A' \exp(ikx) + B' \exp(-ikx)$ とおいても解けるのでやってみよう．

3] A, B は負の実数でも複素数でもいいが，定数倍だけ異なる波動関数はすべて同じ物理状態を表すので全体にかかる係数は重要ではなく，ここでは慣例にならい正の実数を取った．

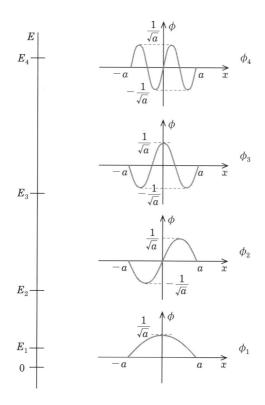

図 5.3 エネルギー固有値とエネルギー固有波動関数

$x < -a, a < x$ のとき：

$$\phi_n(x) = 0 \tag{5.15}$$

となる．

　得られたエネルギー（エネルギー固有値）と波動関数（エネルギー固有関数）をグラフに描いてみよう（図 5.3）．今，粒子はポテンシャルの井戸の中に閉じ込められていて，$x < -a, a < x$ で波動関数はゼロである．このようにある限られた領域でのみ粒子が検出される確率がある状態を**束縛状態**と呼ぶ．束縛状態の注目すべき特徴として，まず，定常状態のエネルギー（エネルギー固有値）がとびとびの値（離散的な値）をとるということがあげられる．これをエネルギーの**量子化**と呼び，とびとびのエネルギー $E_1, E_2, E_3, \cdots$ を**エネルギー準位**と呼ぶ．こ

の量子化が古典力学にない量子力学の大きな特徴である[4]. $n = 1, 2, 3, \cdots$ は状態を区別するのに便利な数であり，一般的に**量子数**と呼ばれる．$n = 1$ すなわち一番エネルギーの低い準位は特に**基底準位**と呼ばれ，その状態のことを**基底状態**と呼ぶ．基底状態のエネルギー E_1 がポテンシャルの最小値の 0 より大きく，閉じ込められた粒子が E_1 より低いエネルギーをとることができないということも著しい特徴である．このエネルギーは**ゼロ点エネルギー**と呼ばれる[5]．さらにエネルギーの高い状態は，エネルギーが高くなる順に第 1 励起状態，第 2 励起状態，$\cdots$ のように呼ばれる．

基底状態の波動関数は偶関数で，波動関数がゼロになる点は（境界とその外側を除いて）ない．第 1 励起状態は奇関数で，波動関数がゼロになる点が 1 つ出てくる．この点のことを節と呼ぶ．以降，第 2, 3, $\cdots$ 励起状態は偶関数，奇関数，$\cdots$ で，節の数は 2, 3, $\cdots$ と増えていく．

エネルギー固有値とエネルギー固有関数をまとめたグラフも示す（図 5.4）．このようなグラフも便利なのでよく用いられる．ただし，縦軸に 2 つの異なるものをまとめて描いていることに注意し，混乱のないように．

得られた解の解釈について念のため補足すると，井戸型ポテンシャルに束縛された粒子は，定常状態（あるいはエネルギー固有状態）としては得られた波動関数の解で示される状態のいずれかをとり，対応するエネルギー固有値をエネルギーとして持つ，ということである．定常状態でない一般の状態は定常状態の重ね合わせで表せ，結果としてエネルギーの期待値は連続的に任意の値を取り得る．ただし期待値も基底状態のエネルギーより低くはならない．

求めた定常状態の波動関数について，下記の例題を解いて理解を深めよう．

例題5.1 　(1) 　$\phi(x) = A \sin \left(\dfrac{n\pi}{2a} x \right)$ を規格化して A を決めよ．

(2) 　$n = 1, 2$ の状態について確率密度を計算し，粒子が検出される確率が一番高い位置を求めよ．

(3) 　各定常状態の場合の粒子の位置と運動量の期待値を求めよ．

4] このとびとびが大きくなるほど「量子的」であると言える．つまり，軽い粒子（m が小さい）を狭い領域（a が小さい）に閉じ込めると，量子力学的な性質が強くでることになる．

5] ゼロ点エネルギー，あるいは第 6 章で出てくるゼロ点振動が特徴的に現れる系としてヘリウムを挙げておく．質量の小さいヘリウムが絶対零度でも固体にならず液体であるのはゼロ点エネルギーが大きいからであると定性的に説明できる．

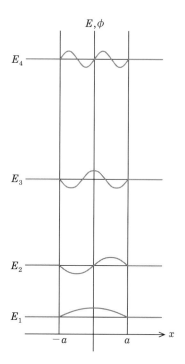

図 5.4 波動関数とエネルギー固有値をまとめて描いたグラフ．縦軸は基本的にエネルギーであるが，各エネルギー準位を表す横線を基準として対応する波動関数を重ねて描いてある．

解 (1) 規格化条件 $\int_{-\infty}^{\infty} |\phi(x)|^2 dx = 1$ より

$$\int_{-\infty}^{\infty} |\phi(x)|^2 dx = \int_{-a}^{a} |A|^2 \sin^2\left(\frac{n\pi}{2a}x\right) dx$$
$$= \frac{|A|^2}{2} \int_{-a}^{a} \left(1 - \cos\left(\frac{n\pi}{a}x\right)\right) dx = \frac{|A|^2}{2}\left[x - \frac{a}{n\pi}\sin\left(\frac{n\pi}{a}x\right)\right]_{-a}^{a}$$
$$= |A|^2 a = 1. \tag{5.16}$$

慣例にならい A を正の実数とすると $A = 1/\sqrt{a}$ である．

(2) 確率密度を計算する．$-a \leqq x \leqq a$ において，

$$|\phi_1(x)|^2 = \frac{1}{a}\cos^2\left(\frac{\pi}{2a}x\right), \tag{5.17}$$

$$|\phi_2(x)|^2 = \frac{1}{a}\sin^2\left(\frac{\pi}{a}x\right). \tag{5.18}$$

粒子が検出される確率が一番高い位置は確率密度が最大の位置なので，$n=1$ のときは $x=0$，$n=2$ のときは $x=-a/2, a/2$ である.

（3） 期待値の公式を適用して計算してもよいが，$|\phi_n(x)|^2$ は n によらず偶関数なので，位置 x の期待値はゼロ，$\langle x \rangle = 0$ である（今は定常状態なのでこれは時間によらない値）．運動量 p の期待値も公式を適用して計算してもいいが，エーレンフェストの定理（3.18）より $\langle p \rangle = m\dfrac{d}{dt}\langle x \rangle$ で，今 $\langle x \rangle$ は時間に依存しないので $\langle p \rangle = 0$ である． □

この節で求めた定常状態とその波動関数が，前の節で扱った両端が固定された弦の固有振動とよく似通っていることを指摘しておこう．波動関数の形と固有振動の波の形は同じであるし，とびとびの値をとる波数が大きくなる（波長が小さくなる）に伴い波数の2乗に比例してエネルギーが高くなるのも同じである．しかしもちろん前者は量子力学的な粒子の状態を表す波動関数，後者は弦の振動の変位でありまったく別のものなので混乱してはいけない．また，今求めた $\phi_n(x)$ や確率密度は時間的に振動してはいない，ということには注意すべきである．たとえ $\psi(x,t) = \phi_n(x)\exp(-iEt/\hbar)$ のように時間依存の因子を含めて「時間に依存する」シュレーディンガー方程式の解とした場合でも，確率密度や物理量の期待値は時間変化しない.

この節の最後に，水素原子が発する光がとびとびのある特定の波長の光のみである理由が，この無限井戸型ポテンシャルの問題より定性的に理解できることを指摘しておく．ここで示した通り，束縛状態の粒子は一般に離散的なエネルギー準位を持つ．そしてその準位で状態が遷移するときにそのエネルギー差に等しいエネルギーを持つ光子を放出する（第1章のボーアの仮説の（2）（12ページ））．水素原子の中では電子が原子核に束縛された状態であるため，放出する光の波長が離散的になるのである．具体的な波長の値を次の問題で見積もってみよう.

例題5.2　電子を原子のスケールの $1\,\mathrm{nm}$ の幅の無限に深い井戸に閉じ込めた場合，$n=2$ から $n=1$ に状態が遷移したときに放出する光の波長を求めよ.

解　$n=2$ の状態と $n=1$ の状態のエネルギーの差は，

$$E_2 - E_1 = \frac{3\pi^2 \hbar^2}{2m_e a^2}. \tag{5.19}$$

これと光の波長 λ は $E_2 - E_1 = hc/\lambda$ の関係があるので，

$$\lambda = \frac{4m_e c a^2}{3\pi \hbar}. \tag{5.20}$$

それぞれの文字に数値を代入して，

$$\lambda = \frac{4 \times 9.11 \times 10^{-31} \times 3.00 \times 10^8 \times (1 \times 10^{-9})^2}{3 \times 3.14 \times 1.05 \times 10^{-34}} = 1.11 \times 10^{-6} \text{ m}. \tag{5.21}$$

よって，$\lambda = 1.11\,\mu\text{m}$ となり，可視光に近い近赤外の波長である． □

5.3 有限の深さの井戸型ポテンシャル

5.2 節で無限の深さの井戸型ポテンシャルの場合を使って束縛状態の特徴を理解した．定常状態としてとびとびのエネルギー値のみを取り得ることはその著しい特徴である．この章ではポテンシャルの深さが有限の場合の束縛状態を調べてみる．5.2 節の結果はこの場合でポテンシャルの深さを無限大に持っていった極限と理解すべきである．

今回考えるポテンシャルは次のようなものである（図 5.5）．ただし $V_0 > 0$．

$$V(x) = \begin{cases} V_0 & (x < -a, a < x), \\ 0 & (-a \leqq x \leqq a) \end{cases} \tag{5.22}$$

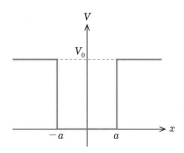

図 5.5　有限の深さの井戸型ポテンシャル

それではまず，今回の井戸型ポテンシャルの各領域での波動関数の一般解を調

べていく. $x < -a$ の領域を領域①, $-a \leqq x \leqq a$ の領域を②, $a < x$ の領域を③として, そこでの解をそれぞれ ϕ_1, ϕ_2, ϕ_3 とする. 今は井戸に束縛された状態を考えるので, 粒子が古典的には井戸の中にしか存在することができない $E < V_0$ の場合を考えればよい. 領域①, ③では $E < V$ なので, 一般解は (4.47) の形をしている. このとき, $x \to \pm\infty$ で $\phi_1, \phi_3 \to 0$ になるためには[6], 領域①, ③でそれぞれ,

$$\phi_1(x) = A \exp(\rho x), \tag{5.23}$$

$$\phi_3(x) = D \exp(-\rho x) \tag{5.24}$$

でなくてはならない. 領域②では $E > V$ なので, 一般解は (4.44) あるいは (4.45) の形をしている. ここでは無限に深い井戸型ポテンシャルのときと同様に前者を利用して,

$$\phi_2(x) = B \sin(kx) + C \cos(kx) \tag{5.25}$$

とする. ただし,

$$\rho = \sqrt{\frac{2m(V_0 - E)}{\hbar^2}}, \qquad k = \sqrt{\frac{2mE}{\hbar^2}}. \tag{5.26}$$

続いて領域①②, あるいは領域②③の境界で波動関数が満たすべき条件を考えてみる. その境界でポテンシャルの値は不連続に変化している. ここでは直観的に考えるにとどめるが, 今回はそのポテンシャルの変化量が有限[7]なので, 波動関数, そしてその1階微分 $\dfrac{d\phi(x)}{dx}$ も連続でなくてはいけない. そうでないとシュレーディンガー方程式で微分したときに無限大が出てきてしまうからである (境界条件については章末問題 5.2 も参照). したがってこの3つの波動関数とその1階微分が境界 $x = \pm a$ で連続につながるように (別の言い方をすると波動関数が滑らかにつながるように) k あるいは ρ (すなわち E) や $A \sim D$ の各係数を求めればよい. その計算をしていくにあたり簡単のために, 「今考えている1次元でポテンシャルが原点対称 (すなわち $V(-x) = V(x)$) の場合, 束縛状態のエネルギー固有波動関数は偶関数 (すなわち $\phi(-x) = \phi(x)$) あるいは奇関数 (すなわち $\phi(-x) = -\phi(x)$) のどちらかである」という事実 (後で証明する) を利用するこ

6] これも「無限遠での」境界条件と見なせる.

7] 前節の無限井戸型の場合は変化量が無限大であった.

64 | 第 5 章 | 束縛状態（1）——井戸型ポテンシャル

とにする．以下，解が偶関数の場合と奇関数の場合に分けて解を求める．

（i）解が偶関数の場合：領域②で偶関数であるためには，$B = 0$ でなくてはならない．

$$\phi_2(x) = C\cos(kx). \tag{5.27}$$

領域③では，

$$\phi_3(x) = D\exp(-\rho x) \tag{5.28}$$

であるが，解が偶関数なので，領域①では $A = D$ となり，

$$\phi_1(x) = D\exp(\rho x) = \phi_3(-x) \tag{5.29}$$

が解である．導関数を計算すると

$$\phi_2'(x) = -kC\sin(kx). \tag{5.30}$$

$$\phi_3'(x) = -\rho D\exp(-\rho x) \tag{5.31}$$

である．

境界条件 $\phi_2(a) = \phi_3(a), \phi_2'(a) = \phi_3'(a)$ より，

$$C\cos(ka) = D\exp(-\rho a), \tag{5.32}$$

$$-kC\sin(ka) = -\rho D\exp(-\rho a) \tag{5.33}$$

が得られる．この 2 式が成り立つように，k あるいは ρ を決める．しかし，これは式では解けない[8]ので，グラフを使って解の振る舞いを調べる．

（5.33）を（5.32）で割ると，

$$k\tan(ka) = \rho \tag{5.34}$$

が得られる．ここで，

$$ka = \xi, \qquad \rho a = \eta \tag{5.35}$$

とおくと，

$$\eta = \xi\tan\xi \tag{5.36}$$

を得る．

8] これを「解析的に解けない」という．コンピューターを使えば「数値的に」解ける．

求めようとしている k あるは ρ, すなわち ξ あるいは η は独立ではなく, (5.26) より, 次の関係がある.

$$\xi^2 + \eta^2 = (k^2 + \rho^2)a^2 = \frac{2mV_0a^2}{\hbar^2} \tag{5.37}$$

(5.36), (5.37) の曲線をグラフに描いてみる (図 5.6). この曲線の交点が, (5.36), (5.37) の両式を満たす ξ, η の解である.

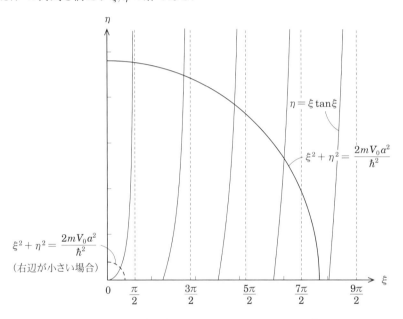

図 5.6 式 (5.36), (5.37) のグラフ. $\eta = \xi\tan\xi$ は縦方向にのびる複数の曲線であることに注意.

グラフをみるとわかるように, ポテンシャルの井戸が深くなるかあるいは幅が広くなる, すなわち V_0a^2 の値が大きくなるとグラフの円弧の半径 ($=\sqrt{2mV_0}a/\hbar$) が大きくなり, 交点の数が増えて ξ あるいは η の解の数, すなわちエネルギー E の解 (エネルギー固有値) が増える. また, V_0a^2 の値がどんなに小さくても, 必ず解が 1 つは存在することが明らかである (図 5.6 の $\xi = 0$ 付近の破線の円弧).

このようにして, エネルギー固有値 E (あるいは k, ρ) が求まった. そうすると (5.32), (5.33) から係数 C, D の関係が決まる. そして, C, D の絶対値は規格化条件から最終的に求まる. このようにして, あるエネルギー固有値に対応する

波動関数が決まる．その詳細な計算はここでは行わないが，後で，無限に深い井戸型ポテンシャルの場合の波動関数と比較しながら概形の特徴を理解する．

（ii）解が奇関数の場合：

偶関数の場合と同様に考えていけばよい．領域②で奇関数であるためには，$C = 0$ でなくてはならない．

$$\phi_2(x) = B\sin(kx). \tag{5.38}$$

したがって

$$\phi_2'(x) = kB\cos(kx). \tag{5.39}$$

領域③では

$$\phi_3(x) = D\exp(-\rho x) \tag{5.40}$$

なので，

$$\phi_3'(x) = -\rho D\exp(-\rho x) \tag{5.41}$$

である．なお解が奇関数なので，領域①では $A = -D$ となり，

$$\phi_1(x) = -D\exp(\rho x) \tag{5.42}$$

が解である．

境界条件 $\phi_2(a) = \phi_3(a), \phi_2'(a) = \phi_3'(a)$ より，

$$B\sin(ka) = D\exp(-\rho a), \tag{5.43}$$

$$kB\cos(ka) = -\rho D\exp(-\rho a) \tag{5.44}$$

が得られる．

（5.44）を（5.43）で割ると，

$$k\cot(ka) = -\rho \tag{5.45}$$

これらから，偶関数のときと同様に ξ, η の満たす関係式を求めると，

$$\eta = -\xi\cot\xi, \tag{5.46}$$

$$\xi^2 + \eta^2 = \frac{2mV_0a_0^2}{\hbar^2} \quad （これ \tag{5.47}$$

となる．この2つの曲線をグラフに描き（図5.7），交点を求める．グラフから，

交点の ξ の値は，偶関数の場合の交点の間にくることがわかる．$V_0 a^2$ が大きくなるにつれてエネルギー固有状態の数は増えていくが，$\sqrt{2mV_0}a/\hbar < \pi/2$ のときは交点がないので，エネルギー固有状態は存在しない．

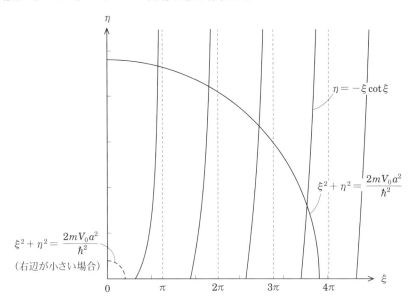

図 5.7 式 (5.46)，(5.47) のグラフ．$\eta = -\xi \cot \xi$ は縦方向にのびる複数の曲線であることに注意．

以上，波動関数が偶関数と奇関数の場合をまとめて，エネルギー準位とその波動関数を図示してみる（図 5.8）．おおよその傾向を無限に深い井戸型ポテンシャルで得た解と比較しつつ考えてみる．

まず，エネルギー固有値について考える．最初に，今調べた有限の深さの井戸型ポテンシャルの問題で $V_0 \to \infty$ とした極限が，前節で扱った無限に深い井戸型ポテンシャルの場合と一致することを確認しておこう．$V_0 \to \infty$ のとき，エネルギー固有値は 2 つの曲線のグラフで円弧の半径が無限大になった場合の交点から求まる．このとき，交点は図 5.6, 5.7 の破線で表された漸近線上にあり，交点の数が無限個で，$\xi = ka = n\pi/2$ ($n = 1, 2, 3, \cdots$) であることがわかる．これは無限に深い井戸型ポテンシャルの場合に一致する．

一方，この無限井戸の場合のエネルギー固有値 E_n を基準にして考えると，有

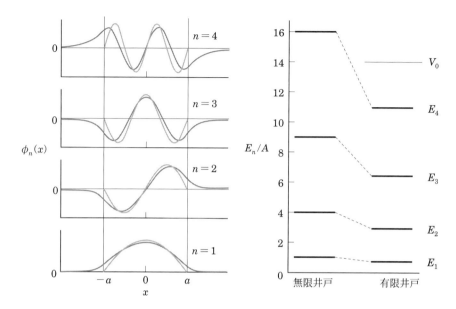

図 5.8 無限井戸と有限井戸の定常状態の波動関数とエネルギー準位．波動関数は薄い灰色線，濃い灰色線でそれぞれ無限井戸，有限井戸の場合が示されている．エネルギーの縦軸は $A = \pi^2 \hbar^2/(8ma^2)$ で規格化してある．$V_0 = 14A$ の場合の計算結果が示されている．

限井戸の場合のエネルギー固有値 E'_n は，$E_{n-1} < E'_n < E_n$ の範囲になる．なお，n は量子数で，エネルギー固有値の小さい順に $n = 1, 2, 3, \cdots$ である．このことは，交点を求めたグラフをみると，無限に深い井戸型ポテンシャルの極限の場合の解の間，つまり漸近線の間に交点がくることから理解できる．つまり，交点の $\xi = ka$ が無限井戸の場合の間になるので，関係式 $E = \hbar^2 k^2/(2m)$ より E の値も無限井戸の場合の値の間になるのである．

　続いてエネルギー固有波動関数を考える．井戸の内側の領域②の波動関数の形は，$\cos(kx)$ あるいは $\sin(kx)$ で無限深さの場合と同じ形であるが，前段落で述べたとおり n が同じ状態で比べると k が小さくなっているので，やや広がったような形になる．したがって井戸の境界では値はゼロでなくなり，井戸の外側の波動関数と滑らかにつながる．井戸の外側の波動関数は，たとえば領域③であれば $\exp(-\rho x)$ の形をしていて，井戸の外に行くにつれて指数関数的に急激に減少するもののゼロではなく，古典的にはエネルギー的に許されないこの領域で粒子が

5.3 | 有限の深さの井戸型ポテンシャル　69

検出される確率がある．波動関数が広がった分だけ，確率密度の全空間に渡る積分を 1 に保つため（規格化条件）に井戸の内側での極大値の大きさは小さくなる．

　無限井戸の場合の極限では $\rho \to \infty$ なので波動関数は井戸の外で確かにゼロになる．またこのとき k が無限井戸の場合に一致することから，井戸の内側の波動関数も境界でゼロとなる cos あるいは sin 関数であり，無限井戸と同じであることがわかる．したがって内側と外側の波動関数は境界においてゼロで連続的につながっていて，前節で仮定した境界条件と同じになっている．

　以上，有限の深さの井戸型ポテンシャルの定常状態の特徴がわかったので，次のようにまとめる．

(1) 束縛状態のエネルギー固有値はとびとびの値をとるが，個数は有限である（ただし最低 1 個はある）．

(2) エネルギー固有値は，同じ井戸の幅の無限に深い井戸型ポテンシャルの場合の同じ量子数の状態の値に比べて小さくなっている（量子数の 1 つ小さい状態よりは大きい）．

(3) 波動関数が井戸の外側にしみ出していて，古典的には $E < V$ でエネルギー的に存在が許されないこの領域で粒子が検出される確率がある．これは量子力学の大きな特徴である．

　この節の最後に，問題の解法でもちいた「1 次元でポテンシャルが原点対称（すなわち $V(-x) = V(x)$）の場合，束縛状態のエネルギー固有関数は偶関数（すなわち $\phi(-x) = \phi(x)$）あるいは奇関数（すなわち $\phi(-x) = -\phi(x)$）のどちらかである」ということを例題として証明しておこう．

例題 5.3 「1 次元でポテンシャルが原点対称（すなわち $V(-x) = V(x)$）の場合，束縛状態のエネルギー固有関数は偶関数（すなわち $\phi(-x) = \phi(x)$）あるいは奇関数（すなわち $\phi(-x) = -\phi(x)$）のどちらかである」を証明せよ．

解　まず，この証明に必要な，「1 次元の束縛状態では，1 つのエネルギー固有値には 1 つの固有関数が対応している（これを縮退していない，と呼ぶ）[9]」

―――――――――――

9] 縮退のある例：自由空間の場合，エネルギー固有値 $\hbar^2 k^2/2m$ を持つ状態は，$\phi_+(x) = \exp(ikx)$ と $\phi_-(x) = \exp(-ikx)$ の 2 つがあり縮退している．

ということを証明する.

縮退があると仮定して,$\phi_1(x)$ と $\phi_2(x)$ が同じエネルギー固有値 E を持つ 2 つの異なる固有関数とする.それぞれ時間に依存しないシュレーディンガー方程式

$$\frac{d^2\phi_1}{dx^2} + \frac{2m}{\hbar^2}(E - V(x))\phi_1 = 0, \tag{5.48}$$

$$\frac{d^2\phi_2}{dx^2} + \frac{2m}{\hbar^2}(E - V(x))\phi_2 = 0 \tag{5.49}$$

を満たすので,

$$\frac{1}{\phi_1}\frac{d^2\phi_1}{dx^2} = \frac{1}{\phi_2}\frac{d^2\phi_2}{dx^2} \tag{5.50}$$

が得られる.したがって,

$$\frac{d^2\phi_1}{dx^2}\phi_2 - \frac{d^2\phi_2}{dx^2}\phi_1 = \frac{d}{dx}\left(\frac{d\phi_1}{dx}\phi_2 - \frac{d\phi_2}{dx}\phi_1\right) = 0 \tag{5.51}$$

となる.両辺を積分して,

$$\frac{d\phi_1}{dx}\phi_2 - \frac{d\phi_2}{dx}\phi_1 = (定数) \tag{5.52}$$

を得る.今,束縛状態を考えているので,無限遠で $\phi_1 = \phi_2 = 0$ でなくてはならないため,(定数) $= 0$ である.したがって,

$$\frac{1}{\phi_1}\frac{d\phi_1}{dx} = \frac{1}{\phi_2}\frac{d\phi_2}{dx} \tag{5.53}$$

である.もう一度積分すると,$\ln\phi_1 = \ln\phi_2 + (定数)$,つまり $\phi_1 = \phi_2 \times (定数)$ となる.これは結局,ϕ_1 と ϕ_2 が本質的に同じ状態を表す波動関数であるということになり,異なるとした最初の仮定と矛盾する.したがって,最初の仮定は正しくない.

これをもとに引き続き,「1 次元でポテンシャルが原点対称(すなわち $V(-x) = V(x)$)の場合,エネルギー固有状態の波動関数は偶関数(すなわち $\phi(-x) = \phi(x)$)あるいは奇関数(すなわち $\phi(-x) = -\phi(x)$)のどちらかである」を証明する.

シュレーディンガー方程式

$$-\frac{\hbar^2}{2m}\frac{d^2\phi(x)}{dx^2} + V(x)\phi(x) = E\phi(x) \tag{5.54}$$

において $x \to -x$ とおき，$V(-x) = V(x)$ を使うと，

$$-\frac{\hbar^2}{2m}\frac{d^2\phi(-x)}{dx^2} + V(x)\phi(-x) = E\phi(-x) \tag{5.55}$$

である．したがって $\phi(x)$ がエネルギー固有値 E に属する解であれば，$\phi(-x)$ も同じ固有関数に属する解である．1 次元の束縛状態の場合，1 つのエネルギー準位には 1 つの固有関数が対応している（縮退がない）から，$\phi(-x)$ は $\phi(x)$ のせいぜい定数倍である．すなわち，

$$\phi(-x) = c\phi(x). \tag{5.56}$$

この式で，$x \to -x$ とすると，

$$\phi(x) = c\phi(-x) = c^2\phi(x). \tag{5.57}$$

これから，$c^2 = 1$ すなわち $c = \pm 1$ が得られる．$c = 1$ のとき $\phi(x)$ は偶関数，$c = -1$ のとき $\phi(x)$ は奇関数である．よって証明された．

ちなみに，このような対称性を持つ波動関数で表される状態をそれぞれパリティが偶，あるいは奇の状態とよぶ． □

問 5.1 ポテンシャルが次の式で表される片側が無限に深い井戸型ポテンシャルのとき，束縛状態の定常状態の波動関数とエネルギー（エネルギー固有波動関数とエネルギー固有値）を求めよ．

$$V(x) = \begin{cases} \infty & (x < 0), \\ 0 & (0 \leqq x \leqq a), \\ V_0. & (a < x) \end{cases} \tag{5.58}$$

問 5.2 ポテンシャルが次の式で表されるデルタ関数型の引力ポテンシャルのとき，束縛状態の定常状態の波動関数とエネルギー（エネルギー固有波動関数とエネルギー固有値）を求めよ．なお，デルタ関数については第 10 章（129 ページ）に詳しい説明がある．

$$V(x) = -\alpha\delta(x). \quad (\alpha > 0) \tag{5.59}$$

第 5 章 | 束縛状態（1）——井戸型ポテンシャル

> **COLUMN** | グラフ化アプリを活用しよう
>
> 　物理学は，数学という言葉で現象を記述する本質的に必要な学問である．そのため，物理学の学習では，現象を数式で記述する，あるいは数式の表す現象をイメージする，という双方向の訓練を積み重ねていくことが大切である．それを怠って，意味も考えず式をいじくりまわす，あるいは数式をおろそかにしてイメージをこねくりまわすだけでは，決して正しい物理の理解には到達できない．それは量子力学においても同様である．その学習の一つの助けとして，自分のスマートフォンやタブレット，PC に数式をグラフ化するアプリを入れておくことをお勧めする．無料のアプリでも十分な機能を備えているが，評判のいいアプリであれば少しの出費の価値は十分ある．
>
> 　第 5 章の図 5.6，5.7 のグラフも含め，本書のグラフのいくつかは，Mac に無料で付属している「Grapher」というグラフ化ソフトを使って描いた．3 次元のグラフもさまざまな表示で描くことができるし，微分方程式も解ける．なかなかの優れものである．

第6章

束縛状態（2）
——調和振動子型ポテンシャル

　束縛状態の 2 つめの例として調和振動子型ポテンシャルを取り扱う．これはシュレーディンガー方程式が厳密に解ける数少ない例であるとともに，物理学のさまざまな場面に現れる極めて基礎的で重要な問題である[1]．わかりやすい具体例としては，分子や固体内での原子の振動などがあげられる．これらはある平衡点からの小さなずれによって生ずる現象であり，それが調和振動子型ポテンシャルで記述できることは次のようにわかる．

　一般的なポテンシャル V を考える．平衡点ではポテンシャル V は極小である（図 6.1）．$V(x)$ を極小点 $x = x_0$ の周りでテーラー展開する．

$$V(x) = V(x_0) + \frac{dV}{dx}\bigg|_{x=x_0}(x-x_0) + \frac{1}{2}\frac{d^2V}{dx^2}\bigg|_{x=x_0}(x-x_0)^2 + \cdots \quad (6.1)$$

この展開の第 2 項は微分係数 dV/dx が極小点 $x = x_0$ においてゼロなのでゼロで

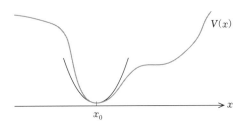

図 6.1　平衡点 $x = x_0$ 付近でのポテンシャルの 2 次関数による近似

---

[1] この問題は生成・消滅演算子を用いた解法が簡単かつ本質をつかみやすくエレガントであるので，第 9 章で再度取り扱う．

74　第 6 章｜束縛状態（2）——調和振動子型ポテンシャル

ある．したがって $(x - x_0)$ の 2 次の項までで平衡点付近のポテンシャルを近似すると，

$$V(x) \simeq V(x_0) + \frac{1}{2}\frac{d^2 V}{dx^2}\bigg|_{x=x_0}(x - x_0)^2. \tag{6.2}$$

このポテンシャルはまさに $x = x_0$ を平衡点とする調和振動子型ポテンシャルである．このように近似すると，多くの問題が調和振動子の問題として取り扱える．

　調和振動子はさらに電磁場の量子化や格子振動の量子化などに登場し，それぞれ光子（フォトン）やフォノンなどの描像を与える．前者は量子光学，後者は固体物理学などにおいて学習する機会があるだろう．

6.1　1 次元調和振動子型ポテンシャル

　調和振動子の問題として単振動の角振動数が ω，粒子の質量が m の系を考える．そのポテンシャルは，

$$V(x) = \frac{1}{2}m\omega^2 x^2 \tag{6.3}$$

と表される．したがって，1 次元調和振動子の時間に依存しないシュレーディンガー方程式は，

$$-\frac{\hbar^2}{2m}\frac{d^2\phi(x)}{dx^2} + \frac{m\omega^2 x^2}{2}\phi(x) = E\phi(x). \tag{6.4}$$

書き換えると，

$$\frac{d^2\phi(x)}{dx^2} + \frac{2m}{\hbar^2}\left(E - \frac{m\omega^2 x^2}{2}\right)\phi(x) = 0. \tag{6.5}$$

　この式を解くために，位置とエネルギーを次のような次元のない量に変数変換して式を簡単にしてみる．

$$\xi = \sqrt{\frac{m\omega}{\hbar}}x = \alpha x, \tag{6.6}$$

$$\varepsilon = \frac{2E}{\hbar\omega}. \tag{6.7}$$

この式より $x = \xi/\alpha, E = \hbar\omega\varepsilon/2$ を $dx^2 = d\xi^2/\alpha^2$ に注意し（6.4）に代入して

$$\phi(x) = \phi\left(\frac{\xi}{\alpha}\right) = \Phi(\xi) \tag{6.8}$$

と書くと，

$$\alpha^2 \frac{d^2\Phi(\xi)}{d\xi^2} + \left(\frac{m\omega}{\hbar}\varepsilon - \frac{m^2\omega^2}{\hbar^2}\frac{\xi^2}{\alpha^2} \right)\Phi(\xi) = 0$$

を経て，$\alpha^2 = \dfrac{m\omega}{\hbar}$ なので最終的に

$$\frac{d^2\Phi(\xi)}{d\xi^2} + (\varepsilon - \xi^2)\Phi(\xi) = 0 \tag{6.9}$$

が得られる．

$x \to \pm\infty$，すなわち $\xi \to \pm\infty$ のとき，ε は ξ^2 に比べて無視できるので，微分方程式は，

$$\frac{d^2\Phi(\xi)}{d\xi^2} \simeq \xi^2\Phi(\xi) \tag{6.10}$$

のようになる．天下り的であるが，無限遠で $\Phi(\xi) \simeq \exp\left(-\dfrac{1}{2}\xi^2\right)$ のような振る舞いをする関数がこの方程式を満たす（かつゼロに近づくので束縛状態の波動関数として適切である）．これは，ためしに代入してみると，

$$\frac{d^2}{d\xi^2}\exp\left(-\frac{1}{2}\xi^2\right) = \xi^2\exp\left(-\frac{1}{2}\xi^2\right) - \exp\left(-\frac{1}{2}\xi^2\right) \tag{6.11}$$

であり，右辺第 2 項が第 1 項に比べて無限遠では無視できることからわかる．そこで，求める解を

$$\Phi(\xi) = H(\xi)\exp\left(-\frac{1}{2}\xi^2\right) \tag{6.12}$$

とおいて（6.9）に代入すると，

$$\frac{d^2H(\xi)}{d\xi^2} - 2\xi\frac{dH(\xi)}{d\xi} + (\varepsilon - 1)H(\xi) = 0 \tag{6.13}$$

を得る．

この方程式を解いてエネルギー固有値（つまり ε）を求めるにあたり，これまでと同様に境界条件を考える．今回は束縛状態なので $\Phi(\xi)$ が $\xi \to \pm\infty$ でゼロがその条件である．まず，$H(\xi)$ を

$$H(\xi) = \sum_{n=0}^{\infty} a_n \xi^n \tag{6.14}$$

のように ξ のべき級数で展開できると仮定し話をすすめていく（マクローリン展

開という．微分が何回でもできる関数はこのように一般的に展開できるのでそれ
ほどに厳しい仮定ではない）．この式を ξ で微分すると，

$$\frac{dH(\xi)}{d\xi} = \sum_{n=0}^{\infty} na_n \xi^{n-1}, \tag{6.15}$$

$$\frac{d^2 H(\xi)}{d\xi^2} = \sum_{n=0}^{\infty} (n+2)(n+1)a_{n+2} \xi^n \tag{6.16}$$

となる（次の便利のため，ξ のべき乗の指数や和の始まりの n を適当に調整して
いることに注意すること）．これを（6.13）に代入すると，

$$\sum_{n=0}^{\infty} (n+2)(n+1)a_{n+2} \xi^n - \sum_{n=0}^{\infty} 2na_n \xi^n + \sum_{n=0}^{\infty} (\varepsilon - 1)a_n \xi^n = 0. \tag{6.17}$$

したがって，

$$\sum_{n=0}^{\infty} [(n+2)(n+1)a_{n+2} - (2n+1-\varepsilon)a_n]\xi^n = 0 \tag{6.18}$$

が得られる．これがすべての ξ について成り立つには，ξ^n の係数がゼロでなけれ
ばならない．

$$(n+2)(n+1)a_{n+2} - (2n+1-\varepsilon)a_n = 0. \tag{6.19}$$

したがって

$$a_{n+2} = \frac{2n+1-\varepsilon}{(n+2)(n+1)} a_n. \tag{6.20}$$

この関係式があるため，a_0 が与えられると $a_2, a_4, a_6, \cdots$ は a_0 を用いて表され，
a_1 が与えられると $a_3, a_5, a_7, \cdots$ は a_1 を用いて表される．今回のポテンシャルも
原点対称なので，例題 5.3 で見たとおり解は偶関数あるいは奇関数であり，偶関
数のとき $a_0 \neq 0, a_1 = 0$，奇関数のとき $a_0 = 0, a_1 \neq 0$ である．

ここで n が大きいときを考える．（6.20）より，

$$a_{n+2} \simeq \frac{2}{n} a_n \tag{6.21}$$

である．このように振る舞う関数としては $\exp(\xi^2)$ がある．なぜなら，

$$\exp(\xi^2) = 1 + \xi^2 + \frac{\xi^4}{2!} + \frac{\xi^6}{3!} + \cdots + \frac{\xi^n}{(n/2)!} + \frac{\xi^{n+2}}{(n/2+1)!} + \cdots \tag{6.22}$$

なので，確かに $a_{n+2}/a_n = 2/(n+2) \simeq 2/n$ となるからである．$\xi \to \pm\infty$ のとき

の関数の振る舞いは n が大きいべきの項によって決まるので，$H(\xi)$ も $\xi \to \pm\infty$ のとき $\exp(\xi^2)$ のように振る舞う．したがってこのままだと，

$$\Phi(\xi) = H(\xi)\exp\left(-\frac{1}{2}\xi^2\right) \simeq \exp(\xi^2)\exp\left(-\frac{1}{2}\xi^2\right) = \exp\left(\frac{1}{2}\xi^2\right) \to \infty \qquad (6.23)$$

となって無限遠で発散してしまい，望んでいる束縛状態の解にならない．

これを回避するには，(6.14) で級数が無限でなく有限で終わるようにすればよい．つまりどこかの n において (6.20) がゼロ，すなわち

$$\varepsilon = 2n + 1 \qquad (6.24)$$

となれば，以降の $a_{n+2}, a_{n+4}, a_{n+6}, \cdots$ はゼロになって級数は有限となる．このとき $H(\xi)$ は n 次の多項式となり，$\xi \to \pm\infty$ のとき，$\Phi(\xi) = H(\xi)\exp\left(-\frac{1}{2}\xi^2\right) \to 0$ となるので，この波動関数は束縛状態に対応していることがわかる．

(6.7)，(6.24) より，エネルギー固有値は，n でラベル付けされ，

$$E_n = \hbar\omega\left(n + \frac{1}{2}\right) \quad (n = 0, 1, 2, \cdots) \qquad (6.25)$$

であることがわかる．井戸型ポテンシャルの束縛状態のときと同じようにエネルギーは量子化されている．ただしその間隔が $\hbar\omega$ で等間隔であるのが調和振動子の大きな特徴である．基底状態 $n = 0$ においてエネルギー固有値がゼロではないのは井戸型ポテンシャルと同様で，そのエネルギー（ゼロ点エネルギー）は $\hbar\omega/2$ である．この状態を**ゼロ点振動**とよぶことがしばしばある．

このエネルギー固有値に対応する固有波動関数は，(6.24) を (6.13) に代入して得られる方程式

$$\frac{d^2 H_n(\xi)}{d\xi^2} - 2\xi\frac{dH_n(\xi)}{d\xi} + 2nH_n(\xi) = 0 \qquad (6.26)$$

の解 $H_n(\xi)$ によって求まる（規格化は除いて）．この $H_n(\xi)$ は n 次の**エルミート多項式**として知られており，

$$H_n(\xi) = (-1)^n \exp(\xi^2)\frac{d^n}{d\xi^n}\exp(-\xi^2) \qquad (6.27)$$

で与えられる．n が小さいときの具体的な表式を計算すると，

$$H_0(\xi) = 1, \qquad (6.28)$$

$$H_1(\xi) = 2\xi, \qquad (6.29)$$

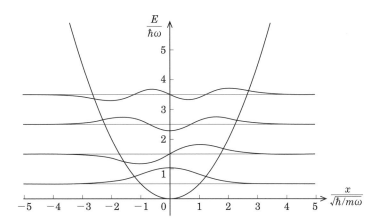

図 6.2 調和振動子のエネルギー準位とエネルギー固有波動関数．縦軸のエネルギーは $\hbar\omega$，横軸の位置は $\sqrt{\hbar/(m\omega)}$ で規格化されている．グラフの見方に注意：縦軸は基本的にエネルギーと見る．ポテンシャルを表す 2 次関数の曲線に，各エネルギー準位を表す直線（横軸に平行）が描いてある．エネルギー準位とポテンシャルのグラフの交点の内側が，粒子の存在が古典的に許される範囲（$E \geqq V$ の範囲）である．波動関数は，各エネルギー準位の直線を波動関数の基準の線（波動関数の値が 0 の線）と見なしてそこに重ねて描いてある．古典的に存在が許されない領域（$E < V$）にまで波動関数がしみ出しているのがわかる．

$$H_2(\xi) = 4\xi^2 - 2, \tag{6.30}$$

$$H_3(\xi) = 8\xi^3 - 12\xi, \tag{6.31}$$

$$\cdots$$

である．当然ではあるが各べきの係数の関係は (6.20) を満たしていることに注意する．最終的な解 $\Phi_n(\xi)$ は，(6.12) よりこれに $\exp\left(-\dfrac{1}{2}\xi^2\right)$ をかけて得られる．規格化された波動関数を書くと次のとおりである．

$$\Phi_n(\xi) = (2^n n!)^{-1/2} \left(\frac{m\omega}{\pi\hbar}\right)^{1/4} \exp\left(-\frac{\xi^2}{2}\right) H_n(\xi). \tag{6.32}$$

エネルギー準位とその波動関数を図示しておく（図 6.2）．波動関数の概形（対称性や節の数）が井戸型ポテンシャルの結果と類似していることに気づくであろう．

6.1 | 1次元調和振動子型ポテンシャル | 79

例題6.1 調和振動子の基底状態についての次の問いに答えよ.

(1) 基底状態を表す規格化された波動関数を求めよ. 波動関数を x の関数として表して計算してみよ.

(2) 基底状態の粒子の位置と運動量の期待値を求めよ.

(3) 基底状態の粒子の位置と運動量の分散を求めよ.

解 (1) 基底状態の波動関数は, (6.28) より

$$\phi_0(x) = A \exp\left(-\frac{m\omega}{2\hbar}x^2\right) \tag{6.33}$$

である. 係数 A を規格化により求める.

$$\int_{-\infty}^{\infty} |\phi_0(x)|^2 dx = \int_{-\infty}^{\infty} |A|^2 \exp\left(-\frac{m\omega}{\hbar}x^2\right) dx = |A|^2 \sqrt{\frac{\pi\hbar}{m\omega}} = 1. \tag{6.34}$$

積分公式 $\int_{-\infty}^{\infty} \exp(-\alpha u^2) du = \sqrt{\pi/\alpha}$ を用いた. A を正の実数にとると, $A = (m\omega/(\pi\hbar))^{1/4}$ なので,

$$\phi_0(x) = \left(\frac{m\omega}{\pi\hbar}\right)^{1/4} \exp\left(-\frac{m\omega}{2\hbar}x^2\right). \tag{6.35}$$

(2) 公式を使って計算してもいいが, 確率密度が偶関数なので明らかに $\langle x \rangle = 0$. また, 定常状態なので x の期待値は時間に依存しない定数であり, したがってエーレンフェストの定理 (3.18) より $\langle p \rangle = 0$.

(3) 位置の分散は $\langle (\Delta x)^2 \rangle = \langle x^2 \rangle - \langle x \rangle^2$ で計算される. 前問より $\langle x \rangle^2 = 0$ なので, $\langle x^2 \rangle$ を計算すればよい.

$$\begin{aligned}
\langle x^2 \rangle &= \int_{-\infty}^{\infty} \phi_0^* x^2 \phi_0 dx = \left(\frac{m\omega}{\pi\hbar}\right)^{1/2} \int_{-\infty}^{\infty} x^2 \exp\left(-\frac{m\omega}{\hbar}x^2\right) \\
&= \left(\frac{m\omega}{\pi\hbar}\right)^{1/2} \frac{1}{2}\left(\frac{\pi\hbar^3}{m^3\omega^3}\right)^{1/2} = \frac{\hbar}{2m\omega}.
\end{aligned} \tag{6.36}$$

積分公式 $\int_{-\infty}^{\infty} u^2 \exp(-\alpha u^2) du = \frac{1}{2}\sqrt{\pi/\alpha^3}$ を用いた. よって求める分散は $\langle (\Delta x)^2 \rangle = \hbar/(2m\omega)$ である.

運動量の分散も同様に $\langle p^2 \rangle$ を求めればよい. (3.8) より

$$\langle p^2 \rangle = \int_{-\infty}^{\infty} \phi_0 \left(-\hbar^2 \frac{\partial^2}{\partial x^2}\phi_0\right) dx$$

$$= -\hbar^2 \left(-\int_{-\infty}^{\infty} \frac{m\omega}{\hbar} \phi_0^* \phi_0 dx + \int_{-\infty}^{\infty} \frac{m^2\omega^2}{\hbar^2} x^2 \phi_0^* \phi_0 dx \right)$$

$$= \hbar m\omega - \frac{\hbar m\omega}{2} = \frac{\hbar m\omega}{2}. \tag{6.37}$$

ここで（1）と上の積分公式を用いた．よって求める分散は，$\langle (\Delta p)^2 \rangle = \hbar m\omega/2$ である．

なお，位置と運動量の分散の積は $\langle (\Delta x)^2 \rangle \langle (\Delta p)^2 \rangle = \hbar^2/4$ である．これは**最小不確定状態**とよばれる状態である（第 11 章参照）． □

今求めた定常状態（エネルギー固有状態）は古典的な調和振動子の振動とはだいぶイメージが違うことに注意してほしい．振動という言葉に引きずられると混乱するが，定常状態なので，たとえば位置の期待値は振動していない．期待値が時間とともに振動するような状態はエネルギー固有状態の重ね合わせとして得られる．次の例題でそれを示そう．

$\boxed{\text{例題6.2}}$　1 次元調和振動子の「振動」について以下の問いに答えよ．

（1）　1 次元調和振動子の時刻 $t=0$ における系の状態が基底状態 ϕ_0 であったとき，時刻 t での波動関数を書き下せ．このとき時刻 t での x の期待値が時間に依存しないことを示せ．

（2）　時刻 $t=0$ において系の状態が $(\phi_0 + \phi_1)/\sqrt{2}$ であったとき，時刻 t での波動関数を書き下せ．$1/\sqrt{2}$ の係数は規格化するための係数であり，この波動関数が確かに規格化されていることを確認せよ．またこのとき x の期待値が角周波数 ω で振動することを示せ．

$\boxed{\text{解}}$　（1）　基底状態のエネルギーは $E_0 = \hbar\omega \left(0 + \dfrac{1}{2} \right) = \hbar\omega/2$ なので，時刻 t での波動関数 ψ_0 は次のようになる（49–50 ページ参照）．

$$\psi_0(\xi, t) = \phi_0(\xi) \exp\left(-i\frac{\omega}{2}t \right). \tag{6.38}$$

x の期待値は

$$\langle x \rangle = \int_{-\infty}^{\infty} \psi_0^*(\xi, t) x \psi_0(\xi, t) dx = \int_{-\infty}^{\infty} x |\phi_0(\xi, t)|^2 dx = 0. \tag{6.39}$$

t によらず被積分関数が奇関数なのでゼロである．

(2)　時刻 t での波動関数を書き下すと，$E_1 = \frac{3}{2}\hbar\omega$ であることに注意して，

$$\phi(\xi, t) = \left(\phi_0(\xi)\exp\left(-i\frac{\omega}{2}t\right) + \phi_1(\xi)\exp\left(-i\frac{3\omega}{2}t\right)\right)/\sqrt{2}. \tag{6.40}$$

この波動関数が規格化されていることを示す．まず確率密度を計算する．

$$\begin{aligned}
|\phi(\xi, t)|^2 &= \phi^*(\xi, t)\phi(\xi, t) \\
&= \frac{1}{2}\left(\phi_0(\xi)\exp\left(i\frac{\omega}{2}t\right) + \phi_1(\xi)\exp\left(i\frac{3\omega}{2}t\right)\right) \\
&\quad \times \left(\phi_0(\xi)\exp\left(-i\frac{\omega}{2}t\right) + \phi_1(\xi)\exp\left(-i\frac{3\omega}{2}t\right)\right) \\
&= \frac{1}{2}\left(|\phi_0(\xi)|^2 + |\phi_1(\xi)|^2 + \phi_0(\xi)\phi_1(\xi)\left(\exp(-i\omega t) + \exp(i\omega t)\right)\right) \\
&= \frac{1}{2}\left(|\phi_0(\xi)|^2 + |\phi_1(\xi)|^2 + 2\phi_0(\xi)\phi_1(\xi)\cos\omega t\right). \tag{6.41}
\end{aligned}$$

各項を x（あるいは ξ）について積分すると，第 1,2 項は規格化された波動関数なのでどちらも 1 である．第 3 項は ξ についての奇関数なので積分すると 0 になる．よって $\int_{-\infty}^{\infty}|\phi(\xi, t)|^2 dx = 1$ であり，確かに規格化されている．

期待値を計算する．

$$\langle x \rangle = \int_{-\infty}^{\infty} x|\phi(\xi, t)|^2 dx. \tag{6.42}$$

(6.41) の第 1,2 項は偶関数なので x をかけて積分するとゼロになる．よって第 3 項だけが残る．

$$\langle x \rangle = \int_{-\infty}^{\infty} x\phi_0(\xi)\phi_1(\xi)\cos\omega t\, dx = \left(\int_{-\infty}^{\infty} x\phi_0(\xi)\phi_1(\xi) dx\right)\cos\omega t. \tag{6.43}$$

よって $\langle x \rangle$ は振幅 $\left(\int_{-\infty}^{\infty} x\phi_0(\xi)\phi_1(\xi) dx\right)$，角周波数 ω で振動する．なお振幅を計算すると $\sqrt{\hbar/(2m\omega)}$ になるのでやってみよう．　　　　　　□

6.2　定常状態のまとめ

　ここまで，時間に依存しないシュレーディンガー方程式の解として定常状態を調べてきた．もう一度，わかりにくいと思われる基本的な点をおさらいしよう．

82 | 第6章 | 束縛状態（2）——調和振動子型ポテンシャル

(1) 量子力学的な粒子の状態は波動関数 $\psi(x,t)$ で記述される．これは，古典力学において時刻 t における粒子の位置 $x(t)$ によって粒子の状態が記述できるのと同じである．

(2) 問題を考えている舞台，たとえば，一様な重力場の中にあるとか，ある静電ポテンシャル中にある，とか，ある領域に電場で閉じ込められている，とか，二重スリットがある，などは，シュレーディンガー方程式の中にあるポテンシャル $V(x)$ に反映される．これは古典力学と変わらない．

(3) ある時刻，たとえば $t=0$ における波動関数 $\psi(x,t=0)$（つまり初期状態）がわかれば，その後の波動関数は「時間に依存する」シュレーディンガー方程式を解けばわかる．これは，古典力学において，$t=0$ における位置 x と運動量 p（すなわち x の時間微分）がわかれば，その後の $x(t)$ がニュートンの運動方程式を解いてわかるのと同じである．

(4) 「時間に依存しない」シュレーディンガー方程式が出てくるのには2つの理由がある．1つは，その解が，考えている舞台における粒子のエネルギー固有状態あるいは定常状態という物理的に重要な意味をもつ状態の波動関数を与えるからである．もう1つは，その解の重ね合わせによって，もとの「時間に依存する」シュレーディンガー方程式の一般解を構築でき，もとのシュレーディンガー方程式が楽に解けるからである．

(5) （4）の2つめの理由について具体的に説明する．「時間に依存しない」シュレーディンガー方程式の解が $\phi_n(x)$，そのときのエネルギーを E_n とする．なおこの解で表される状態を記述する波動関数は，「時間に依存する」シュレーディンガー方程式を満たす形で書くと，$\psi_n(x,t) = \phi_n(x)\exp(-iE_nt/\hbar)$ であることに注意．このとき，「時間に依存する」シュレーディンガー方程式の一般解は $\psi(x,t) = \sum_n c_n\phi_n(x)\exp(-iE_nt/\hbar)$ と書ける．係数 c_n は，与えられた初期条件 $\psi(x,t=0)$ を使って $\psi(x,t=0) = \sum_n c_n\phi_n(x)$ から求められる．

演習問題

問 6.1 3次元空間での時間に依存しないシュレーディンガー方程式は,

$$-\frac{\hbar^2}{2m}\left(\frac{\partial^2}{\partial x^2}+\frac{\partial^2}{\partial x^2}+\frac{\partial^2}{\partial x^2}\right)\phi(x,y,z)+V(x,y,z)\phi(x,y,z)=E\phi(x,y,z) \quad (6.44)$$

である.

(1) ポテンシャルが $V(x,y,z)=V_x(x)+V_y(y)+V_z(z)$ の形をしているとき, 各座標についてのシュレーディンガー方程式

$$-\frac{\hbar^2}{2m}\frac{d^2}{dx^2}\phi_x(x)+V_x(x)\phi_x(x)=E_x\phi_x(x), \quad (6.45)$$

$$-\frac{\hbar^2}{2m}\frac{d^2}{dy^2}\phi_y(y)+V_y(y)\phi_y(y)=E_y\phi_y(y), \quad (6.46)$$

$$-\frac{\hbar^2}{2m}\frac{d^2}{dz^2}\phi_z(z)+V_z(z)\phi_z(z)=E_z\phi_z(z) \quad (6.47)$$

の解を使って,3次元空間でのシュレーディンガー方程式の解が $\phi(x,y,z)=\phi_x(x)\phi_y(y)\phi_z(z), E=E_x+E_y+E_z$ と書けることを示せ.

(2) ポテンシャルが3次元調和振動子型 $V(x,y,z)=\frac{1}{2}m\omega^2 r^2=\frac{1}{2}m\omega^2(x^2+y^2+z^2)$ のときの定常状態のエネルギーと波動関数(エネルギー固有値とエネルギー固有波動関数)を求めよ. なお r は原点からの距離である.

(3) 3次元調和振動子の基底状態, 第1励起状態について, エネルギーと縮退度を求めよ.

COLUMN | 調和振動子大好き!?

第5章の井戸型ポテンシャルは量子力学の基礎の定番問題であるが,第6章の調和振動子型ポテンシャルもその重要度では負けていない. 第6章で説明したシュレーディンガー方程式の解き方は面倒ではあるものの数学的に厳密に解ける問題であるし,第9章で説明する生成・消滅演算子を使って代数的に解く手法には感動す

る読者も多いのではないだろうか（筆者はそうであった）.

　解けるだけでなくその適用範囲は多く，特にフォトンやフォノンを生み出す電磁場や固体格子振動の量子化の手続きに調和振動子は使われるし，さらに学習を進めていくと出会う場の量子論でも調和振動子の考え方は重要である．量子力学というと井戸型ポテンシャルを思い浮かべる学生は多そうだが，個人的には，井戸型ポテンシャルより調和振動子型ポテンシャルのファンになることをお勧めする．

第7章

反射と透過

　前章まで時間に依存しないシュレーディンガー方程式の解である定常状態のうち束縛状態について調べた．この章では，粒子を有限の領域に閉じ込めることができないポテンシャル中での粒子の状態を，定常状態の解を求めることにより考える．まず，階段状のポテンシャルの境界で粒子が反射したり透過することを理解する．そして，量子力学特有の興味深い現象として，トンネル効果を学ぶ．

7.1　確率の保存と流れ

　この章の最初に粒子の反射や透過を議論する準備も兼ね，波動関数の表す「流れ」について考えよう．まず，電磁気学で習った電荷の保存の式（連続の方程式）を思い出してみる（今は 1 次元で考える）．

$$\frac{\partial}{\partial t}\rho(x,t) + \frac{\partial}{\partial x}j(x,t) = 0. \tag{7.1}$$

ここで $\rho(x,t)$ は電荷密度，$j(x,t)$ は電流密度[1]（x 軸の正方向への流れが正）である．この式の意味はある区間 $[a,b]$ で積分してみるとわかる．

$$\frac{\partial}{\partial t}\int_a^b \rho(x,t)dx = -\int_a^b \frac{\partial}{\partial x}j(x,t)dx = j(a,t) - j(b,t). \tag{7.2}$$

つまり，ある区間 $[a,b]$ 内の電荷量の変化率はその区間に流入する電流から流出する電流を引いたものに等しい，ということをこの式は意味している（図 7.1）．

　この電荷の保存則と同様の保存則が，量子力学における**確率の保存**である．あ

　1]　今は 1 次元を考えているので，電流，でよい．

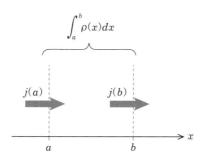

図 7.1 電荷の保存

る場所に粒子を見いだす確率を表す確率密度 $|\psi(x,t)|^2$ に同様の保存側が成り立たないと，粒子が消えたり増えたりあるいは瞬時に離れた場所に移動したりすることになり都合が悪い．この保存則を調べるため，確率密度を時間微分する．

$$\frac{\partial}{\partial t}|\psi(x,t)|^2 = \frac{\partial}{\partial t}(\psi^*(x,t)\psi(x,t)) = \psi^*\frac{\partial \psi}{\partial t} + \frac{\partial \psi^*}{\partial t}\psi \tag{7.3}$$

これにシュレーディンガー方程式（とその複素共役）を代入すると，ポテンシャル $V(x)$ が実数なので $V(x)$ の項は打ち消しあい，

$$\frac{\partial}{\partial t}|\psi(x,t)|^2 = -\frac{\hbar}{2mi}\left(\psi^*\frac{\partial^2 \psi}{\partial x^2} - \frac{\partial^2 \psi^*}{\partial x^2}\psi\right)$$

$$= -\frac{\hbar}{2mi}\frac{\partial}{\partial x}\left(\psi^*\frac{\partial \psi}{\partial x} - \frac{\partial \psi^*}{\partial x}\psi\right) \tag{7.4}$$

となることがわかる．したがって電流密度と同じ記号だが，

$$j(x,t) = \frac{\hbar}{2mi}\left(\psi^*\frac{\partial \psi}{\partial x} - \frac{\partial \psi^*}{\partial x}\psi\right) = \frac{\hbar}{m}\frac{1}{2i}\left(\psi^*\frac{\partial \psi}{\partial x} - \left(\psi^*\frac{\partial \psi}{\partial x}\right)^*\right) = \frac{\hbar}{m}\mathrm{Im}\left(\psi^*\frac{\partial \psi}{\partial x}\right) \tag{7.5}$$

とおいて[2]これを**確率の流れ**と定義すると，電荷の保存則に対応する確率の保存則が次のように得られる．

$$\frac{\partial}{\partial t}|\psi(x,t)|^2 + \frac{\partial}{\partial x}j(x,t) = 0. \tag{7.6}$$

それではこの $j(x)$ がたしかに確率の流れであることを簡単な例で確認しておこう．平面波の波動関数 $\psi(x,t) = A\exp(i(kx - \omega t))$ について，$j(x,t)$ を計算して

2］記号 Im は虚部をとるという意味．

みる．

$$j(x,t) = \frac{\hbar}{2mi}(ik+ik)|A|^2 = \frac{\hbar k}{m}|A|^2. \tag{7.7}$$

この波動関数で表される状態が，質量 m の粒子が運動量 $\hbar k$ で運動している状態で，その粒子を見いだす確率の密度が $|\psi(x,t)|^2 = |A|^2$（空間的に一様）に比例していることを思い出すと，$j(x,t)$ がたしかに「確率の流れ（確率密度 × 速度）」を表していることが理解できる．

7.2 確率の流れの反射と透過

それでは束縛状態でない場合の例として，簡単な階段型ポテンシャルについて問題を解いてみる．今考えるポテンシャルは，

$$V(x) = \begin{cases} 0, & (x \leq 0 : 領域①) \\ V_0 (>0) & (x > 0 : 領域②) \end{cases} \tag{7.8}$$

のような形をしている（図 7.2）．

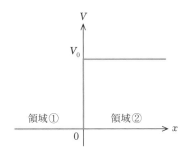

図 7.2　階段型ポテンシャル

まず古典力学的な粒子の場合を考える．質量 m の粒子がエネルギー E で領域①から領域②に向けて入射してくるとする．E の大きさによって 2 つの場合にわけて考えられる．まず $E > V_0$ のとき，等速度で運動してきた粒子は領域②に入るとき速度は遅くなるものの，そのまま遅くなった速度で領域②を $x \to \infty$ に向けて等速運動していく．一方 $E < V_0$ のとき，粒子は $x = 0$ でのポテンシャルの障壁を乗り越えることができず，$x = 0$ において反射され領域①を $x \to -\infty$ に向

88　第 7 章｜反射と透過

けて同じ速さで等速運動して戻って行く.

　同じような透過と反射の状況を，今度は光の場合で考えてみる. 領域①と領域②で速度が変わる状況は，光についての屈折率が異なることで生まれると見なすことにする. すると領域①から領域②に向かって入射した光は，境界 $x = 0$ を透過して $x \to \infty$ に向けて進行して行く光の成分と，そこで反射されて $x \to -\infty$ に向けて戻って行く光の成分に分かれる.

　これらの予備知識を頭の片隅において量子力学的な粒子の振る舞いを考える. 粒子のエネルギーが $E > V_0$ の場合と $E < V_0$ の場合にわけて，ポテンシャルが式（7.8）の場合の定常状態を時間に依存しないシュレーディンガー方程式を解いて求めていこう.

(i) $E > V_0$ のとき：
　前述のとおり（(4.44)，(4.45)，(4.47) あたり），領域①，②での定常状態の波動関数の一般解 $\phi_1(x), \phi_2(x)$ はそれぞれ次のように書ける.

$$\phi_1(x) = A \exp(ik_1 x) + B \exp(-ik_1 x), \tag{7.9}$$

$$\phi_2(x) = C \exp(ik_2 x) + D \exp(-ik_2 x). \tag{7.10}$$

ただし，$k_1 = \sqrt{2mE}/\hbar$, $k_2 = \sqrt{2m(E - V_0)}/\hbar$ である. それぞれ右辺第 1 項が右側（x の正の方向）に進む波，第 2 項が左側（x の負の方向）に進む波を表している.

　今の問題設定として，粒子は $x = -\infty$ から右側に進んできて，領域①と②の境界を（一部反射されるかもしれないが）通過して進んでいくことを考えるので，領域②を左側に進む波を表す (7.10) 右辺の第 2 項は存在しないはずで，したがって $D = 0$ とできる（$x > 0$ ではずっとポテンシャルが平坦であり何の力もはたらかないのでそこで反射が起こることはありえない）. $\psi(x, t) = \phi(x) \exp(-iEt/\hbar)$ であるので, (7.5) より領域①での確率の流れを計算すると，

$$j(x, t) = \frac{\hbar}{m} \mathrm{Im} \left(\psi^* \frac{\partial \psi}{\partial x} \right) = \frac{\hbar}{m} \mathrm{Im} \left(\phi^* \exp(iEt/\hbar) \frac{\partial \phi}{\partial x} \exp(-iEt/\hbar) \right)$$

$$= \frac{\hbar}{m} \mathrm{Im} \left(\phi^* \frac{\partial \phi}{\partial x} \right) \tag{7.11}$$

となる. つまり結局 $\phi(x)$ 部分についてのみ計算すればよい. たとえば領域①に

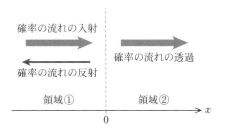

図 7.3　階段型ポテンシャルでの反射と透過のイメージ

ついて計算すると

$$\phi_1^* \frac{\partial \phi_1}{\partial x} = (A^* \exp(-ik_1 x) + B^* \exp(ik_1 x))(ik_1 A \exp(ik_1 x) - ik_1 B \exp(-ik_1 x))$$
$$= ik_1 |A|^2 - ik_1 |B|^2 - ik_1 (A^* B \exp(-2ik_1 x) - AB^* \exp(2ik_1 x)) \quad (7.12)$$

となる．この式で第 1,2 項は純虚数，第 3 項は実数である．よって確率の流れは，領域②も同様に計算して，

$$j(x,t) = \begin{cases} \dfrac{\hbar k_1}{m}|A|^2 - \dfrac{\hbar k_1}{m}|B|^2 & (領域①), \\ \dfrac{\hbar k_2}{m}|C|^2 & (領域②) \end{cases} \quad (7.13)$$

である．右辺のそれぞれの項が領域①で右側に進む流れ，左側に進む流れ，②で右側に進む流れを表している．物理的イメージとしては，$x = -\infty$ から流れてきた確率の流れが境界 $x = 0$ において一部反射され一部は透過して行く，ととらえることができる（図 7.3）．

境界条件を課して流れを定量的に求めよう．$x = 0$ での境界においては波動関数を滑らかにつなぐ条件 $\phi_1(0) = \phi_2(0), \phi_1'(0) = \phi_2'(0)$ より，

$$A + B = C, \quad (7.14)$$
$$k_1 A - k_1 B = k_2 C \quad (7.15)$$

の関係式が得られる．これから，A に対する B, C の比を求めると，

$$\frac{B}{A} = \frac{k_1 - k_2}{k_1 + k_2}, \quad (7.16)$$

$$\frac{C}{A} = \frac{2k_1}{k_1 + k_2} \quad (7.17)$$

となる．境界における確率の流れの反射率 R と透過率 T は

$$R = \frac{\dfrac{\hbar k_1}{m}|B|^2}{\dfrac{\hbar k_1}{m}|A|^2} = \frac{|B|^2}{|A|^2} = \left(\frac{k_1 - k_2}{k_1 + k_2}\right)^2, \tag{7.18}$$

$$T = \frac{\dfrac{\hbar k_2}{m}|C|^2}{\dfrac{\hbar k_1}{m}|A|^2} = \frac{k_2}{k_1}\frac{|C|^2}{|A|^2} = \frac{4k_1 k_2}{(k_1 + k_2)^2} \tag{7.19}$$

である．たしかに，

$$R + T = 1 \tag{7.20}$$

となって確率は保存していることが確認できる．

以上の計算から次のようなことがわかった：古典力学では，この階段型ポテンシャルを左から右に進む粒子は，領域①から領域②に入るときに速度は落ちるものの反射はしない．しかし量子力学では，領域の境界において確率の流れが一部反射されるのである．つまり粒子を入射して透過するか反射するか測定すると，反射される粒子がある確率で観測される，ということである．

T に着目して透過率のエネルギー依存性を考える．E が V_0 に近いとき，つまり k_2 がゼロに近いとき，透過率はゼロに近づく（つまり反射率があがる）．E が V_0 に比べて大きくなるにつれて透過率は上昇し，$k_2 \approx k_1$ となるため 1 に近づいていく．このエネルギー依存性は直観と合うだろう．

最後に $|\phi(x)|^2$ の概形を図示しておこう．領域①では，$\phi_1(x) = A\exp(ik_1 x) + B\exp(-ik_1 x) = A\left(\exp(ik_1 x) + \dfrac{B}{A}\exp(-ik_1 x)\right)$ なので，$\dfrac{B}{A}$ が正の実数 (7.16) であることに注意すると，

$$|\phi_1(x)|^2 = A^*\left(\exp(-ik_1 x) + \frac{B}{A}\exp(ik_1 x)\right) A\left(\exp(ik_1 x) + \frac{B}{A}\exp(-ik_1 x)\right)$$

$$= |A|^2\left(1 + 2\frac{B}{A}\cos(2k_1 x) + \left(\frac{B}{A}\right)^2\right). \tag{7.21}$$

つまり，最大値 $|A|^2\left(1 + \dfrac{B}{A}\right)^2 = |A + B|^2$，最小値 $|A|^2\left(1 - \dfrac{B}{A}\right)^2 = |A - B|^2$ で空間的に振動する関数である．これは入射波と反射波が干渉してできていると考えればよい．領域②では $|\phi_2(x)|^2 = |C|^2$ で一定で，境界条件より $|C|^2 = |A + B|^2$ であった．以上をまとめて図示しておく（図 7.4）．境界で滑らかにつながってい

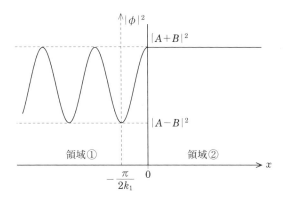

図 7.4 　$E > V_0$ の場合の確率密度

ることに注意.

具体的な数値を入れて計算してみよう.

例題 7.1 　エネルギー $E = 50\,\text{eV}$ の粒子が，領域①から領域②に向かって入射したときの $x = 0$ での反射率を計算せよ．$V_0 = 30\,\text{eV}$ とする．

解 　$k_1 = \sqrt{2mE}/\hbar,\, k_2 = \sqrt{2m(E - V_0)}/\hbar$ なので，

$$R = \left(\frac{k_1 - k_2}{k_1 + k_2}\right)^2 = \left(\frac{\sqrt{50} - \sqrt{20}}{\sqrt{50} + \sqrt{20}}\right)^2 = 0.051. \tag{7.22}$$

よって反射率は 0.051 （5.1%）である．なお，透過率 T は $T = 1 - R = 0.95$ である．　□

(ii) 　**$E < V_0$ のとき**：

領域①での一般解は (7.9) と同じである．領域②では $E < V_0$ なので，一般解は，$\rho = \sqrt{2m(V_0 - E)}/\hbar$ として，(4.47) と同様に，

$$\phi_2(x) = C \exp(\rho x) + D \exp(-\rho x) \tag{7.23}$$

である．ただし，波動関数は $x = \infty$ で発散してほしくないので，$C = 0$ である．

$x = 0$ で解が滑らかにつながる条件を適用すると，$\phi_1(0) = \phi_2(0)$ より，

$$A + B = D, \tag{7.24}$$

$\phi_1'(0) = \phi_2'(0)$ より

$$k_1 A - k_1 B = i\rho D \tag{7.25}$$

が得られる．これより，

$$\frac{B}{A} = \frac{k_1 - i\rho}{k_1 + i\rho}, \tag{7.26}$$

$$\frac{D}{A} = \frac{2k_1}{k_1 + i\rho} \tag{7.27}$$

となる（$E > V_0$ の場合の k_2 を $i\rho$ で置き換えた形）．これから反射率を計算すると

$$R = \left| \frac{B}{A} \right|^2 = 1 \tag{7.28}$$

となる．このことから，粒子は，$x = 0$ で完全に反射されることがわかる．これは古典力学の結果と同じである．ただし，領域②での波動関数が $\phi_2(x) = D\exp(-\rho x)$ の形をしていることからもわかるように，粒子は古典的に禁止された領域に少ししみ出している（少ししみ出した後反射していく，というようなイメージでよい）．しみ出している特徴的な長さは $1/2\rho$ である（このとき確率密度が $1/e$ になる）．この長さは E が V_0 に近づく，つまり ρ がゼロに近づくと大きくなり，直観にあうであろう．

最後にこの例でも $|\phi(x)|^2$ の概形を図示しておこう（図7.5）．$\frac{B}{A}$ が複素数なので前の例ほど計算が単純ではないが，領域①で空間的に振動し（入射波と反射波の振幅の大きさが同じ，つまり $\left|\frac{B}{A}\right| = 1$ なので最小は 0 になる．次の例題参照），境界で滑らかにつながることは同様である．領域②では指数関数的に減少する．

例題7.2 領域①での確率密度を計算せよ．

解 (7.9) の絶対値の2乗を計算する．

$$|\phi_1(x)|^2 = |A\exp(ik_1 x) + B\exp(-ik_1 x)|^2 = |A|^2 \left| \exp(ik_1 x) + \frac{B}{A}\exp(-ik_1 x) \right|^2$$

$$= |A|^2 \left| \exp(ik_1 x) + \frac{k_1 - i\rho}{k_1 + i\rho}\exp(-ik_1 x) \right|^2$$

$$= |A|^2 \left(1 + 1 + \frac{k_1 - i\rho}{k_1 + i\rho}\exp(-2ik_1 x) + \frac{k_1 + i\rho}{k_1 - i\rho}\exp(2ik_1 x) \right). \tag{7.29}$$

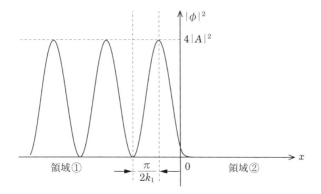

図 7.5　$E < V_0$ の場合の確率密度

ここで,

$$\frac{k_1 + i\rho}{k_1 - i\rho} = \frac{(k_1 + i\rho)(k_1 + i\rho)}{(k_1 - i\rho)(k_1 + i\rho)} = \frac{k_1^2 - \rho^2 + 2ik_1\rho}{k_1^2 + \rho^2} = \left|\frac{k_1^2 - \rho^2 + 2ik_1\rho}{k_1^2 + \rho^2}\right| \exp(i\theta)$$
$$= 1 \cdot \exp(i\theta) = \exp(i\theta), \tag{7.30}$$
$$\left(ただし, \tan\theta = \frac{2k_1\rho}{k_1^2 - \rho^2}, 0 \leqq \theta < 2\pi\right)$$

と置き換えて整理すると,

$$|\phi_1(x)|^2 = |A|^2 (2 + \exp(-i(2k_1 x + \theta)) + \exp(i(2k_1 x + \theta)))$$
$$= 2|A|^2 (1 + \cos(2k_1 x + \theta)). \tag{7.31}$$

確かに最大 $4|A|^2$, 最小 0 で空間的に振動する. □

7.3　トンネル効果

前節でポテンシャルの壁に波動関数がしみ出すことを見た. それではこの壁が薄くなったら壁の外に粒子が逃げていってしまうのではないか. 実際このようなことが起こることが知られていて, **トンネル効果**とよばれる. この節ではこれを調べる.

次のような壁型のポテンシャルを考える (図 7.6).

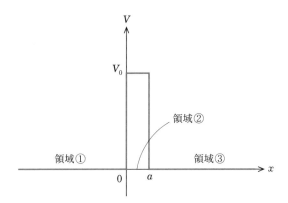

図 7.6　壁型ポテンシャル

$$V(x) = \begin{cases} 0, & (x \leqq 0 : 領域①) \\ V_0, & (0 < x < a : 領域②) \\ 0. & (a \leqq x : 領域③) \end{cases} \quad (7.32)$$

これまでどおり，粒子は $x = -\infty$ から入射しているとする．粒子のエネルギー E は $E < V_0$ とする．各領域での一般解は

$$\phi_1(x) = A\exp(ik_1 x) + B\exp(-ik_1 x), \quad (7.33)$$
$$\phi_2(x) = C\exp(\rho x) + D\exp(-\rho x), \quad (7.34)$$
$$\phi_3(x) = F\exp(ik_1 x). \quad (7.35)$$

ただし，k_1 と ρ は前と同じく，$k_1 = \sqrt{2mE}/\hbar$, $\rho = \sqrt{2m(V_0 - E)}/\hbar$ である．

$x = 0$ で解を滑らかにつなぐ条件より，

$$A + B = C + D, \quad (7.36)$$
$$ik_1 A - ik_1 B = \rho C - \rho D, \quad (7.37)$$

$x = a$ で解を滑らかにつなぐ条件より，

$$C\exp(\rho a) + D\exp(-\rho a) = F\exp(ik_1 a), \quad (7.38)$$
$$\rho C\exp(\rho a) - \rho D\exp(-\rho a) = ik_1 F\exp(ik_1 a) \quad (7.39)$$

を得る．(7.36), (7.37) より，

$$A = \frac{(k_1 - i\rho)C + (k_1 + i\rho)D}{2k_1}, \tag{7.40}$$

$$B = \frac{(k_1 + i\rho)C + (k_1 - i\rho)D}{2k_1}, \tag{7.41}$$

(7.38)，(7.39) より，

$$C = \frac{\rho + ik_1}{2\rho} \exp(ik_1 a) \exp(-\rho a) F, \tag{7.42}$$

$$D = \frac{\rho - ik_1}{2\rho} \exp(ik_1 a) \exp(\rho a) F \tag{7.43}$$

を得る．これらから，領域①の入射波の振幅 A と領域③の透過波の振幅 F の関係を求めると，

$$A = \frac{(k_1 + i\rho)^2 \exp(\rho a) - (k_1 - i\rho)^2 \exp(-\rho a)}{4ik_1\rho} \exp(ik_1 a) F \tag{7.44}$$

となる．したがって，ポテンシャルの山（壁）の透過率 T は，

$$\begin{aligned}
T = \left| \frac{F}{A} \right|^2 &= \frac{16k_1^2\rho^2}{4(k_1^2 - \rho^2)^2 \sinh^2 \rho a + 16k_1^2\rho^2 \cosh^2 \rho a} \\
&= \frac{4k_1^2\rho^2}{4k_1^2\rho^2 + (k_1^2 + \rho^2)^2 \sinh^2 \rho a} \\
&= \frac{1}{1 + \dfrac{(k_1^2 + \rho^2)^2}{4k_1^2\rho^2} \sinh^2 \rho a}
\end{aligned} \tag{7.45}$$

と求められる（(7.44) の右辺の分子を実部と虚部に整理すると計算経過がわかる）．ただし，$\cosh, \sinh$ は双曲線関数といい，

$$\cosh x = \frac{\exp(x) + \exp(-x)}{2}, \qquad \sinh x = \frac{\exp(x) - \exp(-x)}{2} \tag{7.46}$$

であり，また $\cosh^2 x - \sinh^2 x = 1$ の関係式を用いた．k_1, ρ を E, V_0 をもちいて表すと，

$$T = \frac{1}{1 + \dfrac{V_0^2}{4E(V_0 - E)} \sinh^2 \left(\dfrac{\sqrt{2m(V_0 - E)}}{\hbar} a \right)} \tag{7.47}$$

となる．たしかに，T は有限で，確率密度がポテンシャルの壁を通り抜けて古典的に許されない領域に存在し，そこで確率の流れがあることがわかる（図 7.7 にイメージ）．

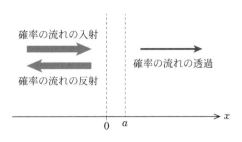

図7.7　トンネル効果のイメージ

このままでは式が複雑なので，$\rho a = (\sqrt{2m(V_0-E)}/\hbar)a \gg 1$ のとき，つまり壁が厚く，あるいは壁が高く，透過率が小さいときを考えてみる．このとき $\sinh(\rho a) \simeq \exp(\rho a)/2$ なので，

$$T \simeq \frac{16E(V_0-E)}{V_0^2}\exp\left(-\frac{2\sqrt{2m(V_0-E)}}{\hbar}a\right) \qquad (7.48)$$

となる．この大きさは指数関数の部分 $\exp(-2\rho a)$ でほとんど決まり，$\rho a \gg 1$ なので小さいことがわかる．そしてたしかに，山（壁）の幅や高さが大きくなると透過率は小さくなる．一方，$\rho a \sim 1$ あるいは $\rho a < 1$ のとき（つまり壁が薄いあるいは低いとき）は，透過率は決して小さくない．$\rho a \ll 1$ とき $\sinh(\rho a) \simeq \rho a$ なので，

$$T = \frac{1}{1+\dfrac{V_0^2}{4E(V_0-E)}(\rho a)^2} = \frac{1}{1+\dfrac{mV_0^2 a^2}{2\hbar^2 E}} \qquad (7.49)$$

である．この値は1に近い．

なお，$R+T=1$ の関係が今回もきちんと成り立っていることは例題で示そう．

例題 7.3　電子のトンネル確率 T を次の場合に計算せよ．
 (1) $a = 1\,\mathrm{nm}$, $E = 10\,\mathrm{eV}$, $V_0 = 15\,\mathrm{eV}$
 (2) $a = 1\,\mathrm{nm}$, $E = 10\,\mathrm{eV}$, $V_0 = 10.1\,\mathrm{eV}$

解　(7.47) の分母の $\sinh$ の変数に着目する．

$$\frac{\sqrt{2m_\mathrm{e}(V_0-E)}}{\hbar}a = \left(\frac{2m_\mathrm{e}(V_0-E)a^2}{\hbar^2}\right)^{1/2}. \qquad (7.50)$$

この変数の次元は無次元なので，$\hbar^2/(2m_e a^2)$ はエネルギーの次元を持つ．数値を代入して計算すると，

$$\frac{\hbar^2}{2m_e a^2} = \frac{(1.05 \times 10^{-34})^2}{2 \times 9.11 \times 10^{-31} \times (1 \times 10^{-9})^2} \, \text{J} = 6.05 \times 10^{-21} \, \text{J} = \frac{6.05 \times 10^{-21}}{1.60 \times 10^{-19}} \, \text{eV}$$
$$= 3.78 \times 10^{-2} \, \text{eV}. \tag{7.51}$$

これを用いて T を計算する．

(1) $V_0 = 15\,\text{eV}$ のとき

$$T = \left(1 + \frac{15^2}{4 \times 10 \times 5} \sinh^2 \left(\frac{5}{3.78 \times 10^{-2}}\right)^{1/2}\right)^{-1} = 3.64 \times 10^{-10}. \tag{7.52}$$

(2) $V_0 = 10.1\,\text{eV}$ のとき

$$T = \left(1 + \frac{10.1^2}{4 \times 10 \times 0.1} \sinh^2 \left(\frac{0.1}{3.78 \times 10^{-2}}\right)^{1/2}\right)^{-1} = 6.52 \times 10^{-3}. \tag{7.53}$$

E が V_0 に近くなるとトンネル確率は大きくなることがわかる． □

例題7.4 $R + T = 1$ であることを示せ．

解 反射率 R の表式を求める．そのためにまず A/B を求める．A, B, C, D の表式を用い計算して整理すると，

$$\frac{A}{B} = \frac{(k_1 - i\rho)C + (k_1 + i\rho)D}{(k_1 + i\rho)C + (k_1 - i\rho)D} = \frac{(k_1 + i\rho)^2 \exp(\rho a) - (k_1 - i\rho)^2 \exp(-\rho a)}{(k_1^2 + \rho^2)(\exp(\rho a) - \exp(-\rho a))}$$

$$= \frac{(k_1^2 - \rho^2)(\exp(\rho a) - \exp(-\rho a)) + 2ik_1\rho(\exp(\rho a) + \exp(-\rho a))}{(k_1^2 + \rho^2)(\exp(\rho a) - \exp(-\rho a))}$$

$$= \frac{2(k_1^2 - \rho^2)\sinh\rho a + 4ik_1\rho\cosh\rho a}{2(k_1^2 + \rho^2)\sinh\rho a} \tag{7.54}$$

この絶対値の2乗を計算する．（実部）^{2}+（虚部）^{2} で計算すると，

$$\left|\frac{A}{B}\right|^2 = \frac{4(k_1^2 - \rho^2)^2 \sinh^2\rho a + 16k_1^2\rho^2\cosh^2\rho a}{4(k_1^2 + \rho^2)^2 \sinh^2\rho a}$$

$$= \frac{4k_1^2\rho^2 + (k_1^2 + \rho^2)^2\sinh^2\rho a}{(k_1^2 + \rho^2)^2\sinh^2\rho a}. \tag{7.55}$$

よって，(7.45)，(7.55) より

98　第 7 章｜反射と透過

$$R + T = \left|\frac{B}{A}\right|^2 + \left|\frac{F}{A}\right|^2 = 1 \tag{7.56}$$

である。　　　　　　　　　　　　　　　　　　　　　　　　　　　　□

　最後にエネルギー固有値の連続性についてコメントしておく。この章で扱った問題は束縛状態ではなかった。そのときは時間に依存しないシュレーディンガー方程式のエネルギーの解，すなわちエネルギー固有値は連続的な値をとることができる。これは前章で扱った束縛状態のエネルギー固有値が離散的であることと対照的である。

7.4　粒子の透過，反射の物理的イメージ

　本章で行ったように，時間に依存しないシュレーディンガー方程式の解，すなわち定常状態をもとに粒子の反射や透過を理解する方法は，標準的ではあるが若干わかりにくさがある。求めた定常状態では粒子は全空間に広がっていて，定常的な確率の流れがある。しかしわかりやすいイメージは，1 つの粒子がある限られた領域に存在して，それが入射してきて反射あるいは透過していくというものである。本書でもしばしば「粒子が左から入射して……」のような説明をしてきた。粒子が検出される確率がある限られた領域に局在している状態を記述するのが波束であった。その波束は波数が少し異なる平面波の重ね合わせで作られている。今回の場合，足し合わされているそれぞれの平面波がこれまで求めた定常状態の解（足し合わせる前に時間の因子 $\exp(-iEt/\hbar)$ を含めることに注意）である。この解を足し合わせて作った波束は，たしかにポテンシャルの境界に向かって進行してきて，一部反射，一部透過していくことが示せる。その割合は本節で求めたものになる。

　このことを理解するために，コンピューターで計算した波束の運動の例を図 7.8 に示す。縦軸は確率密度，横軸は位置である。$x = 0$ にポテンシャルの段差がある。計算にあたり，$m = \hbar = 1$ の単位系を使っている。またエネルギーの単位を eV として，$x \leqq 0$ で $V = 0$，$x > 0$ で $V = V_0 = 30$ とした。この条件は例題 7.1 で計算した $E = 50\,\mathrm{eV}$，$V_0 = 30\,\mathrm{eV}$ の場合に対応している。波束は，係数が (7.16)，(7.17) の関係を満たす (7.9)，(7.10)（ただし $D = 0$）の波動関数を足し

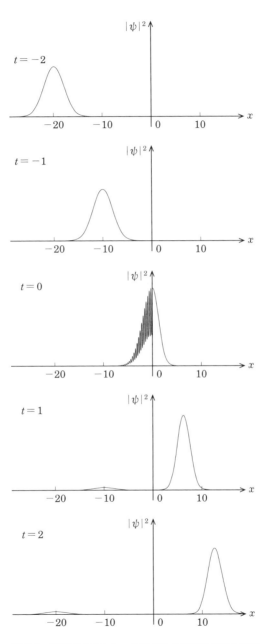

図 7.8　階段形ポテンシャルにおける波束の反射と透過

合わせて作った．なお足し合わせにあたりあらかじめ時間の因子 $\exp(-iEt/\hbar)$ をかけ，$k_1 = 10$（すなわち $E = 50$）を中心に $k_1 = 8$ から $k_1 = 11.99$ まで 0.01 刻みに $\exp(-4(k_1 - 10)^2)$ の重みをかけて 400 個の和をとった．この和において $E = \hbar^2 k_1^2/(2m) > V_0$ の条件は満たされている．

図をみると，波束は x の正の向きに進行して，$t = 0$ 付近でポテンシャルの段差にぶつかる．$t = 0$ のグラフにおいては $x < 0$ の領域では入射波と反射波の干渉が観測されている．その後，波束の大部分は $x > 0$ の領域に透過していく（速さが小さくなっていることにも注意）が，一部は x の負の向きに反射されて戻って行く．この割合は図から読み取ると確かに例題 7.1 で計算した通り 5%程度である．

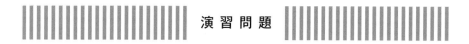

問 7.1 次のポテンシャルにおける非束縛状態を時間に依存しないシュレーディンガー方程式を解くことにより考える．

$$V(x) = \begin{cases} 0 & (x < -a) & \text{（領域①）} \\ -V_0 & (-a \leq x \leq 0) & \text{（領域②）} \\ +\infty & (0 < x) & \text{（領域③）} \end{cases} \quad (7.57)$$

ただし $V_0 > 0$ である．

(1) 非束縛状態の粒子のエネルギー E の満たすべき条件を書け．
(2) 領域①，②，③における $\phi(x)$ の一般解 $\phi_1(x), \phi_2(x), \phi_3(x)$ を書け．
(3) 領域の境界 $x = -a, 0$ で $\phi_1(x), \phi_2(x), \phi_3(x)$ が満たすべき境界条件を書け．またこの条件式から各領域での波動関数の項の係数の関係式を導け．
(4) 粒子が $x = -\infty$ から x の正の方向に向かって入射してくる状況を考える．入射して来た粒子がどのように振る舞い，最終的にどうなるのか説明せよ．
(5) (4)の入射してきた粒子の最終的な行方についての解答が正しいことを，領域①における x の正の方向の確率の流れと負の方向の確率の流れを比較することによって示せ．
(6) 領域②に粒子が侵入する確率がもっとも低くなる a の条件を求めよ（領域②で x の正の方向に進む確率の流れが最小になる場合と考えればよい）．

| COLUMN | トンネル効果 |

　トンネル効果は量子力学に特徴的な現象として有名であり，本書の読者にも以前より聞いたことがあるという人がいるのではないか．トンネル効果の基礎は第7章で学習した通りである．原子スケールの世界のダイナミクスでトンネル効果はしばしば重要な役割を果たしている．本コラムでは「走査型トンネル顕微鏡」というトンネル効果を利用した計測装置を紹介しよう．

　走査型トンネル顕微鏡は1986年にノーベル物理学賞を受賞した技術で，今や標準的な試料分析装置として多くの研究室，研究機関に装備されている（決して安価な装置ではないが）．動作原理は次のようになっている．1 nm 程度に尖った探針を試料表面に近づける．試料と探針の間には，第7章でみた壁形ポテンシャルのようなポテンシャルの障壁があるが，1 nm 程度まで近づけると，そのポテンシャル障壁をトンネルして探針側と試料の間に電子が（電流が）流れる．それを測りながら探針をスキャン（走査）することにより，試料表面の形状や性質を1 nm スケール（あるいはそれ以下）で観ることができる．

第8章
量子力学の骨組み（1）
——ブラ・ケット記法の導入

　前章まで，シュレーディンガー方程式を解いて定常状態を求めることを通じて量子力学の特徴を学んできた．本章からは，量子力学の理論体系をもう一段高いところから構築し，その本質のより深い理解をめざす．

　量子力学の物理的状態は波動関数で表すことができることをこれまで学んできた．この波動関数は，絶対値の2乗が空間的な確率密度（ある位置で粒子が検出される確率の密度）であるという点でイメージが容易である．しかし，波動関数は状態を表す唯一の方法ではない．たとえば「運動量空間の波動関数」というものもあり得る．つまり，絶対値の2乗が運動量を測定したときにある運動量に粒子が検出される確率の密度を与える波動関数である．これまで慣れ親しんできた波動関数は「位置空間の波動関数」といえる．

　この例からわかるように，（位置空間での）波動関数は，量子力学的状態の表現のある一形式でしかない．これから量子力学の理論体系を組み立てていくにあたり，表現の形式によらない上位の概念で量子力学的状態を記述したい．

　この章ではこれから，複素ベクトル空間（成分が複素数のベクトル空間）のベクトルの概念を導入して，量子力学的状態を記述していく．読者が慣れ親しんでいるベクトルを思い浮べてもらってよいが，3次元空間のベクトルよりはもっと抽象的なものである．この章ではそこで用いる数学の定式化を行う．一貫して用いるのは，ディラックが発展させたブラとケット[1]の記法である．

　その記述方式でベクトル（あるいはそれを用いて構築される理論体系）が満たしてほしい性質として次のようなことがこれまでの学習から推測できるが，この

1]　かっこを意味するブラケット（bracket）からブラとケットと名付けられた．

後これらがどのように取り込まれていくのか注目してほしい.

(1) 状態の重ね合わせができる.

(2) 演算子が作用できる.

(3) 位置空間の波動関数や運動量空間の波動関数を生み出せる（あるいは, 波動関数に関連づけられる）.

(4) ボルンの確率解釈のように測定結果に対する確率的予測ができる.

(5) シュレーディンガー方程式にしたがって時間発展する.

なお, これからブラとケットの数学を学習するにあたり必ずしも線形代数学の知識を前提とはしないが, 多くの読者が既習であろう線形代数学の知識があるとイメージがしやすいので, 文章中で対応関係を（あまり厳密性は求めず）補足していく. 演算子やケットの行列やベクトル成分による表現については第 13 章で説明する.

8.1 ケット, ブラ

量子力学において状態を表すベクトルをディラックにならいケットとよび, たとえば状態 α を $|\alpha\rangle$ と記す. このケットは系の状態の情報すべてを含んでいるものであるが, まったく抽象的なものでイメージがわかないかもしれない. これはおおざっぱにいうとこれまで習ってきた波動関数 ψ_α に対応するものであり, その対応関係は第 10 章で明らかになる. 現時点で線形代数学の知識と関連させて直観的に説明すると次のようになる.

線形代数学との対応①

ケットはベクトルを $\boldsymbol{a}$ と書いたようなもので, 波動関数はそれをある基底で成分表示した $(a_1, a_2, a_3, \cdots)$ のようなもの, である. たとえば, 3 次元空間中のベクトル $\boldsymbol{a}$ を考える. ある xyz 直交座標系をとり, ベクトル $\boldsymbol{a}$ の x 成分, y 成分, z 成分がそれぞれ a_x, a_y, a_z の場合,

$$\boldsymbol{a} = \begin{pmatrix} a_x \\ a_y \\ a_z \end{pmatrix} \tag{8.1}$$

と表現できる. この関係がケットと波動関数の関係に対応しているのだが, その意味は第 10 章で学ぶ.

ここで x, y, z 軸方向の単位ベクトルを e_x, e_y, e_z とする (これらは基底ベクトルと呼ばれる) と, 各成分はこれらの単位ベクトルとベクトル a の内積である.

$$a_x = e_x \cdot a, \quad a_y = e_y \cdot a, \quad a_z = e_z \cdot a. \tag{8.2}$$

もし座標系の取り方を変えて $x'y'z'$ 座標系にした場合, a は (8.1) とは異なる表現になる.

$$a = \begin{pmatrix} a_{x'} \\ a_{y'} \\ a_{z'} \end{pmatrix} = \begin{pmatrix} e_{x'} \cdot a \\ e_{y'} \cdot a \\ e_{z'} \cdot a \end{pmatrix}. \tag{8.3}$$

このとき, ベクトル a 自体は何も変わっていないが, 座標系の取り方 (つまり基底ベクトルの取り方) によってベクトル a の表現が変わっていることに注意すること.

ケットという一見変わった表記をするのは, それが計算を直観的にやりやすくしてくれるからであり, これはディラックのすぐれたセンスであるといえる. このことは, なじみのある例でいうと, 微分に $\dfrac{dy}{dx}$ という記号をあてると計算のときに便利だったことに似ている.

ベクトルなので 2 つのケットは足し合わせることができる.

$$|\alpha\rangle + |\beta\rangle = |\gamma\rangle. \tag{8.4}$$

$|\gamma\rangle$ は $|\alpha\rangle, |\beta\rangle$ とは異なる新しい一つのケットである. $|\alpha\rangle$ に複素数 c をかけてできる積

$$c|\alpha\rangle = |\alpha\rangle c \tag{8.5}$$

も新しいケットである. $c = 0$ のときは新しくできるケットは**ゼロケット**という. なお, $c|\alpha\rangle$ と $|\alpha\rangle$ は異なるケットであるが, $c \neq 0$ のときは両者は同じ物理状態を表すものとする. これは波動関数の定数倍が同じ物理状態を表していたことと同じである.

線形代数学との対応②

ベクトルは足し合わせることができて, 別のベクトルを作る.

$$\begin{pmatrix} a_1 \\ a_2 \\ \vdots \\ a_n \end{pmatrix} + \begin{pmatrix} b_1 \\ b_2 \\ \vdots \\ b_n \end{pmatrix} = \begin{pmatrix} a_1 + b_1 \\ a_2 + b_2 \\ \vdots \\ a_n + b_n \end{pmatrix}. \tag{8.6}$$

ベクトルの定数倍は次のようになる.

$$c \begin{pmatrix} a_1 \\ a_2 \\ \vdots \\ a_n \end{pmatrix} = \begin{pmatrix} ca_1 \\ ca_2 \\ \vdots \\ ca_n \end{pmatrix}. \tag{8.7}$$

$c = 0$ のときはゼロベクトルである.

$$\begin{pmatrix} 0 \\ 0 \\ \vdots \\ 0 \end{pmatrix}. \tag{8.8}$$

ここでケットの**内積**を定義する. そのために, これまで扱ってきたケット $|\alpha\rangle$ と対をなす**ブラ** $\langle\alpha|$ が存在することを要請する. そして, $c|\alpha\rangle$ の対となるブラは $c^*\langle\alpha|$ であるという要請をする. このブラとケットを使って, 内積は,

$$\langle\beta|\alpha\rangle = (\langle\beta|) \cdot (|\alpha\rangle) \tag{8.9}$$

と定義される. この内積についても, 読者のよく知っているベクトルの内積を思い浮かべるとよい. これに対応して,「波動関数の内積」のようなものもあるはずだが, それは後から出てくる.

ここで内積の基本的な性質を2つ要請する. まず,

$$\langle\beta|\alpha\rangle = \langle\alpha|\beta\rangle^*, \tag{8.10}$$

つまり $\langle\beta|\alpha\rangle$ と $\langle\alpha|\beta\rangle$ は互いに複素共役である. 次に,

$$\langle\alpha|\alpha\rangle \geqq 0 \tag{8.11}$$

であることも要請する (等号が成り立つのは $|\alpha\rangle$ がゼロケットのときのみ). 同じベクトルの内積がそのベクトルの大きさの2乗であることを思い出すとこれは自然に感じられるであろう. ケットが**規格化**されているとき,

106　第 8 章│量子力学の骨組み（1）——ブラ・ケット記法の導入

$$\langle\alpha|\alpha\rangle = 1 \tag{8.12}$$

となる（波動関数の規格化との類似に感づく人もいるかもしれない）．

2つのケット $|\alpha\rangle, |\beta\rangle$ は

$$\langle\alpha|\beta\rangle = 0 \tag{8.13}$$

のとき**直交**しているという．

線形代数学との対応③

　ブラはベクトルでいうと列ベクトルに対する行ベクトル（ただし成分は複素共役をとる）のようなものである．つまり，$|\alpha\rangle \Longleftrightarrow \langle\alpha|$ に対応して，

$$\begin{pmatrix} a_1 \\ a_2 \\ \vdots \\ a_n \end{pmatrix} \Longleftrightarrow (a_1^* \quad a_2^* \quad \ldots \quad a_n^*). \tag{8.14}$$

内積 $\langle\beta|\alpha\rangle$ に対応して，

$$(b_1^* \quad b_2^* \quad \ldots \quad b_n^*) \begin{pmatrix} a_1 \\ a_2 \\ \vdots \\ a_n \end{pmatrix} = b_1^* a_1 + b_2^* a_2 + \cdots + b_n^* a_n. \tag{8.15}$$

$\langle\beta|\alpha\rangle = \langle\alpha|\beta\rangle^*$ に対応して，

$$b_1^* a_1 + b_2^* a_2 + \cdots + b_n^* a_n = (a_1^* b_1 + a_2^* b_2 + \cdots + a_n^* b_n)^*. \tag{8.16}$$

また $\langle\alpha|\alpha\rangle \geqq 0$ の要請については，

$$a_1^* a_1 + a_2^* a_2 + \cdots + a_n^* a_n = |a_1|^2 + |a_2|^2 + \cdots + |a_n|^2 \geqq 0 \tag{8.17}$$

を考えると自然に感じるであろう．

例題8.1　（1）ケット $c_1|\alpha\rangle + c_2|\beta\rangle$ と対になるブラを示せ．

　（2）ケット $c_1|\alpha\rangle + c_2|\beta\rangle$ とブラ $c_3\langle\gamma| + c_4\langle\delta|$ の内積を求めよ．

　（3）ケット $|\alpha\rangle$ とケット $|\beta\rangle$ が直交しているとき，ケット $c_1|\alpha\rangle + c_2|\beta\rangle$ の大きさ（自分自身との内積の平方根）を求めよ．なお $|\alpha\rangle, |\beta\rangle$ は規格化されているとする．

(4) ケット $|\alpha\rangle$ が規格化されていないとき，それを規格化したケットを求めよ．

解 (1) $c_1^* \langle\alpha| + c_2^* \langle\beta|$.

(2) $(c_3\langle\gamma| + c_4\langle\delta|)(c_1|\alpha\rangle + c_2|\beta\rangle) = c_3 c_1 \langle\gamma|\alpha\rangle + c_3 c_2 \langle\gamma|\beta\rangle + c_4 c_1 \langle\delta|\alpha\rangle + c_4 c_2 \langle\delta|\beta\rangle$.

(3) $(c_1^* \langle\alpha| + c_2^* \langle\beta|)(c_1|\alpha\rangle + c_2|\beta\rangle) = |c_1|^2 \langle\alpha|\alpha\rangle + |c_2|^2 \langle\beta|\beta\rangle + c_1^* c_2 \langle\alpha|\beta\rangle + c_2^* c_1 \langle\beta|\alpha\rangle$.

$|\alpha\rangle$ と $|\beta\rangle$ は規格化されているので，最初の 2 項の内積は 1 である．$|\alpha\rangle$ と $|\beta\rangle$ は直交しているので最後の 2 項の内積はゼロである．よって求めるケットの大きさは $\sqrt{|c_1|^2 + |c_2|^2}$ である．

(4) 規格化したケットは

$$\frac{1}{\sqrt{\langle\alpha|\alpha\rangle}}|\alpha\rangle \tag{8.18}$$

である．実際，

$$\left(\frac{1}{\sqrt{\langle\alpha|\alpha\rangle}}\langle\alpha|\right)\left(\frac{1}{\sqrt{\langle\alpha|\alpha\rangle}}|\alpha\rangle\right) = \frac{1}{\langle\alpha|\alpha\rangle}\langle\alpha|\alpha\rangle = 1 \tag{8.19}$$

である． □

8.2 演算子

これまでに習ったように，運動量やエネルギーといった物理量には対応する**演算子**があった．ここでは，今扱っている複素ベクトル空間での一般的な演算子について考える．以下，一般的な演算子を $\hat{X}, \hat{Y}$ などと記し，演算子の満たすべき性質を列挙していく．

演算子は左側からケットに次のように作用し，

$$\hat{X} \cdot (|\alpha\rangle) = \hat{X}|\alpha\rangle, \tag{8.20}$$

その結果はもとと異なるケットになる．演算子 $\hat{X}$ と $\hat{Y}$ が等しいということは，現在考えているベクトル空間の任意のケット $|\alpha\rangle$ に対して

$$\hat{X}|\alpha\rangle = \hat{Y}|\alpha\rangle \tag{8.21}$$

であるときである．任意のケット $|\alpha\rangle$ に対して

$$\hat{X}|\alpha\rangle = 0 \tag{8.22}$$

であるとき，$\hat{X}$ はゼロ演算子と呼ばれる．任意のケット $|\alpha\rangle$ に対して

$$\hat{X}|\alpha\rangle = |\alpha\rangle \tag{8.23}$$

であるとき，$\hat{X}$ は恒等演算子と呼ばれる．

演算子の和に関しては次の交換・結合の規則がある．

$$\hat{X} + \hat{Y} = \hat{Y} + \hat{X}, \tag{8.24}$$

$$\hat{X} + (\hat{Y} + \hat{Z}) = (\hat{X} + \hat{Y}) + \hat{Z}. \tag{8.25}$$

また，本書で出てくる演算子はすべて線形である．つまり，

$$\hat{X}(c_\alpha|\alpha\rangle + c_\beta|\beta\rangle) = c_\alpha\hat{X}|\alpha\rangle + c_\beta\hat{X}|\beta\rangle \tag{8.26}$$

が成り立つ．

線形代数学との対応④

演算子も抽象的なものであるが，ケットがベクトルであるのに対して演算子を行列であるとイメージするとしっくりきやすい．$\hat{X}|\alpha\rangle$ に対応して，

$$\begin{pmatrix} x_{11} & x_{12} & \ldots & x_{1n} \\ x_{21} & x_{22} & \ldots & x_{2n} \\ \vdots & \vdots & \ddots & \vdots \\ x_{n1} & x_{n2} & \ldots & x_{nn} \end{pmatrix} \begin{pmatrix} a_1 \\ a_2 \\ \vdots \\ a_n \end{pmatrix}$$

$$= \begin{pmatrix} x_{11}a_1 + x_{12}a_2 + \ldots + x_{1n}a_n \\ x_{21}a_1 + x_{22}a_2 + \ldots + x_{2n}a_n \\ \vdots \\ x_{n1}a_1 + x_{n2}a_2 + \ldots + x_{nn}a_n \end{pmatrix}. \tag{8.27}$$

演算子 $\hat{X}$ の作用の結果，元のベクトルが別のベクトルに変換されている．

行列の和は行列の各成分の和で計算されることを考えると，演算子の和の交換・結合の規則も自然に感じるであろう．

$$\begin{pmatrix} x_{11} & x_{12} & \ldots & x_{1n} \\ x_{21} & x_{22} & \ldots & x_{2n} \\ \vdots & \vdots & \ddots & \vdots \\ x_{n1} & x_{n2} & \ldots & x_{nn} \end{pmatrix} + \begin{pmatrix} y_{11} & y_{12} & \ldots & y_{1n} \\ y_{21} & y_{22} & \ldots & y_{2n} \\ \vdots & \vdots & \ddots & \vdots \\ y_{n1} & y_{n2} & \ldots & y_{nn} \end{pmatrix}$$

$$
= \begin{pmatrix}
x_{11} + y_{11} & x_{12} + y_{12} & \cdots & x_{1n} + y_{1n} \\
x_{21} + y_{21} & x_{22} + y_{22} & \cdots & x_{2n} + y_{2n} \\
\vdots & \vdots & \ddots & \vdots \\
x_{n1} + y_{2n} & x_{n2} + y_{n2} & \cdots & x_{nn} + y_{nn}
\end{pmatrix}
\tag{8.28}
$$

演算子 $\hat{X}$ はブラには右側から次のように作用して,

$$
(\langle\alpha|)\hat{X} = \langle\alpha|\hat{X}
\tag{8.29}
$$

その結果はもとと異なるブラになる. ケット $\hat{X}|\alpha\rangle$ に対になるブラは $\langle\alpha|\hat{X}$ ではなく, $\langle\alpha|\hat{X}^\dagger$ と書かれる. ここで定義された $\hat{X}^\dagger$ を $\hat{X}$ の**エルミート共役**と呼ぶ[2]. もし

$$
\hat{X} = \hat{X}^\dagger
\tag{8.30}
$$

であれば, $\hat{X}$ は**エルミート**であるという.

線形代数学との対応⑤

ケット $\hat{X}|\alpha\rangle$ に対になるブラが $\langle\alpha|\hat{X}^\dagger$ になることは, 線形代数学では次のことに対応する. ケット $\hat{X}|\alpha\rangle$ に対応する列ベクトル (8.27) に対する複素共役の行ベクトルは,

$$
(x_{11}^* a_1^* + x_{12}^* a_2^* + \cdots + x_{1n}^* a_n^* \quad x_{21}^* a_1^* + x_{22}^* a_2^* + \cdots + x_{2n}^* a_n^* \quad \cdots
$$
$$
x_{n1}^* a_1^* + x_{n2}^* a_2^* + \cdots + x_{nn}^* a_n^*)
$$
$$
= (a_1^* \quad a_2^* \quad \cdots \quad a_n^*)
\begin{pmatrix}
x_{11}^* & x_{21}^* & \cdots & x_{n1}^* \\
x_{12}^* & x_{22}^* & \cdots & x_{n2}^* \\
\vdots & \vdots & \ddots & \vdots \\
x_{1n}^* & x_{2n}^* & \cdots & x_{nn}^*
\end{pmatrix}
\tag{8.31}
$$

であり, これがブラ $\langle\alpha|\hat{X}^\dagger$ に対応するベクトルである. つまり $\hat{X}$ のエルミート共役 $\hat{X}^\dagger$ に対応する行列は, $\hat{X}$ に対応する行列の転置行列の各成分の複素共役をとったものである.

これらの定義から次のことがわかる:$\hat{A}, \hat{B}$ がエルミート演算子のとき, $\hat{X} = \hat{A} + i\hat{B}$ とすると, $\hat{X}^\dagger = \hat{A} - i\hat{B}$ である. これは任意のケット $|\alpha\rangle$ に $\hat{X}$ を作用さ

2] $\hat{X}^\dagger$ のエルミート共役は $\hat{X}$ である.

せたケット $\hat{X}|\alpha\rangle = \hat{A}|\alpha\rangle + i\hat{B}|\alpha\rangle$ に対応するブラが $\langle\alpha|\hat{X}^\dagger = \langle\alpha|\hat{A}^\dagger + i^*\langle\alpha|\hat{B}^\dagger = \langle\alpha|(\hat{A}^\dagger - i\hat{B}^\dagger) = \langle\alpha|(\hat{A} - i\hat{B})$ であることからいえる.

　今度は演算子の積を考える. 演算子 $\hat{X}, \hat{Y}$ はかけあわせることができるが, 積は一般には交換できない. すなわち

$$\hat{X}\hat{Y} \neq \hat{Y}\hat{X}. \tag{8.32}$$

しかし積の演算は結合することができ,

$$\hat{X}(\hat{Y}\hat{Z}) = (\hat{X}\hat{Y})\hat{Z} = \hat{X}\hat{Y}\hat{Z} \tag{8.33}$$

が成り立つ. また, 結合に関して,

$$\hat{X}(\hat{Y}|\alpha\rangle) = (\hat{X}\hat{Y})|\alpha\rangle = \hat{X}\hat{Y}|\alpha\rangle, \tag{8.34}$$

$$((\langle\beta|\hat{X})\hat{Y} = \langle\beta|(\hat{X}\hat{Y}) = \langle\beta|\hat{X}\hat{Y} \tag{8.35}$$

が成り立つ. ここでケット $\hat{X}\hat{Y}|\alpha\rangle = \hat{X}(\hat{Y}|\alpha\rangle)$ と対をなすブラが $(\langle\alpha|\hat{Y}^\dagger)\hat{X}^\dagger = \langle\alpha|\hat{Y}^\dagger\hat{X}^\dagger$ であることを考えると,

$$(\hat{X}\hat{Y})^\dagger = \hat{Y}^\dagger\hat{X}^\dagger \tag{8.36}$$

であることがわかる.

線形代数学との対応⑥

　これらの演算子の積のルールはすべて行列の積のルールに等しい. 成分で書き下して説明することは煩雑なのでここでは行わない.

　これまで考えてきたブラ, ケット, 演算子の積は $\langle\beta|\alpha\rangle$, $\hat{X}|\alpha\rangle$, $\langle\alpha|\hat{X}$, $\hat{X}\hat{Y}$ といった種類のものであった. ここでもう一種類の積を定義する. それは, ケット $|\beta\rangle$ とブラ $\langle\alpha|$ をこの順でかけたものである.

$$|\beta\rangle \cdot \langle\alpha| = |\beta\rangle\langle\alpha|. \tag{8.37}$$

これは実は演算子と見なせることがすぐ次で示される.

　(8.33) で見たように, 演算子の積の演算は結合できる. この結合性が, ケット, ブラ, 演算子間の（規則にあった）積に対して一般的に成り立つとする（ディラックはこの仮定を**かけ算の結合の公理**と呼んだ）. これを使うと, $|\beta\rangle\langle\alpha|$ が演算子と見なせることがわかる. これをケット $|\gamma\rangle$ に作用させてみる.

$$(|\beta\rangle\langle\alpha|) \cdot |\gamma\rangle \tag{8.38}$$

結合の公理からこれは，

$$|\beta\rangle \cdot (\langle\alpha|\gamma\rangle) \tag{8.39}$$

とも見なせる．つまりこれはケット $|\beta\rangle$ に数 $\langle\alpha|\gamma\rangle$ がかかったものと見なせる．したがってこの積 $|\beta\rangle\langle\alpha|$ はあるケットに作用して別のケットを作るので，演算子と見なせる．

線形代数学との対応⑦

$(|\beta\rangle\langle\alpha|) \cdot |\gamma\rangle$ に対応する行列・ベクトルの計算と $|\beta\rangle \cdot (\langle\alpha|\gamma\rangle)$ に対応する行列・ベクトルの計算が確かに一致することを示しておこう．$(|\beta\rangle\langle\alpha|) \cdot |\gamma\rangle$ に対応する行列・ベクトルの計算をする．

$$
\left(
\begin{pmatrix} b_1 \\ b_2 \\ \vdots \\ b_n \end{pmatrix}
\begin{pmatrix} a_1^* & a_2^* & \dots & a_n^* \end{pmatrix}
\right)
\begin{pmatrix} c_1 \\ c_2 \\ \vdots \\ c_n \end{pmatrix}
$$

$$
=
\begin{pmatrix}
b_1 a_1^* & b_1 a_2^* & \dots & b_1 a_n^* \\
b_2 a_1^* & b_2 a_2^* & \dots & b_2 a_n^* \\
\vdots & \vdots & \ddots & \vdots \\
b_n a_1^* & b_n a_2^* & \dots & b_n a_n^*
\end{pmatrix}
\begin{pmatrix} c_1 \\ c_2 \\ \vdots \\ c_n \end{pmatrix}
$$

$$
=
\begin{pmatrix}
b_1 a_1^* c_1 + b_1 a_2^* c_2 + \cdots + b_1 a_n^* c_n \\
b_2 a_1^* c_1 + b_2 a_2^* c_2 + \cdots + b_2 a_n^* c_n \\
\vdots \\
b_n a_1^* c_1 + b_n a_2^* c_2 + \cdots + b_n a_n^* c_n
\end{pmatrix}
$$

$$
=
\begin{pmatrix} b_1 \\ b_2 \\ \vdots \\ b_n \end{pmatrix}
\left(a_1^* c_1 + a_2^* c_2 + \dots + a_n^* c_n \right)
$$

$$= \begin{pmatrix} b_1 \\ b_2 \\ \vdots \\ b_n \end{pmatrix} \left(\begin{pmatrix} a_1^* & a_2^* & \dots & a_n^* \end{pmatrix} \begin{pmatrix} c_1 \\ c_2 \\ \vdots \\ c_n \end{pmatrix} \right). \tag{8.40}$$

つまり最終的な結果は確かに $|\beta\rangle \cdot (\langle\alpha|\gamma\rangle)$ に対応していることがわかる.

結合の公理の別の重要な例として,

$$(\langle\beta|) \cdot (\hat{X}|\alpha\rangle) = (\langle\beta|\hat{X}) \cdot (|\alpha\rangle) \tag{8.41}$$

に注目する. 両辺は等しいのでもっと簡潔に

$$\langle\beta|\hat{X}|\alpha\rangle \tag{8.42}$$

と表してもよい. ここで $\langle\alpha|\hat{X}^\dagger$ が $\hat{X}|\alpha\rangle$ と対になるブラであることを思い出すと,

$$\langle\beta|\hat{X}|\alpha\rangle = \langle\beta| \cdot (\hat{X}|\alpha\rangle) = ((\langle\alpha|\hat{X}^\dagger) \cdot |\beta\rangle))^* = \langle\alpha|\hat{X}^\dagger|\beta\rangle^* \tag{8.43}$$

が導かれる. とくに演算子がエルミートであるときは,

$$\langle\beta|\hat{X}|\alpha\rangle = \langle\alpha|\hat{X}|\beta\rangle^* \tag{8.44}$$

となる.

線形代数学との対応⑧

$\langle\beta|\hat{X}|\alpha\rangle$ に対応する行列・ベクトルの計算をすると,

$$b_1^*(x_{11}a_1 + x_{12}a_2 + \cdots + x_{1n}a_n)$$
$$+ b_2^*(x_{21}a_1 + x_{22}a_2 + \cdots + x_{2n}a_n)$$
$$\vdots$$
$$+ b_n^*(x_{n1}a_1 + x_{n2}a_2 + \cdots + x_{nn}a_n). \tag{8.45}$$

一方, $\langle\alpha|\hat{X}^\dagger|\beta\rangle$ に対応する行列・ベクトルの計算をすると,

$$a_1^*(x_{11}^*b_1 + x_{21}^*b_2 + \cdots + x_{n1}^*b_n)$$
$$+ a_2^*(x_{12}^*b_1 + x_{22}^*b_2 + \cdots + x_{n2}^*b_n)$$
$$\vdots$$
$$+ a_n^*(x_{1n}^*b_1 + x_{2n}^*b_2 + \cdots + x_{nn}^*b_n). \tag{8.46}$$

8.2 | 演算子   113

両者は確かに複素共役の関係にあることがわかる.

例題8.2   (1) $(\hat{X} + \hat{Y})(c_1|\alpha\rangle + c_2|\beta\rangle)$ を計算せよ.

(2) $\hat{X} = |\alpha\rangle\langle\beta|$ のとき, $\hat{X}^\dagger = |\beta\rangle\langle\alpha|$ であることを示せ.

(3) $\hat{X}\hat{Y} = 1$ (1 は恒等演算子) のとき, ケット $\hat{Y}|\alpha\rangle$ とブラ $\langle\beta|\hat{X}$ の内積を求めよ.

(4) $[\hat{X}, \hat{Y}] = \hat{X}\hat{Y} - \hat{Y}\hat{X}$ を $\hat{X}$ と $\hat{Y}$ の交換関係とよぶ. 交換関係に関する次の恒等式を証明せよ.

(i) $[\hat{X}, \hat{X}] = 0$ (8.47)

(ii) $[\hat{X}, \hat{Y}] = -[\hat{Y}, \hat{X}]$ (8.48)

(iii) $[\hat{X}, c] = 0$ (c は単なる数)   (8.49)

(iv) $[\hat{X}, c\hat{Y}] = c[\hat{X}, \hat{Y}]$ (8.50)

(v) $[\hat{X} + \hat{Y}, \hat{Z}] = [\hat{X}, \hat{Z}] + [\hat{Y}, \hat{Z}]$ (8.51)

(vi) $[\hat{X}, \hat{Y}\hat{Z}] = [\hat{X}, \hat{Y}]\hat{Z} + \hat{Y}[\hat{X}, \hat{Z}]$ (8.52)

(vii) $[\hat{X}\hat{Y}, \hat{Z}] = \hat{X}[\hat{Y}, \hat{Z}] + [\hat{X}, \hat{Z}]\hat{Y}$ (8.53)

解   (1) $(\hat{X} + \hat{Y})(c_1|\alpha\rangle + c_2|\beta\rangle) = c_1\hat{X}|\alpha\rangle + c_2\hat{X}|\beta\rangle + c_1\hat{Y}|\alpha\rangle + c_2\hat{Y}|\beta\rangle$.

(2) $\hat{X}$ を任意のケット $|\gamma\rangle$ に作用させてできるケットは $\hat{X}|\gamma\rangle = |\alpha\rangle\langle\beta|\gamma\rangle$ である. これと対になるブラは $\langle\gamma|\hat{X}^\dagger = \langle\alpha|(\langle\beta|\gamma\rangle)^* = \langle\alpha|\langle\gamma|\beta\rangle = \langle\gamma|\beta\rangle\langle\alpha|$ である. 任意のケット $|\gamma\rangle$ についてこの等式が成り立つので $\hat{X}^\dagger = |\beta\rangle\langle\alpha|$ である.

(3) $(\langle\beta|\hat{X})(\hat{Y}|\alpha\rangle) = \langle\beta|(\hat{X}\hat{Y})|\alpha\rangle = \langle\beta|1|\alpha\rangle = \langle\beta|\alpha\rangle$.

(4) (i) $[\hat{X}, \hat{X}] = \hat{X}\hat{X} - \hat{X}\hat{X} = 0$.

(ii) $[\hat{X}, \hat{Y}] = \hat{X}\hat{Y} - \hat{Y}\hat{X} = -(\hat{Y}\hat{X} - \hat{X}\hat{Y}) = -[\hat{Y}, \hat{X}]$.

(iii) $[\hat{X}, c] = \hat{X}c - c\hat{X} = c\hat{X} - c\hat{X} = 0$.

(iv) $[\hat{X}, c\hat{Y}] = \hat{X}c\hat{Y} - c\hat{Y}\hat{X} = c(\hat{X}\hat{Y} - \hat{Y}\hat{X}) = c[\hat{X}, \hat{Y}]$.

(v) $[\hat{X} + \hat{Y}, \hat{Z}] = (\hat{X} + \hat{Y})\hat{Z} - \hat{Z}(\hat{X} + \hat{Y}) = \hat{X}\hat{Z} - \hat{Z}\hat{X} + \hat{Y}\hat{Z} - \hat{Z}\hat{Y} = [\hat{X}, \hat{Z}] + [\hat{Y}, \hat{Z}]$.

(vi) $[\hat{X}, \hat{Y}\hat{Z}] = \hat{X}\hat{Y}\hat{Z} - \hat{Y}\hat{Z}\hat{X} = \hat{X}\hat{Y}\hat{Z} - \hat{Y}\hat{X}\hat{Z} + \hat{Y}\hat{X}\hat{Z} - \hat{Y}\hat{Z}\hat{X} = (\hat{X}\hat{Y} - \hat{Y}\hat{X})\hat{Z} + \hat{Y}(\hat{X}\hat{Z} - \hat{Z}\hat{X}) = [\hat{X}, \hat{Y}]\hat{Z} + \hat{Y}[\hat{X}, \hat{Z}]$.

(vii) $[\hat{X}\hat{Y}, \hat{Z}] = \hat{X}\hat{Y}\hat{Z} - \hat{Z}\hat{X}\hat{Y} = \hat{X}\hat{Y}\hat{Z} - \hat{X}\hat{Z}\hat{Y} + \hat{X}\hat{Z}\hat{Y} - \hat{Z}\hat{X}\hat{Y} = \hat{X}[\hat{Y}, \hat{Z}] +$

$$[\hat{X}, \hat{Z}]\hat{Y}.$$

□

問 8.1 エルミート演算子 $\hat{A}$ について,$\langle\alpha|\hat{A}|\alpha\rangle$ は実数であることを示せ.$|\alpha\rangle$ は任意のケットを表す.この事実は,エルミート演算子で表される観測可能量の期待値は必ず実数であることを述べている(第 9 章参照).

問 8.2 $|a\rangle\langle a|$ の形をした演算子は**射影演算子**とよばれる.この演算子を任意のケット $|\alpha\rangle$ に作用させることにより,射影演算子の意味を考えよ.

問 8.3 指数関数 $\exp(x)$ が $\exp(x) = 1 + x + \frac{1}{2!}x^2 + \cdots + \frac{1}{n!}x^n + \cdots$ であるのと同様に,ある演算子 $\hat{X}$ について $\exp(\hat{X})$ は,

$$\exp(\hat{X}) = 1 + \hat{X} + \frac{1}{2!}\hat{X}^2 + \cdots + \frac{1}{n!}\hat{X}^n + \cdots \tag{8.54}$$

と理解すればよい.この形をした演算子は量子力学において頻出する.$[\hat{X}, \hat{Y}] = 0$ が成り立つときに限り,$\exp(\hat{X} + \hat{Y}) = \exp(\hat{X})\exp(\hat{Y})$ であることを示せ.

COLUMN | ブラ・ケットで色を表現?

本コラムでは,ブラ・ケットの使い方になじむため,色をケットで表すお遊びをしてみよう.あくまで「お遊び」であり色の厳密な理論ではないのでご注意を.

色の状態をケットで表すことにしよう.色は 3 原色 RGB(赤緑青)を足し合わせることによって作ることができる.ここでは,三原色を表すケット $|R\rangle, |G\rangle, |B\rangle$ を導入する.このケットは規格化されているとする.

$$\langle R|R\rangle = \langle G|G\rangle = \langle B|B\rangle = 1.$$

また $|R\rangle, |G\rangle, |B\rangle$ それぞれには他の三原色が含まれていないとする.これは次のように直交性を持つことにすればよい.

$$\langle R|G\rangle = \langle G|B\rangle = \langle B|R\rangle = 0.$$

なお三原色に対応する光の波長を $\lambda_R, \lambda_G, \lambda_B$ とすると, $\lambda_R = 700\,\text{nm}$, $\lambda_G = 546\,\text{nm}$, $\lambda_B = 436\,\text{nm}$ となる.

続いて, 一般的な色 α を次のように $|R\rangle, |G\rangle, |B\rangle$ の線形結合で表すことにする.

$$|\alpha\rangle = c_R|R\rangle + c_G|G\rangle + c_B|B\rangle$$

c_R, c_G, c_B は, R, G, B が色 α に含まれている割合を表す. 色を決めるにはこの割合が重要で, 全体の定数倍は同じ色を表すとする. 割合にするために次のように規格化しておこう.

$$\langle\alpha|\alpha\rangle = ((\langle R|c_R^* + \langle G|c_G^* + \langle B|c_B^*)(c_R|R\rangle + c_G|G\rangle + c_B|B\rangle))$$
$$= |c_R|^2 + |c_G|^2 + |c_B|^2 = 1.$$

最後のところで三原色のケットの規格直交性を使った.

ある色 α に三原色がどれだけ含まれているかは次の内積を計算すればよい. たとえば R (赤) のときは

$$\langle R|\alpha\rangle = c_R$$

である.

さてここでいくつか演算子を考えてみよう. 色 α から三原色の成分を抜き出すフィルターのような演算子は次のように定義できる. R (赤) を例とすると,

$$\Lambda_R = |R\rangle\langle R|$$

がその演算子であり, $|\alpha\rangle$ に作用させると, たしかに

$$\Lambda_R|\alpha\rangle = |R\rangle\langle R|\alpha\rangle = c_R|R\rangle$$

となる.

さらに次のような「色演算子」 $\hat{色}$ を考えてみよう. つまり三原色のケットに作用するとその色に対応する光の波長を出す演算子である.

$$\hat{色}|R\rangle = \lambda_R|R\rangle, \quad \hat{色}|G\rangle = \lambda_G|G\rangle, \quad \hat{色}|B\rangle = \lambda_B|B\rangle$$

この形をした方程式は, 第9章で学ぶように固有値方程式とよばれる. この色演算子は次のように作ることができる.

$$\hat{色} = |R\rangle\langle R| + |G\rangle\langle G| + |B\rangle\langle B|$$

さらにこれに第9章で学ぶ量子力学の観測のルールを適用すると $\cdots$, ということまで進もうとすると無理が出てくるので, お遊びはここまでにしておこう.

第9章
量子力学の骨組み（2）
——固有値・固有ケットと測定

　この章では，前章に引き続き量子力学の理論体系の数学的整備を行った後，量子力学の理論と実験の観測結果を対応させる一般的なボルンの確率解釈を学ぶ．

9.1　固有値，固有ケット

　ある演算子 $\hat{A}$ について考える．一般に $\hat{A}|\alpha\rangle$ は $|\alpha\rangle$ の定数倍ではない．しかし演算子 $\hat{A}$ の**固有ケット**と呼ばれるある特別なケット

$$|a'\rangle, |a''\rangle, |a'''\rangle, \cdots \tag{9.1}$$

に対しては，$\hat{A}$ をかけると次のように元の定数倍となる：

$$\hat{A}|a'\rangle = a'|a'\rangle, \quad \hat{A}|a''\rangle = a''|a''\rangle, \quad \hat{A}|a'''\rangle = a'''|a'''\rangle, \qquad \cdots . \tag{9.2}$$

ここで $a', a'', \cdots$ は単なる数であり，**固有値**と呼ばれる．固有ケットに対応する物理的状態を**固有状態**と呼ぶ．粒子の全エネルギーの演算子であるハミルトニアンの固有値や固有波動関数に関して時間に依存しないシュレーディンガー方程式のところ（4.2 節）で触れたことを思い出そう．

　今，演算子 $\hat{A}$ がエルミート演算子であるとすると，その固有値と固有ケットについて次の定理が成り立つ．

> **定理**　エルミート演算子 $\hat{A}$ の固有値は実数である．また，異なる固有値に属する $\hat{A}$ の固有ケットは，互いに直交する．

証明　まず $\hat{A}$ をある固有ケット $|a'\rangle$ に作用させると

$$\hat{A}|a'\rangle = a'|a'\rangle. \tag{9.3}$$

また，$\hat{A}$ はエルミートなので，同じ固有ケット $|a'\rangle$ の対のブラに対して，

$$\langle a'|\hat{A}^{\dagger} = \langle a'|\hat{A} = a'^{*}\langle a'| \tag{9.4}$$

が成り立つ．(9.3) の両辺に左から $\langle a'|$ をかけ，(9.4) の両辺に右から $|a'\rangle$ をかけて，差をとると，

$$(a' - a'^{*})\langle a'|a'\rangle = 0 \tag{9.5}$$

が得られる．$|a'\rangle$ がゼロケットの場合は考えていないので

$$a' = a'^{*} \tag{9.6}$$

でなくてはならない．したがってすべての固有値 a' は実数であり，この定理の前半は証明された．

今度は a' と異なる固有値 a'' に属する固有ケット $|a''\rangle$ の対のブラに対して，

$$\langle a''|\hat{A} = a''\langle a''| \tag{9.7}$$

が成り立つことに着目する（a'' が実数であることはすでに証明された）．(9.3) の両辺に左から $\langle a''|$ をかけ，(9.7) の両辺に右から $|a'\rangle$ をかけて差をとると，

$$(a' - a'')\langle a''|a'\rangle = 0 \tag{9.8}$$

が得られる．$a' - a'' \neq 0$ なので $\langle a''|a'\rangle = 0$ でなくてはならない．つまり定理の後半が証明された． □

エルミート演算子は量子力学において重要な役割を持つ．量子力学において，粒子の位置，運動量，エネルギーといった物理量（**オブザーバブル**，**観測可能量**，などとよばれる）は，今考えているベクトル空間上の演算子によって表される．観測可能量を測定したときに得られる値はその量の演算子の固有値である，ということが次節の測定の議論でわかる．測定値は実数なので，観測可能量の演算子はエルミートである必要がある．

固有ケットは通常規格化して，

$$\langle a''|a'\rangle = \delta_{a''a'} \quad （クロネッカーのデルタ，46 ページ参照） \tag{9.9}$$

となるようにしておく．つまり固有ケットは**規格直交系**（用語については後述）

をなす．さらに，今考えている複素ベクトル空間の任意のケット $|\alpha\rangle$ は，この固有ケットの線形結合

$$|\alpha\rangle = \sum_{a'} c_{a'}|a'\rangle \tag{9.10}$$

で表すことができる．つまり固有ケットの集合は**完全系**になっている（これら規格直交系や完全系という言葉自体になじみがない場合は，言葉自体よりはその指している内容をよく理解しておけばよい）．これは唐突に感じるかもしれないが，逆に言うと，固有ケットによって張られる空間が今考えている複素ベクトル空間なのである（別の演算子を考えれば別の固有ケットで同じ空間が張られる）．イメージとしては，3 次元実空間の任意のベクトルが，基底ベクトル e_x, e_y, e_z の線形結合で表されたことと同じである．(9.10) において $|a'\rangle$ は基底ケットとして用いられていて，その係数がベクトルの成分に対応する．行列の相異なる固有値に対応する固有ベクトルは一次独立である，という，線形代数学で学習する事実も理解の助けになるだろう．

ここで，これまでに我々が知っている例を考えてみる．無限に深い井戸型ポテンシャルの問題で時間に依存しないシュレーディンガー方程式を解いたが，それは全エネルギーの演算子であるハミルトニアンの固有値方程式であることをそのとき指摘しておいた．全エネルギーは観測可能量なのでハミルトニアンはエルミート演算子であり，その固有値，すなわちエネルギー固有値は確かに実数であった．そして，固有関数も確かに直交しているということが波動関数の内積を計算するとわかるが，それはもうしばらくして波動関数の内積がどのようなものか述べてから取り組んでみよう．さらに，粒子の任意の状態はエネルギー固有関数の線形結合で表されるのである．

さて，(9.10) に左側からある固有ブラ $\langle a''|$ をかけると，規格直交性を用いて，

$$c_{a''} = \langle a''|\alpha\rangle \tag{9.11}$$

であることがわかる．つまり，

$$|\alpha\rangle = \sum_{a'} |a'\rangle\langle a'|\alpha\rangle \tag{9.12}$$

である（導出の詳細は次の例題を参照）．この式を眺めると，$|\alpha\rangle$ は任意のケットなので，

$$\sum_{a'} |a'\rangle\langle a'| = 1 \tag{9.13}$$

が成り立たなくてはいけないことがわかる．ここで右辺の 1 は恒等演算子である．この極めて有用な関係式は**完備関係式**あるいは**クロージャー**と呼ばれる．

固有値と固有ケットに関する次の例題を解いてその計算の仕方に慣れよう．

> **例題9.1** ある物理量 A に対応する演算子 $\hat{A}$ を考える．$\hat{A}$ の固有ケットが $|a_n\rangle$ でありその固有値が a_n であるとする．ここで n は任意の自然数である．
>
> (1) $\hat{A}$ と $|a_n\rangle$ についての固有値方程式を記せ．
>
> (2) ケット $|\alpha\rangle$ が複素数 c_n を用いて $|\alpha\rangle = \sum_n c_n|a_n\rangle$ と表されるとする．一般に $|\alpha\rangle$ は $\hat{A}$ の固有ケットではないことを示せ．また $|\alpha\rangle$ が $\hat{A}$ の固有ケットである条件を示せ．
>
> (3) c_n を $|a_n\rangle, |\alpha\rangle$ およびそれらに対応するブラを用いて表せ．
>
> (4) $\langle\alpha|\hat{A}|\alpha\rangle$ を計算せよ．

> **解** (1) $\hat{A}|a_n\rangle = a_n|a_n\rangle$．
>
> (2) $\hat{A}$ を $|\alpha\rangle$ に作用させると，$\hat{A}|\alpha\rangle = \hat{A}(\sum_n c_n|\alpha_n\rangle) = \sum_n c_n(\hat{A}|a_n\rangle) = \sum_n c_n a_n|a_n\rangle$ となる．これは一般には $\hat{A}|\alpha\rangle = (数値) \times |\alpha\rangle$ の形をしていないので，$|\alpha\rangle$ は $\hat{A}$ の固有ケットではない．固有ケットであるためには，$c_n \neq 0$ の n について a_n がすべて等しい必要がある．その a_n を $a_n = \alpha$ とおくと，$\hat{A}|\alpha\rangle = \alpha|\alpha\rangle$ である．つまり，固有値の等しい固有ケットの線形結合によって新しくできるケットも同じ固有値を持つ固有ケットである．
>
> (3) $|\alpha\rangle = \sum_n c_n|a_n\rangle$ に左から $\langle a_m|$ をかけると，規格直交関係 $\langle a_m|a_n\rangle = \delta_{mn}$ を用いて，

$$\langle a_m|\alpha\rangle = \langle a_m|\left(\sum_n c_n|a_n\rangle\right) = \sum_n c_n\langle a_m|a_n\rangle = \sum_n c_n\delta_{mn} = c_m. \tag{9.14}$$

> よって $c_n = \langle a_n|\alpha\rangle$ である．これを用いて改めて $|\alpha\rangle$ を書くと，

$$|\alpha\rangle = \sum_n c_n|a_n\rangle = \sum_n \langle a_n|\alpha\rangle|a_n\rangle = \sum_n |a_n\rangle\langle a_n|\alpha\rangle \tag{9.15}$$

> と表せる．
>
> (4) $\langle\alpha| = \sum_n c_n^*\langle a_n|$ なので，

$$\langle \alpha | \hat{A} | \alpha \rangle = \left(\sum_m c_m^* \langle a_m | \right) \hat{A} \left(\sum_n c_n | \alpha_n \rangle \right) = \left(\sum_m c_m^* \langle a_m | \right) \left(\sum_n c_n a_n | \alpha_n \rangle \right)$$
$$= \sum_m \sum_n c_m^* c_n a_n \delta_{mn} = \sum_n a_n |c_n|^2 \tag{9.16}$$

である. □

さらに，ここまで進めてきたブラ，ケット，演算子の数学と第3章の例題で示した交換関係 $[\hat{x}, \hat{p}] = i\hbar$ を使うだけで，調和振動子のエネルギー固有値を求めることができることを次の例題で示そう．その解答の過程でこの手法の強力さを感じてもらうとよい．

例題9.2 第6章で取り扱った調和振動子型ポテンシャルの場合のエネルギー固有値を次の手順で求めよ．なおこの系のハミルトニアン $\hat{H}$ は

$$\hat{H} = \frac{\hat{p}^2}{2m} + \frac{1}{2} m\omega^2 \hat{x}^2 \tag{9.17}$$

である.

(1) 天下り的ではあるが

$$\hat{b} = \sqrt{\frac{m\omega}{2\hbar}} \left(\hat{x} + \frac{i}{m\omega} \hat{p} \right) \tag{9.18}$$

で定義される演算子 $\hat{b}$ を考える．$\hat{x}, \hat{p}$ がエルミート演算子であることに注意して，$\hat{b}$ のエルミート共役 $\hat{b}^\dagger$ を求めよ．なおこの演算子 $\hat{b}, \hat{b}^\dagger$ はそれぞれ**消滅演算子**，**生成演算子**とよばれる.

(2) 演算子 $\hat{b}, \hat{b}^\dagger$ に関する次の交換関係を計算せよ：$[\hat{b}, \hat{b}^\dagger], [\hat{b}^\dagger \hat{b}, \hat{b}], [\hat{b}^\dagger \hat{b}, \hat{b}^\dagger]$.

(3) 新しい演算子 $\hat{N} = \hat{b}^\dagger \hat{b}$ を定義する．$\hat{N}$ がエルミートであることを示せ．

(4) $\hat{N}$ の規格化されている固有ケットを $|n\rangle$，それに対応する固有値を n とおく．つまり $\hat{N}|n\rangle = n|n\rangle$．$\hat{N}$ はエルミートなので n は実数である．このとき，$\hat{N}\hat{b}|n\rangle = (n-1)\hat{b}|n\rangle, \hat{N}\hat{b}^\dagger|n\rangle = (n+1)\hat{b}^\dagger|n\rangle$ を示せ．(2) の結果を用いるとよい．

(5) (4) の結果から $\hat{b}|n\rangle, \hat{b}^\dagger|n\rangle$ はそれぞれ固有値が $(n-1), (n+1)$ である $\hat{N}$ の固有ケットであることがわかる（規格化されたケットとは限らない）．したがって定数 c, d を使って，$\hat{b}|n\rangle = c|n-1\rangle, \hat{b}^\dagger|n\rangle = d|n+1\rangle$ と書ける．これが $\hat{b}|n\rangle, \hat{b}^\dagger|n\rangle$ がそれぞれ消滅演算子，生成演算子とよばれる理由である．内積 $(\langle n-1|c^*) \cdot (c|n-1\rangle)$ が内積の定義よりゼロ以上であることを利用して，$n \geqq 0$ を示せ．

(6) c, d を求めよ.

(7) $|n\rangle$ に $\hat{b}$ を作用させると固有値が 1 だけ減った固有ケットが得られる. これを繰り返すと, $0 \leqq n < 1$ を満たす n を固有値として持つ固有ケットが得られる. しかしこの状態に再度 $\hat{b}$ を作用させると, n が負の固有値を持った固有ケットが得られ, これは (5) の結果と矛盾する. この矛盾を避けるためには n が 0 以上の整数でなくてはいけないことを示せ.

(8) 最後に

$$\hat{H} = \hbar\omega \left(\hat{N} + \frac{1}{2} \right) \tag{9.19}$$

であることを示せ. したがって $\hat{H}$ の固有値は $\hbar\omega \left(n + \dfrac{1}{2} \right)$ $(n = 0, 1, 2, \cdots)$ である.

解　　(1) 109 ページで述べたとおり,

$$\hat{b}^{\dagger} = \sqrt{\frac{m\omega}{2\hbar}} \left(\hat{x}^{\dagger} - \frac{i}{m\omega} \hat{p}^{\dagger} \right) = \sqrt{\frac{m\omega}{2\hbar}} \left(\hat{x} - \frac{i}{m\omega} \hat{p} \right). \tag{9.20}$$

(2) 例題 8.2 で示した交換関係についての恒等式を適宜利用する. また $[\hat{x}, \hat{p}] = i\hbar$ も用いる.

$$[\hat{b}, \hat{b}^{\dagger}] = \frac{m\omega}{2\hbar} \left[\hat{x} + \frac{i}{m\omega} \hat{p}, \hat{x} - \frac{i}{m\omega} \hat{p} \right] = \frac{m\omega}{2\hbar} \left(\frac{-i}{m\omega} [\hat{x}, \hat{p}] + \frac{i}{m\omega} [\hat{p}, \hat{x}] \right)$$
$$= \frac{1}{2\hbar} (\hbar + \hbar) = 1. \tag{9.21}$$

$$[\hat{b}^{\dagger}\hat{b}, \hat{b}] = \hat{b}^{\dagger}[\hat{b}, \hat{b}] + [\hat{b}^{\dagger}, \hat{b}]\hat{b} = \hat{b}^{\dagger} \cdot 0 + (-1) \cdot \hat{b} = -\hat{b}. \tag{9.22}$$

$$[\hat{b}^{\dagger}\hat{b}, \hat{b}^{\dagger}] = \hat{b}^{\dagger}[\hat{b}, \hat{b}^{\dagger}] + [\hat{b}^{\dagger}, \hat{b}^{\dagger}]\hat{b} = \hat{b}^{\dagger} \cdot 1 + 0 \cdot \hat{b} = \hat{b}^{\dagger}. \tag{9.23}$$

(3) $\hat{N}$ のエルミート共役を計算すると, (8.36) を利用して, $\hat{N}^{\dagger} = (\hat{b}^{\dagger}\hat{b})^{\dagger} = \hat{b}^{\dagger}(\hat{b}^{\dagger})^{\dagger} = \hat{b}^{\dagger}\hat{b} = \hat{N}$ となる. エルミート共役がもとの演算子と等しいので $\hat{N}$ はエルミートである.

(4) (2) で示した交換関係を利用して,

$$\hat{N}\hat{b}|n\rangle = ([\hat{N}, \hat{b}] + \hat{b}\hat{N})|n\rangle = (-\hat{b} + \hat{b}\hat{N})|n\rangle = \hat{b}(\hat{N} - 1)|n\rangle = (n - 1)\hat{b}|n\rangle. \tag{9.24}$$

$$\hat{N}\hat{b}^{\dagger}|n\rangle = ([\hat{N}, \hat{b}^{\dagger}] + \hat{b}^{\dagger}\hat{N})|n\rangle = (\hat{b}^{\dagger} + \hat{b}^{\dagger}\hat{N})|n\rangle = \hat{b}^{\dagger}(\hat{N} + 1)|n\rangle = (n + 1)\hat{b}^{\dagger}|n\rangle. \tag{9.25}$$

(5) $(\langle n - 1|c^{*}) \cdot (c|n - 1\rangle) = (\langle n|\hat{b}^{\dagger}) \cdot (\hat{b}|n\rangle) = \langle n|\hat{b}^{\dagger}\hat{b}|n\rangle = \langle n|\hat{N}|n\rangle = \langle n|n|n\rangle =$

$n \geqq 0$.

(6) (5) より $(\langle n-1|c^*) \cdot (c|n-1\rangle) = |c|^2 = n$ なので，c を正の実数ととると $c = \sqrt{n}$ である．つまり，

$$\hat{b}|n\rangle = \sqrt{n}|n-1\rangle \tag{9.26}$$

同様に，$(\langle n|\hat{b}) \cdot (\hat{b}^{\dagger}|n\rangle) = (\langle n+1|d^*) \cdot (d|n+1\rangle) = |d|^2$ なので左辺を評価する．$[\hat{b}, \hat{b}^{\dagger}] = 1$ を使って，$\hat{b}\hat{b}^{\dagger} - \hat{b}^{\dagger}\hat{b} = \hat{b}\hat{b}^{\dagger} - \hat{N} = 1$ より，$\hat{b}\hat{b}^{\dagger} = \hat{N} + 1$ である．よって，$(\langle n|\hat{b}) \cdot (\hat{b}^{\dagger}|n\rangle) = \langle n|(\hat{N}+1)|n\rangle = (n+1)$ となるので，d を正の実数にとると，$d = \sqrt{n+1}$ である．つまり，

$$\hat{b}^{\dagger}|n\rangle = \sqrt{n+1}|n+1\rangle \tag{9.27}$$

である．

(7) n が 0 以上の整数とすると，$|n\rangle$ に $\hat{b}$ を作用させ続けると $n=0$ を固有値とする $\hat{N}$ の固有ケット $|0\rangle$ が得られる．$|0\rangle$ にさらに $\hat{b}$ を作用させると，(6) より

$$\hat{b}|0\rangle = \sqrt{0}|-1\rangle = 0 \tag{9.28}$$

となり，n が負の固有ケットは得られない．よって n が 0 以上の整数であれば n が負になることはなく矛盾は生じない．

(8) $[\hat{x}, \hat{p}] = i\hbar$ に注意して式変形すると

$$\begin{aligned}
\hat{H} &= \frac{\hat{p}^2}{2m} + \frac{1}{2}m\omega^2 \hat{x}^2 \\
&= \hbar\omega \left(\left(\sqrt{\frac{m\omega}{2\hbar}} \left(\hat{x} - \frac{i}{m\omega}\hat{p} \right) \right) \left(\sqrt{\frac{m\omega}{2\hbar}} \left(\hat{x} + \frac{i}{m\omega}\hat{p} \right) \right) + \frac{1}{2} \right) \\
&= \hbar\omega \left(\hat{b}^{\dagger}\hat{b} + \frac{1}{2} \right) = \hbar\omega \left(\hat{N} + \frac{1}{2} \right).
\end{aligned} \tag{9.29}$$

(7) で $\hat{N}$ の固有値は $n = 0, 1, 2, \cdots$ と分かっているので $\hat{H}$ の固有値は $\hbar\omega \left(n + \frac{1}{2} \right)$ である．これは第 6 章で導いた結果と一致している．　□

9.2　測定

ここまででケット，ブラ，演算子の数学の準備が終わったので，いよいよこれを量子力学に適用することに取りかかる．それには，**測定**あるいは**観測**に関して，

量子力学の基本的な仮定（しかし直観的に不思議で受け入れがたいかもしれない）を設定する必要がある.

それを考えるために，われわれが既に知っている無限に深い井戸型ポテンシャルに閉じ込められた粒子のエネルギーを測定する問題を考えよう. 実験的な実現は容易ではないが，思考実験として粒子のエネルギーを測定し表示してくれる測定装置を考えてみよう. この装置は，たとえばエネルギー固有値が E_1 の固有ケット $|1\rangle$ で表される定常状態に粒子があるときは，測定を行うとエネルギーの値 E_1 をディスプレイに表示し，粒子の状態は $|1\rangle$ に保ったままにする. 同様に状態が $|2\rangle$ の時は E_2 という値を表示し，粒子の状態は $|2\rangle$ のままである. それでは，粒子の状態が

$$|\alpha\rangle = c_1|1\rangle + c_2|2\rangle \tag{9.30}$$

で表されるとき[1]，同様の測定を行ったらどうなるであろうか. ここで次の重要な 2 つの仮定が登場する. これは実験結果を矛盾無く説明できる量子力学の基本的な仮定で，数学的に証明する類いのものではない.

ボルンの確率解釈

状態 $|\alpha\rangle$ について観測可能量 A の誤差が無視できる測定を行ったとき，測定値は演算子 $\hat{A}$ の固有値のいずれかに限られる（測定値は実数であるべきなので，観測可能量の演算子がエルミートである必要があることがここでわかる）. 同じ状態 $|\alpha\rangle$ に対して測定しても測定のたびに測定値は一般的にはばらつく. 予言できるのは固有値 a' を得る確率で，その固有値の固有ケット $|a'\rangle$ に対応するブラ $\langle a'|$ と $|\alpha\rangle$ の内積の絶対値の 2 乗，すなわち $|\langle a'|\alpha\rangle|^2$ になる.

射影仮説

上記の測定をして測定値 a' を得た直後，系の状態はその固有値の固有ケット $|a'\rangle$ になる.

この仮説の意味をもう少し考えてみよう. 観測可能量 A の測定値は演算子 $\hat{A}$

1] $|\alpha\rangle$ が規格化されているためには $|c_1|^2 + |c_2|^2 = 1$ でなくてはならない. たとえば $c_1 = c_2 = 1/\sqrt{2}$.

の固有値のいずれかに限られる，ということは，観測可能量 A の演算子とは観測される値を固有値として持つ演算子である，ということもできる．また，固有値 a' が得られる確率は，$|\alpha\rangle$ の中に固有値 a' の固有ケット $|a'\rangle$ がどれだけ含まれているか，つまり内積 $\langle a'|\alpha\rangle$（の 2 乗）で決まる．そして測定後の状態はその固有ケットになる．

この 2 つの仮定に基づき，上記の思考実験の測定結果を考える．エネルギーの測定を行うと，表示される値は E_1 あるいは E_2 のどちらかであり，その中間の値が表示されたりはしない．それぞれの値が表示される確率は $|\langle n|\alpha\rangle|^2 = |c_n|^2$（$n = 1, 2$）である．$n$ が 1,2 以外の E_n を得る確率は $|\langle n|\alpha\rangle|^2 = 0$ である．$|\alpha\rangle$ は規格化されているとすると，$|c_1|^2 + |c_2|^2 = 1$ なので，どちらかの値を得る確率は 1 となって確かに矛盾はない．それぞれの測定値を得た直後の粒子の状態はぞれぞれ $|n\rangle$（$n = 1, 2$）となっている．なお，このような性質をもつ測定は特に**理想測定**と呼ばれる．一般的な測定の理論は最先端の研究テーマであるが，初歩の量子力学の範囲外であり本書では扱わない．

この仮定を認めると，一般的に，状態が $|\alpha\rangle$ のときの A の期待値は，

$$\langle A \rangle = \langle \alpha | \hat{A} | \alpha \rangle \tag{9.31}$$

と表される．なぜなら，

$$\langle A \rangle = \sum_{a'} \langle \alpha | \hat{A} | a' \rangle \langle a' | \alpha \rangle = \sum_{a'} a' \langle \alpha | a' \rangle \langle a' | \alpha \rangle$$
$$= \sum_{a'} a' |\langle a' | \alpha \rangle|^2 \tag{9.32}$$

であり（完備関係式 $\sum_{a'} |a'\rangle\langle a'| = 1$ を適当な位置にはさみ，$\hat{A}|a'\rangle = a'|a'\rangle$ や $\langle \alpha|a'\rangle = \langle a'|\alpha\rangle^*$ を使って導いている），期待値の定義である各測定値とそれが得られる確率の積を足しあわせたものに確かになっている．

なお，これまでは測定に関しては，第 2 章で粒子の位置の測定とそれに関するボルンの確率解釈を学んでいた．上記のボルンの確率解釈はより一般的なものである．位置に関する測定については次章で学ぶ．

本章の最後に，無限に深い井戸型ポテンシャル中の粒子のエネルギーの測定についての例題を解いて，本章で学んだことの理解をさらに深めよう．

例題9.3 無限に深い井戸型ポテンシャル中の粒子がどのような状態をとっているか,今わからない.同じ状態の粒子を多数用意して1つずつそのエネルギーを測定することにより,粒子の状態を推測する.

(1) 観測される可能性のあるエネルギー値を答えよ.

(2) 多数の測定の結果,エネルギー E_1 が割合 1/5,エネルギー E_2 が割合 2/5,エネルギー E_3 を割合 2/5 で得た.エネルギー E_n に対応するエネルギー固有ケットを $|n\rangle$ とするとき,測定前の粒子の状態 $|\alpha\rangle$ を求めよ.

解 (1) エネルギーの演算子であるハミルトニアンの固有値が観測される可能性がある.ハミルトニアンの固有値は無限に深い井戸型ポテンシャルの場合の時間に依存しないシュレーディンガー方程式を解いて得られるエネルギー固有値なので,(5.12) の E_n $(n = 1, 2, 3, \cdots)$ が観測される可能性のあるエネルギー値である.

(2) ボルンの確率解釈より,$|\langle 1|\alpha\rangle|^2 = 1/5, |\langle 2|\alpha\rangle|^2 = 2/5, |\langle 3|\alpha\rangle|^2 = 2/5$.よって

$$|\alpha\rangle = \sqrt{\frac{1}{5}} \exp(i\delta_1)|1\rangle + \sqrt{\frac{2}{5}} \exp(i\delta_2)|2\rangle + \sqrt{\frac{2}{5}} \exp(i\delta_3)|3\rangle \tag{9.33}$$

と書ける.未知の実数が $\delta_1, \delta_2, \delta_3$ の3つあるが,ケットは全体に係る係数が異なっても同じ状態を表すので,最初の係数を正の実数にとり,

$$|\alpha\rangle = \sqrt{\frac{1}{5}}|1\rangle + \sqrt{\frac{2}{5}} \exp(i\delta_2')|2\rangle + \sqrt{\frac{2}{5}} \exp(i\delta_3')|3\rangle, \tag{9.34}$$

としてよい.実数 $\delta_2' = \delta_2 - \delta_1, \delta_3' = \delta_3 - \delta_1$ はこの測定からは決められない. □

演習問題

問9.1 電子は「スピン」とよばれる固有の角運動量を持っている(スピンは第13章で正式に導入する).スピン角運動量の z 成分の演算子を $\hat{S}_z$ とすると,$\hat{S}_z$ は2つの固有値 $\hbar/2, -\hbar/2$ を持つことが知られている.それぞれの固有値に対応する固有ケットを $|+\rangle, |-\rangle$ とする.

126 第 9 章 | **量子力学の骨組み（2）——固有値・固有ケットと測定**

(1) $\hat{S}_z$ に関する固有値方程式を書け.

(2) $\hat{S}_z = \dfrac{\hbar}{2}|+\rangle\langle+| - \dfrac{\hbar}{2}|-\rangle\langle-|$ と表せることを, $\hat{S}_z$ の両側に完備関係式 $|+\rangle\langle+| + |-\rangle\langle-| = 1$ をかけることによって示せ.

(3) 今, スピンの状態が $|\alpha\rangle = \dfrac{1}{2}|+\rangle + i\dfrac{\sqrt{3}}{2}|-\rangle$ であるとする. $|\alpha\rangle$ が規格化されていることを確かめよ.

(4) $|\alpha\rangle$ の状態に対して S_z を測定したとき, 得られる可能性のある値とその値が得られる確率を求めよ. 期待値 $\langle S_z \rangle$ を求めよ.

(5) 測定の結果 $\hbar/2$ を得た直後に再び S_z を測定したときに得られる結果は何か.

COLUMN | エネルギーの理想測定

　第 9 章で登場した測定に関する 2 つの仮定, すなわちボルンの確率解釈と射影仮説は量子力学の大前提ではあるが, 射影仮説についてはそれが教科書的に成り立つ実験をするのは実は結構難しい. なぜかというと, 量子状態の測定は往々にしてその状態を別の状態に変えてしまうためである.

　たとえば原子の中の電子のエネルギー（以下では原子のエネルギーと書く）を測定する実験を考えてみよう. エネルギーを何らかの方法で測定したとすると, 得られる可能性のある値は, ボルンの確率解釈より, 原子を記述するハミルトニアンの固有値のはずである. それではどのようにして原子のエネルギーを測定するか. 光を使って測定することを考えてみよう. たとえば, 原子に光を照射し原子がぎりぎりイオン化して電子を放出する光の波長を測定すれば, 測定される前の原子のエネルギーが, 原子がぎりぎりイオン化した状態のエネルギーを基準としてわかる. このエネルギーの測定値は, 原子のハミルトニアンの固有値が第 15 章で説明するようにとびとびであることを反映して, とびとびの値になる.

　しかし, 測定後の原子は電子が 1 個とれてイオン化してしまい, 測定されたエネルギーの固有状態ではない. したがってこのような測定は実験ではよく使われるのだが, 理想測定とはいえない.

　それでは原子のエネルギーを測定して状態を変えない理想測定はあるのだろう

か．原子の質量の測定が原理的にはそれに相当する．原子をあらかじめイオン化するなどして帯電させると，その原子を電磁力によって真空中で何日にも渡って捕獲しておくことができる．その運動のようす（具体的にいうと捕獲された原子の周期運動の周波数）から原子の質量を極めて精密に測定することができる．質量を測定するということは，相対性理論の有名な式 $E = mc^2$ が教えるように，原子のエネルギーを測定することである．たとえばもし原子のエネルギーが高い状態にあれば，質量は大きく観測される．この測定では質量の測定により原子の状態を破壊しないので，原子のエネルギーの理想測定になっているといえるだろう．

第10章

量子力学の骨組み（3）

——ケットと波動関数の対応

　本章では，前章で学んだ一般的なボルンの確率解釈を使い，第7章までに扱ってきた波動関数による記述とブラケットを用いた手法との対応を学ぶ．これにより第7章までの内容と第8章以降の内容がつながり，量子力学に関する理解がぐんと深まるであろう．

10.1　波動関数との対応

10.1.1　連続固有値

　これまでの議論では，演算子の固有値が離散的な値をとる（つまりそれに対応する観測可能量の測定値が離散的な値をとる）ということを仮定してきた．しかし，たとえば粒子の位置の測定値は連続な値を取りうる．つまり位置の演算子は連続固有値をとるはずである．この場合は形式的にはこれまでの議論を以下のように修正すればよい．

　$\hat{\xi}$ を連続固有値をもつ演算子とする．連続固有値を持つ場合も，固有値方程式としては

$$\hat{\xi}|\xi'\rangle = \xi'|\xi'\rangle \tag{10.1}$$

のように書ける．ただし，規格直交性と完備性についてはクロネッカーのデルタ記号はディラックのデルタ関数で置き換え，また固有値 a' に関する和は，連続変数 ξ' に関する積分で置き換える．

$$\langle a'|a''\rangle = \delta_{a'a''} \rightarrow \langle \xi'|\xi''\rangle = \delta(\xi' - \xi''), \qquad (規格直交性) \tag{10.2}$$

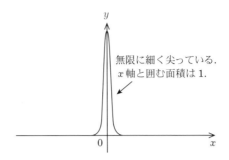

図 10.1　ディラックのデルタ関数 $y = \delta(x)$ のイメージ

$$\sum_{a'} |a'\rangle\langle a'| = 1 \to \int_{-\infty}^{\infty} d\xi' |\xi'\rangle\langle\xi'| = 1. \quad (\text{完備性}) \tag{10.3}$$

この 2 つの式に矛盾がないことは，完備性の式に右からケット $|\xi''\rangle$ をかけるとわかる．

デルタ関数

デルタ関数 $\delta(x)$ は，イメージ的には，$x \neq 0$ のとき 0，$x = 0$ のとき無限大となるような極めて鋭いパルス状の関数である（図 10.1）．式で定義すると

$$\int_{-\infty}^{\infty} f(x)\delta(x)dx = f(0), \tag{10.4}$$

特に $f(x) = 1$ とすると $\int_{-\infty}^{\infty} \delta(x)dx = 1 \tag{10.5}$

となる．ことばで表現すると，$x = 0$ を中心に無限に狭く無限に高いが積分すると面積は 1 であり，ある関数にかけて積分するとその関数の $x = 0$ の値を抜き出すような性質をもつ関数である．

デルタ関数の性質について，以下の例題で確認しておこう．

例題 10.1　デルタ関数の次の等式を証明せよ．また，値を計算せよ．

(1) $$\int_{-\infty}^{\infty} f(x)\delta(x-a)dx = f(a) \tag{10.6}$$

130　第 10 章 ｜ **量子力学の骨組み（3）——ケットと波動関数の対応**

(2)
$$\delta(ax) = \frac{1}{|a|}\delta(x) \quad \text{ただし } a \neq 0 \tag{10.7}$$

(3)
$$\int_{-\infty}^{\infty} f(x)\delta'(x-a)dx = -f'(a) \tag{10.8}$$

(4)
$$\int_{-1}^{1} f(x)\delta(x-2)dx, \qquad \int_{1}^{3} f(x)\delta(x-2)dx$$

(5)
$$\int_{-\infty}^{\infty} \exp(ikx)dk = 2\pi\delta(x) \tag{10.9}$$

とできることを，次のフーリエ変換の関係式を用いて示せ（フーリエ変換については後ほど補足する）．

$$\tilde{f}(k) = \frac{1}{\sqrt{2\pi}} \int_{-\infty}^{\infty} f(x)\exp(-ikx)dx, \tag{10.10}$$

$$f(x) = \frac{1}{\sqrt{2\pi}} \int_{-\infty}^{\infty} \tilde{f}(k)\exp(ikx)dk. \tag{10.11}$$

⎰ **解** ⎱ （1）$x - a = t$ とおいて t で積分する．積分範囲は $-\infty$ から ∞ で変わらず，(10.6) より

$$\int_{-\infty}^{\infty} f(x)\delta(x-a)dx = \int_{-\infty}^{\infty} f(t+a)\delta(t)dt = f(0+a) = f(a).$$

（2）$u = ax$ とおいて（10.7）の両辺を u で積分する．$du = adx$ であり，$a > 0$ のとき積分範囲は変わらず

$$\int_{-\infty}^{\infty} \delta(ax)dx = \int_{-\infty}^{\infty} \delta(u)\frac{1}{a}du = \int_{-\infty}^{\infty} \frac{1}{a}\delta(u)du = \int_{-\infty}^{\infty} \frac{1}{a}\delta(x)dx.$$

$a < 0$ のときは積分範囲が ∞ から $-\infty$ となるので

$$\int_{-\infty}^{\infty} \delta(ax)dx = \int_{\infty}^{-\infty} \frac{1}{a}\delta(x)dx = -\int_{-\infty}^{\infty} \frac{1}{a}\delta(x)dx$$

である．よってまとめると $\delta(ax) = \frac{1}{|a|}\delta(x)$ である．

なおこの結果より，$a = -1$ のときを考えると $\int_{-\infty}^{\infty} \delta(-x)dx = \int_{-\infty}^{\infty} \delta(x)dx$ であるので，デルタ関数は偶関数であることがわかる．

（3）（10.8）の左辺を部分積分する．

$$\int_{-\infty}^{\infty} f(x)\delta'(x-a)dx = [f(x)\delta(x-a)]_{-\infty}^{\infty} - \int_{-\infty}^{\infty} f'(x)\delta(x-a)dx = 0 - f'(a) = -f'(a)$$

（4）第 1 式は積分区間に $x = 2$ が含まれないので，

$$\int_{-1}^{1} f(x)\delta(x-2)dx = 0.$$

第 2 式は積分区間に $x = 2$ が含まれるので，

$$\int_{1}^{3} f(x)\delta(x-2)dx = f(2).$$

（5）（10.11）を（10.10）に代入する．ただし混乱を避けるため（10.11）の積分変数は k から k' に置き換える．

$$\tilde{f}(k) = \frac{1}{\sqrt{2\pi}} \int_{-\infty}^{\infty} f(x)\exp(-ikx)dx$$

$$= \frac{1}{2\pi} \int_{-\infty}^{\infty} \left(\int_{-\infty}^{\infty} \tilde{f}(k')\exp(ik'x)dk' \right) \exp(-ikx)dx$$

$$= \frac{1}{2\pi} \int_{-\infty}^{\infty} \tilde{f}(k') \left(\int_{-\infty}^{\infty} \exp(i(k'-k)x)dx \right) dk' \tag{10.12}$$

この式の最初と最後を見比べると，

$$\int_{-\infty}^{\infty} \exp(i(k'-k)x)dx = 2\pi\delta(k'-k)$$

と見なせることが（10.6）よりわかる．よって（10.9）は証明された． $\square$

10.1.2 波動関数

この節で，本書の前半で扱ってきた波動関数と本書の後半で学習し始めたブラ・ケットとの関係を，位置の観測を考えることにより明らかにしよう．

任意の状態 $|\alpha\rangle$ に対して位置の測定をすることを考える．測定をして位置 x_i に測定されたとしよう．前節の測定の仮定を離散固有値の場合と同じように単純に適用すると，その位置に測定される確率は $|\langle x_i|\alpha\rangle|^2$ で，測定直後の状態は $|x_i\rangle$ となる．ただし，x_i は連続変数なので，厳密にいうと実際にわかることは粒子が狭い領域 $\left(x_i - \dfrac{dx}{2}, x_i + \dfrac{dx}{2} \right)$ の間に測定されたということであり，測定後は粒子がその領域に存在する状態になっている，ということである．この状態を $|x_i(dx)\rangle$ と表すと，このケットは，位置演算子 $\hat{x}$ の連続固有値 x' に属する固有ケットであ

る $|x'\rangle$ を用いて

$$|x_i(dx)\rangle = \frac{1}{\sqrt{dx}} \int_{x_i-\frac{dx}{2}}^{x_i+\frac{dx}{2}} dx' |x'\rangle \simeq \frac{1}{\sqrt{dx}} |x_i\rangle \int_{x_i-\frac{dx}{2}}^{x_i+\frac{dx}{2}} dx' = |x_i\rangle \sqrt{dx} \qquad (10.13)$$

と見なすのが適当であろう．なお，積分区間が狭いのでその区間で $|x'\rangle$ は積分変数 x' によらない $|x_i\rangle$ とする近似を使っている．また積分の前の因子 $1/\sqrt{dx}$ は規格化因子で，このケットは次に示すように規格直交化されている．

$$\langle x_j(dx)|x_i(dx)\rangle = \frac{1}{dx} \left(\int_{x_j-\frac{dx}{2}}^{x_j+\frac{dx}{2}} dx'' \langle x''| \right) \left(\int_{x_i-\frac{dx}{2}}^{x_i+\frac{dx}{2}} dx' |x'\rangle \right) \qquad (10.14)$$

$$\simeq \frac{1}{dx} \left(\int_{x_j-\frac{dx}{2}}^{x_j+\frac{dx}{2}} dx'' \langle x''| \right) (|x_i\rangle dx)$$

$$= \int_{x_j-\frac{dx}{2}}^{x_j+\frac{dx}{2}} dx'' \delta(x'' - x_i) = \delta_{ji}. \qquad (10.15)$$

途中で積分の 1 つを（10.13）と同様に近似している．また完備関係式も満たしている．

$$\sum_i |x_i(dx)\rangle\langle x_i(dx)| = \sum_i \frac{1}{dx} \left(\int_{x_i-\frac{dx}{2}}^{x_i+\frac{dx}{2}} dx' |x'\rangle \right) \left(\int_{x_i-\frac{dx}{2}}^{x_i+\frac{dx}{2}} dx'' \langle x''| \right)$$

$$\simeq \sum_i \frac{1}{dx} \left(\int_{x_i-\frac{dx}{2}}^{x_i+\frac{dx}{2}} dx' |x'\rangle \right) (dx \langle x'|)$$

$$= \sum_i \int_{x_i-\frac{dx}{2}}^{x_i+\frac{dx}{2}} dx' |x'\rangle\langle x'| = \int_{-\infty}^{\infty} dx' |x'\rangle\langle x'| = 1. \qquad (10.16)$$

このケットに対応するブラを使って，ある状態 $|\alpha\rangle$ に対して狭い領域 $(x_i - \frac{dx}{2}, x_i + \frac{dx}{2})$ の間に粒子が観測される確率はボルンの確率解釈より次の式で表せる．

$$|\langle x_i(dx)|\alpha\rangle|^2 \simeq |\sqrt{dx}\langle x_i|\alpha\rangle|^2 = |\langle x_i|\alpha\rangle|^2 dx \qquad (10.17)$$

途中で（10.13）を使っている．また，粒子が $-\infty$ から $+\infty$ までのどこかで検出される確率は，$|\langle x_i|\alpha\rangle|^2 dx$ を $x_i = -\infty$ から $+\infty$ の範囲で足し合わせる，つまり次の積分をすれば求められる．

$$\int_{-\infty}^{\infty} dx' |\langle x'|\alpha\rangle|^2. \tag{10.18}$$

この確率は $|\alpha\rangle$ が規格化されていると，

$$\int_{-\infty}^{\infty} dx' |\langle x'|\alpha\rangle|^2 = \int_{-\infty}^{\infty} dx' \langle\alpha|x'\rangle\langle x'|\alpha\rangle = \langle\alpha|\alpha\rangle = 1 \tag{10.19}$$

となり，確かに 1 であることがわかる．積分の計算の最後のところで完備関係式を利用している．

これらの議論と本書の第 2 章で学んだ波動関数に関するボルンの確率解釈とを対比させることにより，状態 $|\alpha\rangle$ を表す波動関数を今 $\phi_\alpha(x)$ と書くと $\phi_\alpha(x) = \langle x|\alpha\rangle$ と表されることがわかるであろう．ついに波動関数とブラ・ケットが結びついた．

波動関数はケットで表される一般的な状態のある一つの表示方法である，ということができる．任意の状態 $|\alpha\rangle$ は位置の演算子 $\hat{x}$ の固有ケット $|x\rangle$（固有値 x）についての完備関係式 $\int_{-\infty}^{\infty} dx|x\rangle\langle x| = 1$ を使うと次のように書き換えられる．

$$|\alpha\rangle = \int_{-\infty}^{\infty} dx|x\rangle\langle x|\alpha\rangle. \tag{10.20}$$

この式は，任意の状態 $|\alpha\rangle$ を基底 $|x\rangle$ で展開したもの，あるいは基底 $|x\rangle$ の線形結合で表したもの，と見なせる（(9.12) と同様）．つまり $|x\rangle$ を基底として $|\alpha\rangle$ を展開したときの係数が波動関数である．あるいは，$|\alpha\rangle$ の $|x\rangle$ への射影が波動関数であるということもできる（内積の意味そのもの）．

波動関数の内積もどのようなものか今やわかる．

$$\langle\beta|\alpha\rangle = \int_{-\infty}^{\infty} dx\langle\beta|x\rangle\langle x|\alpha\rangle = \int_{-\infty}^{\infty} dx\phi_\beta^*(x)\phi_\alpha(x). \tag{10.21}$$

これを使うと，次の例題のように，無限に深い井戸型ポテンシャルのエネルギー固有状態が確かに直交していることが示せる．

例題 10.2　第 5 章で無限に深い井戸型ポテンシャルに束縛された粒子のエネルギー固有状態（ハミルトニアンの固有状態）の波動関数を求めた．この波動関数が確かに直交していることを示せ．

解　無限に深い井戸型ポテンシャルの系のハミルトニアンを $\hat{H}$ とする．$\hat{H}$

の固有ケットは $n = 1, 2, 3, \cdots$ の量子数を使って $|n\rangle$ と書ける．ハミルトニアンはエルミート演算子なので，第9章でみたように，異なる固有値に属する（つまり異なる n に対応する）固有ケットは次のように直交するはずである．

$$\langle n'|n\rangle = \delta_{n'n}. \tag{10.22}$$

これを第5章で求めたエネルギー固有状態の波動関数を用いて証明する．状態 $|n\rangle$ を表す波動関数 $\langle x|n\rangle = \phi_n(x)$ は (5.13)，(5.14)，(5.15) で示した通りである．これを使って直交関係を示す．

まず $n' = n$（奇数）のとき，

$$\begin{aligned}
\langle n|n\rangle &= \int_{-\infty}^{\infty} \langle n|x\rangle\langle x|n\rangle dx = \int_{-\infty}^{\infty} \phi^*(x)\phi(x)dx \\
&= \frac{1}{a}\int_{-a}^{a} \cos^2\left(\frac{n\pi}{2a}x\right)dx = \frac{1}{2a}\int_{-a}^{a}\left(1 + \cos\left(\frac{n\pi}{a}x\right)\right)dx \\
&= \frac{1}{2a}\left[x + \frac{a}{n\pi}\sin\left(\frac{n\pi}{a}x\right)\right]_{-a}^{a} = 1
\end{aligned} \tag{10.23}$$

である．これは波動関数が規格化されていることを考えると当然である．続いて $n' = n$（偶数）のときも同様に，

$$\langle n|n\rangle = \frac{1}{a}\int_{-a}^{a}\sin^2\left(\frac{n\pi}{2a}x\right)dx = 1. \tag{10.24}$$

今度は n'（偶数）$\neq n$（偶数）のときを計算する．

$$\begin{aligned}
\langle n'|n\rangle &= \frac{1}{a}\int_{-a}^{a}\cos\left(\frac{n'\pi}{2a}x\right)\cos\left(\frac{n\pi}{2a}x\right)dx \\
&= \frac{1}{2a}\int_{-a}^{a}\left(\cos\left(\frac{(n'+n)\pi}{2a}x\right) + \cos\left(\frac{(n'-n)\pi}{2a}x\right)\right) \\
&= \frac{1}{2a}\left[\frac{2a}{(n'+n)\pi}\sin\left(\frac{(n'+n)\pi}{2a}x\right) + \frac{2a}{(n'-n)\pi}\sin\left(\frac{(n'-n)\pi}{2a}x\right)\right]_{-a}^{a} \\
&= \frac{1}{2a}(0 + 0) = 0.
\end{aligned} \tag{10.25}$$

n'（奇数）$\neq n$（奇数），n'（奇数）$\neq n$（偶数）の場合も同様に計算する．

n'（奇数）$\neq n$（奇数）のとき：

$$\langle n'|n\rangle = \frac{1}{a}\int_{-a}^{a}\sin\left(\frac{n'\pi}{2a}x\right)\sin\left(\frac{n\pi}{2a}x\right)dx$$

$$
= -\frac{1}{2a} \int_{-a}^{a} \left(\cos\left(\frac{(n'+n)\pi}{2a}x \right) - \cos\left(\frac{(n'-n)\pi}{2a}x \right) \right)
$$

$$
= -\frac{1}{2a} \left[\frac{2a}{(n'+n)\pi} \sin\left(\frac{(n'+n)\pi}{2a}x \right) - \frac{2a}{(n'-n)\pi} \sin\left(\frac{(n'-n)\pi}{2a}x \right) \right]_{-a}^{a}
$$

$$
= -\frac{1}{2a}(0-0) = 0. \tag{10.26}
$$

n'（奇数）$\neq n$（偶数）のとき：

$$
\langle n'|n \rangle = \frac{1}{a} \int_{-a}^{a} \sin\left(\frac{n'\pi}{2a}x \right) \cos\left(\frac{n\pi}{2a}x \right) dx
$$

$$
= \frac{1}{2a} \int_{-a}^{a} \left(\sin\left(\frac{(n'+n)\pi}{2a}x \right) + \sin\left(\frac{(n'-n)\pi}{2a}x \right) \right)
$$

$$
= \frac{1}{2a} \left[-\frac{2a}{(n'+n)\pi} \cos\left(\frac{(n'+n)\pi}{2a}x \right) - \frac{2a}{(n'-n)\pi} \cos\left(\frac{(n'-n)\pi}{2a}x \right) \right]_{-a}^{a}
$$

$$
= \frac{1}{2a}(-0-0) = 0. \tag{10.27}
$$

以上より，異なる固有値に属するエネルギー固有状態は確かに直交していることが示せた． $\square$

波動関数を使った期待値の計算のしかたもわかる．

$$
\langle A \rangle = \langle \alpha | \hat{A} | \alpha \rangle = \int_{-\infty}^{\infty} dx \langle \alpha | \hat{A} | x \rangle \langle x | \alpha \rangle. \tag{10.28}
$$

$\hat{A}$ が位置演算子 $\hat{x}$ の関数で，一番簡単な位置演算子そのものの場合は，

$$
\hat{x}|x'\rangle = x'|x'\rangle, \tag{10.29}
$$

一般的には

$$
f(\hat{x})|x'\rangle = f(x')|x'\rangle \tag{10.30}
$$

なので，$\hat{A} = f(\hat{x})$ のときは，

$$
\langle f(x) \rangle = \langle \alpha | f(\hat{x}) | \alpha \rangle = \int_{-\infty}^{\infty} dx \langle \alpha | f(\hat{x}) | x \rangle \langle x | \alpha \rangle
$$

$$
= \int_{-\infty}^{\infty} dx \langle \alpha | x \rangle f(x) \langle x | \alpha \rangle = \int_{-\infty}^{\infty} dx \phi_{\alpha}^{*}(x) f(x) \phi_{\alpha}(x) \tag{10.31}
$$

となり，(3.2) 式と同じである．

$\hat{A}$ が運動量演算子の関数のときはもう少し複雑なので，10.1.3 節で詳しく調べる.

10.1.3 運動量演算子

運動量演算子の固有ケット $|p'\rangle$ は，固有値方程式

$$\hat{p}|p'\rangle = p'|p'\rangle \tag{10.32}$$

を満たす．この状態の波動関数はすでに我々は知っていて，それは本書で量子力学の前提とした平面波の式である．つまり，

$$\langle x|p'\rangle = N \exp\left(ip'x/\hbar\right) \tag{10.33}$$

である．この式は，ある時刻（たとえば $t = 0$）における (2.17) の式である．ただし N は規格化定数である．この平面波の規格化についてはこれまで避けてきたが，今やルール (10.2) にしたがって次のように規格化を行うことができる.

$$\delta(x' - x'') = \langle x'|x''\rangle = \int_{-\infty}^{\infty} dp' \langle x'|p'\rangle\langle p'|x''\rangle = |N|^2 \int_{-\infty}^{\infty} dp' \exp\left[\frac{ip'(x' - x'')}{\hbar}\right]$$

$$= 2\pi\hbar|N|^2 \delta(x' - x''). \tag{10.34}$$

ここで，完備関係式 $\int_{-\infty}^{\infty} dp'|p'\rangle\langle p'| = 1$ と，$\int_{-\infty}^{\infty} dk \exp(ikx) = 2\pi\delta(x)$ の関係式 (10.9) を使った．慣例にならい N を正の実数と取ると

$$\langle x|p'\rangle = \frac{1}{\sqrt{2\pi\hbar}} \exp\left(\frac{ip'x}{\hbar}\right) \tag{10.35}$$

であることがわかる.

運動量空間の波動関数（いま $\tilde{\phi}_\alpha(p)$ と書く）[1]とこれまで慣れ親しんできた**位置空間の波動関数**（いま $\phi_\alpha(x)$ と書く）の関係もただちに導くことができる.

$$\tilde{\phi}_\alpha(p) = \langle p|\alpha\rangle = \int_{-\infty}^{\infty} dx \langle p|x\rangle\langle x|\alpha\rangle = \int_{-\infty}^{\infty} dx \langle x|p\rangle^* \langle x|\alpha\rangle$$

$$= \frac{1}{\sqrt{2\pi\hbar}} \int_{-\infty}^{\infty} dx \exp\left(\frac{-ipx}{\hbar}\right) \phi_\alpha(x). \tag{10.36}$$

つまり，運動量空間の波動関数と位置空間の波動関数はフーリエ変換の関係にある.

---

[1] 運動量を測定したとき $p - dp/2$ と $p + dp/2$ の間に測定される確率が $|\tilde{\phi}_\alpha(p)|^2 dp$ である.

10.1 | 波動関数との対応　137

　フーリエ変換については既習の読者も多いと思うが, 定義式を次に挙げておく.
一般に, 関数 $f(x)$ のフーリエ変換 $\tilde{f}(k)$ は次の式で定義される[2].

$$\tilde{f}(k) = \frac{1}{\sqrt{2\pi}} \int_{-\infty}^{\infty} f(x) \exp(-ikx) dx. \tag{10.37}$$

フーリエ逆変換は次の式で定義される.

$$f(x) = \frac{1}{\sqrt{2\pi}} \int_{-\infty}^{\infty} \tilde{f}(k) \exp(ikx) dk. \tag{10.38}$$

　物理的な意味の理解のためにも次の例題を解いてみよう.

例題 10.3　　(1) 位置空間の波動関数を運動量についての積分で表せ ((10.36)
の逆変換).

　(2) (1) の結果をもとに, 運動量空間の波動関数やフーリエ変換の意味を議論
せよ.

　(3) ガウス型の位置空間の波動関数

$$\phi_\alpha(x) = \frac{1}{(\pi a^2)^{1/4}} \exp\left(-\frac{x^2}{2a^2}\right) \tag{10.39}$$

で表される状態を表す運動量空間の波動関数をフーリエ変換により求めよ. なお,
この状態が調和振動子の基底状態に相当するのは第6章で見た通りである.

解　　(1) (10.36) と同様に計算する.

$$\phi_\alpha(x) = \langle x|\alpha \rangle = \int_{-\infty}^{\infty} dp \langle x|p \rangle \langle p|\alpha \rangle = \frac{1}{\sqrt{2\pi\hbar}} \int_{-\infty}^{\infty} dx \exp\left(\frac{ipx}{\hbar}\right) \tilde{\phi}_\alpha(p). \tag{10.40}$$

　(2) (10.40) 式をみると, 位置空間の波動関数 $\phi_\alpha(x)$ で表される状態は, 運動
量が p で確定した状態, つまり平面波の波動関数 $\dfrac{1}{\sqrt{2\pi\hbar}} \exp(ipx/\hbar)$ で表される状
態を, さまざまな p について運動量空間の波動関数 $\tilde{\phi}_\alpha(p)$ の重みで足し合わせた
(積分した) 状態である. つまり運動量空間の波動関数は, 考えている状態に運
動量 p の状態がどれだけ含まれているかを表す関数であり, それが位置空間の波
動関数のフーリエ変換 (10.36) の物理的意味である.

––––––––––––––––––––

2]　係数が $1/\sqrt{2\pi}$ ではなく $1/(2\pi)$ の流儀もある.

(3) (10.36) を使い計算する.

$$\tilde{\phi}_\alpha(p) = \frac{1}{\sqrt{2\pi\hbar}} \int_{-\infty}^{\infty} dx \exp\left(\frac{-ipx}{\hbar}\right) \phi_\alpha(x)$$

$$= \frac{1}{\sqrt{2\pi\hbar}} \frac{1}{(\pi a^2)^{1/4}} \int_{-\infty}^{\infty} dx \exp\left(\frac{-ipx}{\hbar}\right) \exp\left(-\frac{x^2}{2a^2}\right)$$

$$= \frac{1}{\sqrt{2\pi\hbar}} \frac{1}{(\pi a^2)^{1/4}} \int_{-\infty}^{\infty} dx \exp\left(-\frac{1}{2a^2}\left(x + \frac{ipa^2}{\hbar^2}\right)^2 - \frac{a^2 p^2}{2\hbar^2}\right)$$

$$= \frac{1}{\sqrt{2\pi\hbar}} \frac{1}{(\pi a^2)^{1/4}} \exp\left(-\frac{a^2 p^2}{2\hbar^2}\right) \int_{-\infty}^{\infty} dx \exp\left(-\frac{1}{2a^2}\left(x + \frac{ipa^2}{\hbar^2}\right)^2\right) \tag{10.41}$$

積分部分の計算には複素関数の積分の知識が必要であるが，ここでは実関数の積分公式 $\int_{-\infty}^{\infty} \exp(-ax^2)dx = \sqrt{\pi/a}$（ただし $a > 0$）と同じ計算結果になるということを利用する．すると，

$$\tilde{\phi}_\alpha(p) = \frac{1}{\sqrt{2\pi\hbar}} \frac{1}{(\pi a^2)^{1/4}} \exp\left(-\frac{a^2 p^2}{2\hbar^2}\right) \sqrt{2\pi a^2} = \left(\frac{a^2}{\pi\hbar^2}\right)^{1/4} \exp\left(-\frac{a^2 p^2}{2\hbar^2}\right) \tag{10.42}$$

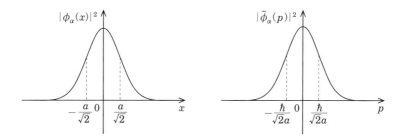

図 10.2 位置空間の波動関数と運動量空間の波動関数

となり，運動量空間での波動関数もガウス関数であることがわかる．

図 10.2 からもわかるように，2 つの関数が最大値の $1/e^{\frac{1}{4}}$ になる幅（つまり確率密度だと $1/\sqrt{e}$ になる幅）はそれぞれ $a/\sqrt{2}$ と $\hbar/(\sqrt{2}a)$ である．その幅の積は $\hbar/2$ であり，これが第 6 章の調和振動子の章の例題で扱った，調和振動子の基底状態の位置と運動量の分散の関係である． □

波動関数を使った p の期待値の表式を導出する．(10.35) の形から，

$$\langle x|\hat{p}|p'\rangle = p'\langle x|p'\rangle = \frac{\hbar}{i}\frac{\partial}{\partial x}\langle x|p'\rangle \tag{10.43}$$

なので，任意のケット $|\alpha\rangle$ について

$$\langle x|\hat{p}|\alpha\rangle = \int_{-\infty}^{\infty} dp'\langle x|\hat{p}|p'\rangle\langle p'|\alpha\rangle = \int_{-\infty}^{\infty} dp'\frac{\hbar}{i}\frac{\partial}{\partial x}\langle x|p'\rangle\langle p'|\alpha\rangle$$

$$= \frac{\hbar}{i}\frac{\partial}{\partial x}\int_{-\infty}^{\infty} dp'\langle x|p'\rangle\langle p'|\alpha\rangle = \frac{\hbar}{i}\frac{\partial}{\partial x}\langle x|\alpha\rangle \tag{10.44}$$

が成り立つことがわかる．これを使うと $\hat{p}^2$ について

$$\langle x|\hat{p}^2|\alpha\rangle = \langle x|\hat{p}\cdot\hat{p}|\alpha\rangle = \frac{\hbar}{i}\frac{\partial}{\partial x}\langle x|\hat{p}|\alpha\rangle = \left(\frac{\hbar}{i}\right)^2\frac{\partial^2}{\partial x^2}\langle x|\alpha\rangle. \tag{10.45}$$

繰り返し適用すると，

$$\langle x|\hat{p}^n|\alpha\rangle = \left(\frac{\hbar}{i}\right)^n\frac{\partial^n}{\partial x^n}\langle x|\alpha\rangle \tag{10.46}$$

となる．これを使うと，$\hat{A}=\hat{p}$ のときの期待値は次のように計算できる．

$$\langle p\rangle = \langle\alpha|\hat{p}|\alpha\rangle = \int_{-\infty}^{\infty} dx\langle\alpha|x\rangle\langle x|\hat{p}|\alpha\rangle = \int_{-\infty}^{\infty} dx\phi_\alpha^*(x)\frac{\hbar}{i}\frac{\partial}{\partial x}\phi_\alpha(x). \tag{10.47}$$

これは確かに本書の前半で習った式 (3.9) と同じである．$\hat{A}=\hat{p}^n$ のときは

$$\langle p^n\rangle = \langle\alpha|\hat{p}^n|\alpha\rangle = \int_{-\infty}^{\infty} dx\phi_\alpha^*(x)\left(\frac{\hbar}{i}\right)^n\frac{\partial^n}{\partial x^n}\phi_\alpha(x) \tag{10.48}$$

である．

10.2 シュレーディンガー方程式

これまでは，ケットの時間発展は気にしていなかった（ある時刻での状態ケットを考えていたことに相当）が，ケットはシュレーディンガー方程式にしたがって時間発展する．ブラ・ケット記法でのシュレーディンガー方程式は，ケットの時間依存性を明示して $|\alpha;t\rangle$ と書くと，

$$i\hbar\frac{d}{dt}|\alpha;t\rangle = \hat{H}|\alpha;t\rangle \tag{10.49}$$

140　第 10 章｜**量子力学の骨組み（3）——ケットと波動関数の対応**

である[3]．$\hat{H}$ はハミルトニアンで，

$$\hat{H} = \frac{\hat{p}^2}{2m} + V(\hat{x}) \tag{10.50}$$

である．（10.49）に左から $\langle x|$ をかけると，$\langle x|$ は時間に依存しないので，

$$i\hbar \frac{\partial}{\partial t} \langle x|\alpha;t\rangle = \langle x|\hat{H}|\alpha;t\rangle = \langle x|\left(\frac{\hat{p}^2}{2m}\right)|\alpha;t\rangle + \langle x|V(\hat{x})|\alpha;t\rangle$$

$$= \left(-\frac{\hbar^2}{2m}\frac{\partial^2}{\partial x^2} + V(x)\right)\langle x|\alpha;t\rangle \tag{10.51}$$

となり（（10.45）などを使っている），$\langle x|\alpha;t\rangle = \psi_\alpha(x,t)$ などと見なすと確かに波動関数についてのシュレーディンガー方程式（2.28）になっている．（10.49）で $|\alpha;t\rangle = |\alpha\rangle \exp(-iEt/\hbar)$ とおいてこの形の解を探すと，時間に依存しないシュレーディンガー方程式，あるいはハミルトニアンの固有値方程式

$$\hat{H}|\alpha\rangle = E|\alpha\rangle \tag{10.52}$$

が得られ，これを解くと定常状態が求まる．逆に，定常状態とそのエネルギー（たとえば $|n\rangle, E_n$ とする）が求まると，シュレーディンガー方程式（10.49）の一般解は $|\alpha;t\rangle = \sum_n c_n|n\rangle \exp(-iE_n t/\hbar)$ と書ける．c_n は t に依存しない定数で，初期条件より求まる．

　ここで，ブラ・ケットの手法を使って，エーレンフェストの定理を再導出してみよう．x の期待値の時間微分を計算してみる．

$$\frac{d}{dt}\langle x\rangle = \frac{d}{dt}\langle \alpha;t|\hat{x}|\alpha;t\rangle = \left(\frac{d}{dt}\langle \alpha;t|\right)\hat{x}|\alpha;t\rangle + \langle \alpha;t|\hat{x}\left(\frac{d}{dt}|\alpha;t\rangle\right)$$

$$= \frac{1}{i\hbar}\left(\langle \alpha;t|(-\hat{H}\hat{x})|\alpha;t\rangle + \langle \alpha;t|(\hat{x}\hat{H})|\alpha;t\rangle\right) = \frac{1}{i\hbar}\langle \alpha;t|[\hat{x},\hat{H}]|\alpha;t\rangle. \tag{10.53}$$

ここで，$[\hat{x},\hat{H}] = \hat{x}\hat{H} - \hat{H}\hat{x}$ は，

$$[\hat{x},\hat{H}] = \left[\hat{x}, \frac{\hat{p}^2}{2m} + V(\hat{x})\right] = \left[\hat{x}, \frac{\hat{p}^2}{2m}\right] + [\hat{x}, V(\hat{x})] = \frac{1}{2m}[\hat{x},\hat{p}^2]$$

$$= \frac{1}{2m}([\hat{x},\hat{p}]\hat{p} + \hat{p}[\hat{x},\hat{p}]) = \frac{i\hbar}{m}\hat{p} \tag{10.54}$$

3]　ケットの時間微分というのはどきっとするかもしれないが，微分の定義に戻って考えて納得すればよい．$\dfrac{d}{dt}|\alpha;t\rangle = \lim\limits_{\Delta t \to 0}((|\alpha;t+\Delta t\rangle - |\alpha;t\rangle)/\Delta t)$ である．

なので（ここで (8.52) や $[\hat{x}, \hat{p}] = i\hbar$ を使った[4]）

$$\frac{d}{dt}\langle x \rangle = \frac{\langle p \rangle}{m} \tag{10.55}$$

が導けた．p の期待値の微分は例題で行ってみる．

例題 10.4　(1) $\hat{x}$ の任意の関数 $G(\hat{x})$ について

$$[\hat{p}, G(\hat{x})] = \frac{\hbar}{i}\frac{dG(\hat{x})}{d\hat{x}} \tag{10.56}$$

を示せ．$G(\hat{x})$ を $\hat{x}$ で級数展開して考えるとよい．

(2) これを使ってエーレンフェストの定理のもう 1 つの式 $\dfrac{d\langle p \rangle}{dt} = -\left\langle \dfrac{dV}{dx} \right\rangle$ を示せ．

解　(1) $G(\hat{x}) = \displaystyle\sum_{n=0} c_n \hat{x}^n$ と展開して考える．$[\hat{p}, G(\hat{x})] = \left[\hat{p}, \displaystyle\sum_n c_n \hat{x}^n\right] = \displaystyle\sum c_n [\hat{p}, \hat{x}^n]$ なので，$[\hat{p}, \hat{x}^n]$ を評価すればよい．

まず，$[\hat{p}, \hat{x}^n] = [\hat{p}, \hat{x} \cdot \hat{x}^{n-1}] = [\hat{p}, \hat{x}]\hat{x}^{n-1} + \hat{x}[\hat{p}, \hat{x}^{n-1}] = -i\hbar\hat{x}^{n-1} + \hat{x}[\hat{p}, \hat{x}^{n-1}]$ である．これを繰り返し適用すると，

$$\begin{aligned}
[\hat{p}, \hat{x}^n] &= -i\hbar\hat{x}^{n-1} + \hat{x}(-i\hbar\hat{x}^{n-2} + \hat{x}[\hat{p}, \hat{x}^{n-2}]) \\
&= -2i\hbar\hat{x}^{n-1} + \hat{x}^2(-i\hbar\hat{x}^{n-3} + \hat{x}[\hat{p}, \hat{x}^{n-3}]) \\
&\cdots \\
&= -(n-1)i\hbar\hat{x}^{n-1} + \hat{x}^{n-1}(-i\hbar\hat{x}^0 + \hat{x}[\hat{p}, \hat{x}^0]) = -ni\hbar\hat{x}^{n-1} = \frac{\hbar}{i}n\hat{x}^{n-1}.
\end{aligned} \tag{10.57}$$

最後のところでは $[\hat{p}, \hat{x}^0] = [\hat{p}, 1] = 0$ を用いた．

これを使うと，

$$[\hat{p}, G(\hat{x})] = \sum_{n=0} c_n [\hat{p}, \hat{x}^n] = \sum_{n=0} \frac{\hbar}{i}nc_n\hat{x}^{n-1} = \frac{\hbar}{i}\frac{d}{d\hat{x}}G(\hat{x}) \tag{10.58}$$

が示せた．

(2) (10.53) と同様に，

4]　この関係式は例題 3.2 で導出しているが，改めて (10.44) を使って出すと次のようになる．
$\langle x|[\hat{x}, \hat{p}]|\alpha\rangle = \langle x|\hat{x}\hat{p}|\alpha\rangle - \langle x|\hat{p}\hat{x}|\alpha\rangle = x\langle x|\hat{p}|\alpha\rangle - \frac{\hbar}{i}\frac{\partial}{\partial x}\langle x|\hat{x}|\alpha\rangle = x\frac{\hbar}{i}\frac{\partial}{\partial x}\langle x|\alpha\rangle - \frac{\hbar}{i}\frac{\partial}{\partial x}(x\langle x|\alpha\rangle) = i\hbar\langle x|\alpha\rangle = \langle x|(i\hbar)|\alpha\rangle$ より $[\hat{x}, \hat{p}] = i\hbar$．

$$\frac{d}{dt}\langle p\rangle = \frac{1}{i\hbar}\langle\alpha;t|[\hat{p},\hat{H}]|\alpha;t\rangle$$

である. ここで

$$[\hat{p},\hat{H}] = \left[\hat{p},\frac{\hat{p}^2}{2m}+V(\hat{x})\right] = [\hat{p},V(\hat{x})] = \frac{\hbar}{i}\frac{dV(\hat{x})}{d\hat{x}}$$

である. 最後の式変形で（10.56）を用いた. よって,

$$\frac{d}{dt}\langle p\rangle = \frac{1}{i\hbar}\langle\alpha;t|\left(\frac{\hbar}{i}\frac{dV(\hat{x})}{d\hat{x}}\right)|\alpha;t\rangle = -\left\langle\frac{dV(\hat{x})}{d\hat{x}}\right\rangle$$

が示せた. □

演習問題

問 10.1 次の演算子

$$\exp\left(-i\frac{\hat{p}}{\hbar}l\right) \tag{10.59}$$

が, 位置演算子の固有値 x' に属する固有ケット $|x'\rangle$ を $|x'+l\rangle$ に変える平行移動演算子であることを示せ.

問 10.2 ハミルトニアン $\hat{H}$ が時間に依存しないとする. 時刻 $t=0$ でのケットが $|\alpha\rangle$ のとき, 任意の時刻 t でのケット $|\alpha;t\rangle$ が,

$$|\alpha;t\rangle = \exp\left(-i\frac{\hat{H}}{\hbar}t\right)|\alpha\rangle \tag{10.60}$$

と書けることを示せ. この意味で $\exp\left(-i\frac{\hat{H}}{\hbar}t\right)$ を時間発展演算子と呼ぶ.

第11章

量子力学の骨組み（4）

——観測における不確定性関係

　この章ではもう一度測定の話に戻り，2つの観測可能量が両立するかしないか，という概念を学ぶ．さらに2つの観測可能量の測定値の分散が満たす不確定性関係を導く．

11.1　両立できる観測可能量と両立できない観測可能量

　ある観測可能量 A の演算子 $\hat{A}$ の固有ケットを $|a'\rangle, |a''\rangle, \cdots$ とする（固有値は $a', a'', \cdots$ で縮退はないとする）．すなわち，$\hat{A}|a'\rangle = a'|a'\rangle, \hat{A}|a''\rangle = a''|a''\rangle, \cdots$．今，この $\hat{A}$ と別の観測可能量の演算子 $\hat{B}$ が交換する，すなわち

$$[\hat{A}, \hat{B}] = \hat{A}\hat{B} - \hat{B}\hat{A} = 0 \tag{11.1}$$

であるとする．このとき，

$$\langle a''|[\hat{A}, \hat{B}]|a'\rangle = (a'' - a')\langle a''|\hat{B}|a'\rangle = 0 \tag{11.2}$$

なので，$a' = a''$ でない限り $\langle a''|\hat{B}|a'\rangle = 0$ である．したがって，

$$\langle a''|\hat{B}|a'\rangle = \delta_{a'a''}\langle a'|\hat{B}|a'\rangle \tag{11.3}$$

と書ける[1]．これを利用すると，次の式が成り立つことがわかる．

$$\hat{B}|a'\rangle = \sum_{a''} |a''\rangle\langle a''|\hat{B}|a'\rangle$$

$$= \sum_{a''} |a''\rangle\delta_{a''a'}\langle a'|\hat{B}|a'\rangle$$

　1]　このように書けるとき，$\hat{B}$ は基底ケット $|a'\rangle$ で対角化されている，という．

$$= (\langle a'|\hat{B}|a'\rangle)|a'\rangle. \tag{11.4}$$

つまり，$|a'\rangle$ は固有値 $\langle a'|\hat{B}|a'\rangle$ を持つ $\hat{B}$ の固有ケットでもある．したがって，$b' = \langle a'|\hat{B}|a'\rangle$ として $|a'\rangle$ を $|a', b'\rangle$ と書くのが適当である．$|a', b'\rangle$ を $\hat{A}, \hat{B}$ の **同時固有ケット**と呼ぶ．固有値方程式はそれぞれ $\hat{A}|a', b'\rangle = a'|a', b'\rangle, \hat{B}|a', b'\rangle = b'|a', b'\rangle$ である．

ここまでをまとめると，$\hat{A}, \hat{B}$ が交換するとき，$\hat{A}, \hat{B}$ の同時固有ケット（あるいは同時固有状態）が存在する．なお，今は A に縮退がない場合を考えたが，A が縮退しているときでも，縮退している固有ケットを（線形結合によって組み替えて）適切に構成することによって同時固有ケットを得ることができる．

ここで，$\hat{A}, \hat{B}$ が交換するとき両方の量を測定することを考えてみる．ある状態 $|\alpha\rangle$ に対して1回目の測定で A を測定して a' の値を得たとき，系の状態は $|a', b'\rangle$ になっている．2回目の測定で B を測定すると，得られる値は確率1で b' である．3回目の測定で再び A を測定すると，確率1で1回目と同じ a' という値が得られる．つまり，2回目の B の測定は1回目の測定で得られていた情報を壊さない．この意味で，A, B は**両立できる観測可能量**であるという．

これに対して，$\hat{A}, \hat{B}$ が交換しないとき，すなわち

$$[\hat{A}, \hat{B}] \neq 0 \tag{11.5}$$

のとき，両者は**両立できない観測可能量**であるという．どのような意味か説明する．この条件のとき，A と B の同時固有状態は存在しない．前節の連続した3回の測定の例では，1回目の測定で A を測定して a' の値を得たとき，系の状態は $\hat{A}$ の固有ケット $|a'\rangle$ になるが，これは $\hat{B}$ の固有ケットではない．2回目に B を測定して今度は b' という結果を得たとすると，系の状態は $\hat{B}$ の固有ケットである $|b'\rangle$ になり，これは $|a'\rangle$ とは異なる．したがって，その後3回目の測定で再び A を測定しても1回目と同じ a' という値は必ずしも得られない．つまり，2回目の B の測定は1回目の測定で得られていた情報を壊してしまう．

次の例題で，位置，運動量，エネルギーの測定について議論しよう．

例題 11.1 質量 m の粒子がポテンシャル $V(x)$ の1次元空間に存在している．このときのハミルトニアンは

$$\hat{H} = \frac{\hat{p}^2}{2m} + V(\hat{x})$$

と書ける. 以下の問いに答えよ.

(1) 粒子の位置とエネルギーが両立できる観測可能量ではないことを示せ.

(2) 粒子の位置とエネルギーの交互測定を議論せよ.

(3) 粒子の運動量とエネルギーが両立できる観測可能量であるために $V(x)$ が満たすべき条件を示せ.

(4) (3) の条件のとき, 粒子の運動量とエネルギーの交互測定を議論せよ.

> **解**　(1) エネルギーの演算子がハミルトニアンなので, ハミルトニアン $\hat{H}$ と位置演算子 $\hat{x}$ が交換しないことを示せばよい.

$$[\hat{x}, \hat{H}] = \left[\hat{x}, \frac{\hat{p}^2}{2m} + V(\hat{x})\right] = \left[\hat{x}, \frac{\hat{p}^2}{2m}\right] + [\hat{x}, V(\hat{x})] = \frac{1}{2m}[\hat{x}, \hat{p}^2] + [\hat{x}, V(\hat{x})]$$

演算子は自分自身とは交換するので, 位置演算子 $\hat{x}$ の関数である $V(\hat{x})$ と $\hat{x}$ も交換して $[\hat{x}, V(\hat{x})] = 0$ である. 一方, $\hat{x}$ と運動量演算子 $\hat{p}$ は $[\hat{x}, \hat{p}] = i\hbar$ で交換しないので, $[\hat{x}, \hat{p}^2]$ もゼロでない. 実際,

$$[\hat{x}, \hat{p}^2] = [\hat{x}, \hat{p}]\hat{p} + \hat{p}[\hat{x}, \hat{p}] = 2i\hbar\hat{p}$$

である. 以上より,

$$[\hat{x}, \hat{H}] = 2i\hbar\hat{p} \neq 0$$

なので, 粒子の位置とエネルギーは両立できる観測可能量ではない.

(2) 最初に粒子の位置を測定し, 値 x' (厳密にいうと x' を中心とする狭い幅 dx の区間内の値. 以下も連続固有値の場合は同様) を得たとする. このとき系の状態は $|x'\rangle$ (厳密にいうと 10.1.2 節の $|x'(dx)\rangle$. 以下も連続固有値の場合は同様) となる. これはハミルトニアンの固有状態ではない. この後にエネルギーを測定して値 E' を得たとする. このとき系の状態は $|E'\rangle$ になり, これは位置演算子の固有状態ではない. よって再度位置を測定すると, 得られる結果は一般に最初に得られた x' とは異なる.

(3) 粒子のエネルギーと運動量が両立できる観測可能量であるためには $[\hat{p}, \hat{H}] = 0$ であればよい.

$$[\hat{p},\hat{H}] = \left[\hat{p}, \frac{\hat{p}^2}{2m} + V(\hat{x})\right] = \left[\hat{p}, \frac{\hat{p}^2}{2m}\right] + [\hat{p}, V(\hat{x})] = \frac{1}{2m}[\hat{p},\hat{p}^2] + [\hat{p}, V(\hat{x})] = [\hat{p}, V(\hat{x})]$$

なので，$[\hat{p}, V(\hat{x})] = 0$ を示せばよい．(10.56) より，

$$[\hat{p}, V(\hat{x})] = \frac{\hbar}{i}\frac{d}{d\hat{x}}V(\hat{x}) = 0,$$

つまり

$$\frac{d}{d\hat{x}}V(\hat{x}) = 0$$

なので，V が x に依存しない定数である，ということが条件である．

(4) 最初に粒子の運動量を測定し，値 p' を得たとする．このとき系の状態は $|p'\rangle$ となる．これはハミルトニアンの固有状態でもあり，その固有値は $E' = p'^2/(2m) + V_0$（V_0 はポテンシャルで x に依存しない定数）であるため，系の状態は $|p', E'\rangle$ と書くのが適当である．この後にエネルギーを測定すると確率 1 で値 $E' = p'^2/(2m)$ を得て，系の状態は変わらず $|p', E'\rangle$ のままである．よって再度運動量を測定すると，得られる値は確率 1 で最初に得られた p' となる． □

11.2 不確定性関係

この節では 2 つの観測可能量の測定値の分散に関して，重要な関係式（**不確定性関係**）が成り立つことを示す．ここで考える状況は以下のようなものである：ある状態 $|\alpha\rangle$ をとる粒子を多数用意して，それを半分にわけ，Alice さんは自分の持ち分の粒子に対して観測可能量 A をそれぞれ 1 回ずつ測定し記録し，Bob さん

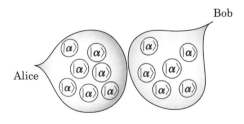

それぞれが自分の分の粒子を 1 回ずつ測定

図 11.1 Alice と Bob の観測

も自分の持ち分に対して観測可能量 B をそれぞれ 1 回ずつ測定し記録する（図 11.1）．一般に A と B の測定結果はばらつく．そのばらつき具合を評価するために，以下の演算子（エルミートである）を定義する．

$$\Delta \hat{A} = \hat{A} - \langle A \rangle, \tag{11.6}$$

$$\Delta \hat{B} = \hat{B} - \langle B \rangle. \tag{11.7}$$

この演算子の 2 乗の期待値は，A についてのみ書くと，

$$\langle (\Delta A)^2 \rangle = \langle (A^2 - 2A\langle A \rangle + \langle A \rangle^2) \rangle = \langle A^2 \rangle - 2\langle A \rangle \langle A \rangle + \langle A \rangle^2 = \langle A^2 \rangle - \langle A \rangle^2 \tag{11.8}$$

であり，A の測定値の**分散**とよばれる量である．この分散に関して，任意の状態 $|\alpha\rangle$ に対して，以下の不等式（**不確定性関係**）が成り立つ．

$$\langle (\Delta A)^2 \rangle \langle (\Delta B)^2 \rangle \geqq \frac{1}{4} |\langle [A, B] \rangle|^2. \tag{11.9}$$

この証明は以下の通り：

$\hat{A}, \hat{B}$ はエルミート演算子なので，

$$[\hat{A}, \hat{B}]^{\dagger} = (\hat{A}\hat{B} - \hat{B}\hat{A})^{\dagger} = \hat{B}^{\dagger}\hat{A}^{\dagger} - \hat{A}^{\dagger}\hat{B}^{\dagger} = \hat{B}\hat{A} - \hat{A}\hat{B} = -[\hat{A}, \hat{B}] \tag{11.10}$$

が成り立つ．つまり，エルミート演算子 $\hat{C}$ を用いて，$[\hat{A}, \hat{B}] = i\hat{C}$ と書くことができる[2]．$[\hat{A}, \hat{B}] = [\Delta \hat{A}, \Delta \hat{B}] = i\hat{C}$ もすぐ示せる．

ここで，演算子 $\hat{D}_{\lambda} = \Delta \hat{A} + i\lambda \Delta \hat{B}$ を導入する．λ は実数である．任意のケット $|\alpha\rangle$ に対して，ケット $\hat{D}_{\lambda}|\alpha\rangle$ とそのブラ $\langle \alpha | \hat{D}_{\lambda}^{\dagger}$ の内積は内積の定義より 0 以上の値なので $\langle \alpha | \hat{D}_{\lambda}^{\dagger} \hat{D}_{\lambda} | \alpha \rangle \geqq 0$ である．よって

$$\begin{aligned}
\langle \alpha | \hat{D}_{\lambda}^{\dagger} \hat{D}_{\lambda} | \alpha \rangle &= \langle \alpha | (\Delta \hat{A} - i\lambda \Delta \hat{B})(\Delta \hat{A} + i\lambda \Delta \hat{B}) | \alpha \rangle \\
&= \langle \alpha | ((\Delta \hat{A})^2 + i\lambda [\Delta \hat{A}, \Delta \hat{B}] + \lambda^2 (\Delta \hat{B})^2) | \alpha \rangle \\
&= \langle \alpha | ((\Delta \hat{A})^2 - \lambda \hat{C} + \lambda^2 (\Delta \hat{B})^2) | \alpha \rangle \\
&= \langle (\Delta A)^2 \rangle - \lambda \langle C \rangle + \lambda^2 \langle (\Delta B)^2 \rangle \geqq 0
\end{aligned} \tag{11.11}$$

が成り立つ．右辺の各項は実数であり，2 次の係数が正である λ についての 2 次式と見なせる．任意の λ についてこの不等号が成り立つための条件は，λ につい

2] $\hat{C}' = i\hat{C}$ とすると，ケット $\hat{C}'|\alpha\rangle = \hat{C}(i|\alpha\rangle)$ と対となるブラが $\langle \alpha | \hat{C}'^{\dagger} = (\langle \alpha |(-i))\hat{C}^{\dagger}$ なので，$\hat{C}'^{\dagger} = -\hat{C}'$

148 | **第 11 章　量子力学の骨組み（4）──観測における不確定性関係**

ての 2 次方程式の判別式から，次の式が成り立つことである．

$$\langle C\rangle^2 - 4\langle(\Delta A)^2\rangle\langle(\Delta B)^2\rangle \leqq 0. \tag{11.12}$$

$\langle C\rangle^2 = \langle(-iC)\rangle\langle(iC)\rangle = \langle[\hat{A},\hat{B}]\rangle^*\langle[\hat{A},\hat{B}]\rangle = |\langle[\hat{A},\hat{B}]\rangle|^2$ なので，これは式 (11.9) に等しい． $\square$

特に A を位置，B を運動量とすると，$[\hat{x},\hat{p}] = i\hbar$ の関係より，

$$\langle(\Delta x)^2\rangle\langle(\Delta p)^2\rangle \geq \frac{1}{4}\hbar^2. \tag{11.13}$$

となる．$\Delta x = \sqrt{\langle(\Delta x)^2\rangle}, \Delta p = \sqrt{\langle(\Delta p)^2\rangle}$ とすると位置と運動量の標準偏差に関する不確定性関係が得られる．

$$\Delta x \Delta p \geqq \frac{\hbar}{2}. \tag{11.14}$$

この式の意味するところは，位置と運動量両方の測定結果のばらつきがまったくない量子力学的状態はなく，分散（あるいは標準偏差）の積はある一定値以上になる，ということである．交換する観測可能量の場合は，両方の測定値のばらつきの積はゼロになる場合がある（同時固有状態はその例）．

なお，この不確定性関係は，ハイゼンベルクが有名なガンマ線顕微鏡の思考実験で提唱した，測定の精度（誤差）とその影響（擾乱）の間の不確定性関係とは別物であることを強調しておく．本章のコラムも参考にしてほしい．

次の例題で，調和振動子の位置と運動量の不確定性関係について考えよう．

例題 11.2　第 6 章の例題で調和振動子の基底状態の位置と運動量に関する不確定性関係を導いている．この例題では，調和振動子の任意のエネルギー固有状態 $|n\rangle$ $(n = 0, 1, 2, \cdots)$ の不確定性関係を，生成演算子と消滅演算子を用いて求める．

(1) $\hat{x}, \hat{p}$ を $\hat{b}, \hat{b}^\dagger$ を用いて表せ．

(2) x, p の期待値がゼロであることを示せ．

(3) x^2, p^2 の期待値を求めよ．

(4) x と p の不確定性関係を求めよ．

解　(1) $\hat{b}, \hat{b}^\dagger$ の定義式 (9.18)，(9.20) より

$$\hat{x} = \sqrt{\frac{\hbar}{2m\omega}}(\hat{b}^\dagger + \hat{b}), \tag{11.15}$$

$$\hat{p} = i\sqrt{\frac{m\omega\hbar}{2}}(\hat{b}^\dagger - \hat{b}) \tag{11.16}$$

（2）x の期待値を計算すると，

$$\langle x \rangle = \langle n|\hat{x}|n \rangle = \sqrt{\frac{\hbar}{2m\omega}}\langle n|(\hat{b}^\dagger + \hat{b})|n \rangle$$

$$= \sqrt{\frac{\hbar}{2m\omega}}(\sqrt{n+1}\langle n|n+1 \rangle + \sqrt{n}\langle n|n-1 \rangle) = 0.$$

ここで，(9.26)，(9.27) を使った．また固有ケットの直交性 $\langle n|n\pm1 \rangle = 0$ も使った．

同様に

$$\langle p \rangle = 0$$

となる．

（3）$\hat{x}^2$ を $\hat{b}, \hat{b}^\dagger$ を使って表すと，

$$\hat{x}^2 = \frac{\hbar}{2m\omega}(\hat{b}^\dagger + \hat{b})^2 = \frac{\hbar}{2m\omega}(\hat{b}^\dagger\hat{b}^\dagger + \hat{b}^\dagger\hat{b} + \hat{b}\hat{b}^\dagger + \hat{b}\hat{b}).$$

$\langle n|\hat{x}^2|n \rangle$ を計算するとき，$\hat{b}^\dagger(\hat{b})$ が n を 1 つ増やす（減らす）固有ケットを作る演算子であることを考えると，上式の 4 項の中で 0 にならない項は $\hat{b}^\dagger\hat{b} + \hat{b}\hat{b}^\dagger$ である[3]．例題 9.2 で見た通り $\hat{b}^\dagger\hat{b} = \hat{N}$，$\hat{b}\hat{b}^\dagger = \hat{N}+1$ なので，$\hat{b}^\dagger\hat{b} + \hat{b}\hat{b}^\dagger = 2\hat{N}+1$ である．よって，

$$\langle n|\hat{x}^2|n \rangle = \frac{\hbar}{2m\omega}\langle n|(2\hat{N}+1)|n \rangle = \frac{\hbar}{2m\omega}(2n+1).$$

同様に $\langle n|\hat{p}^2|n \rangle$ を計算すると，

$$\langle n|\hat{p}^2|n \rangle = \frac{m\omega\hbar}{2}\langle n|(2\hat{N}+1)|n \rangle = \frac{m\omega\hbar}{2}(2n+1)$$

となる．

（4）（2），（3）より

$$\langle (\Delta x)^2 \rangle = \langle x^2 \rangle - \langle x \rangle^2 = \langle x^2 \rangle = \frac{\hbar}{2m\omega}(2n+1).$$

$$\langle (\Delta p)^2 \rangle = \langle p^2 \rangle - \langle p \rangle^2 = \langle p^2 \rangle = \frac{m\omega\hbar}{2}(2n+1).$$

---

[3] たとえば，$\langle n|\hat{b}^\dagger\hat{b}^\dagger|n \rangle \sim \langle n|n+2 \rangle = 0$ である．

よって，

$$\Delta x \Delta p = \sqrt{\langle (\Delta x)^2 \rangle \langle (\Delta p)^2 \rangle} = \frac{\hbar}{2}(2n+1).$$

である．$n = 0$ の基底状態のとき，$\Delta x \Delta p = \hbar/2$ となり確かに最小不確定状態である．
$\qquad\qquad\qquad\qquad\qquad\qquad\qquad\qquad\qquad\qquad\qquad\qquad\qquad\qquad\square$

11.3 量子力学の骨組みの補足

11.3.1 ケットのイメージ

　ケットのイメージが持てない，という読者がいるだろう．もしベクトルや波動関数のイメージであれば持てている，と感じているのであれば，ケットもそれほど困難な概念ではないはずである．以下にまとめを兼ねて補足する．

(1) 量子力学的なある状態をケット $|\alpha\rangle$ と書く，といっているのは，あるベクトルを $\boldsymbol{A}$ と書く，といっているのと同じである．同じ状態を $|\beta\rangle$ や $|\gamma\rangle$ と書いても自由である．それは同じベクトルを $\boldsymbol{B}$ と書こうが $\boldsymbol{C}$ と書こうが構わないのと同じである．

(2) ケットのうち，観測可能量（A とする）の演算子（$\hat{A}$ とする）の固有ケット（$|a'\rangle$ とする；固有値は a'）の状態（固有状態という）は特別な状態である．なぜならその観測可能量を測定すると必ず固有値 a' が観測されるからである．その意味で，この固有状態は物理量 A が a' で確定した状態，ということができる．なおケットは通常，規格化して扱う．そのほうが観測結果の確率が直接計算できるからである．

(3) 一般の状態 $|\alpha\rangle$ の中に固有状態 $|a'\rangle$ がどれだけ含まれているか（いわば $|a'\rangle$ 成分がどれくらいか）を調べるには内積 $\langle a'|\alpha\rangle$ を計算すればよい．これは，あるベクトル $\boldsymbol{A}$ とある規格化されたベクトル $\boldsymbol{e}$ との内積 $\boldsymbol{e} \cdot \boldsymbol{A}$ が，$\boldsymbol{A}$ を $\boldsymbol{e}$ へ射影したベクトルの大きさを表していることと同じである（ただ量子力学において $\langle a'|\alpha\rangle$ は一般に複素数であるので注意）．$|\alpha\rangle$ は，固有ケット $|a'\rangle$ を基底ケット，内積 $\langle a'|\alpha\rangle$ をその成分として次のように表現される：$|\alpha\rangle = \sum_{a'} \langle a'|\alpha\rangle |a'\rangle$．これはベクトル $\boldsymbol{A}$ が基底ベクトル $\boldsymbol{e}_i$ を使って

$A = \sum_i (\boldsymbol{e}_i \cdot \boldsymbol{A}) \boldsymbol{e}_i$ と書けるのと同じである．この状態に対して A の測定を行うと，各固有値の値 a' が各固有ケット成分の絶対値の 2 乗 $|\langle a'|\alpha\rangle|^2$ の確率で観測される．

(4) 位置空間の波動関数 $\langle x|\alpha\rangle$ は，位置演算子の固有ケット $|x\rangle$（固有値 x）を基底ケットにとったときの成分であり，別の言い方では，$|\alpha\rangle$ の $|x\rangle$ への射影成分である．

11.3.2　本書における量子力学の前提

第 4 章の最初に本書における量子力学の前提をまとめたが，ここまでの議論によってそれらは次のように修正された．第 4 章で挙げた前提はこれらの前提から導かれる．

(1) 粒子の状態はケットで表される．ケットは，ケットとの内積で現れるブラ，ケットに作用して別のケットに変える演算子とあわせて，線形代数学と同様の数学に従って扱われる．

(2) ケットの時間発展はシュレーディンガー方程式に従う．

(3) 測定に関してボルンの確率解釈と射影仮説が成り立つ．

(4) 運動量演算子の固有ケット $|p'\rangle$（固有値 p'）の状態を表す位置空間の波動関数 $\langle x|p'\rangle$ は，規格化をのぞいて $\langle x|p'\rangle \sim \exp(ip'x/\hbar)$ である[4]．

演 習 問 題

問 11.1　ハミルトニアンが $\hat{H}$ である系を考える．この系のある観測可能量 A, B に対応する演算子をそれぞれ $\hat{A}, \hat{B}$ とおく．$\hat{A}, \hat{B}$ の固有値とそれに属する固有ケットは 2 つずつあり，それぞれ，

$$a_1, a_2; \quad |a_1\rangle, |a_2\rangle \tag{11.17}$$

$$b_1, b_2; \quad |b_1\rangle, |b_2\rangle \tag{11.18}$$

---

[4] 正準交換関係 $[\hat{x}, \hat{p}] = i\hbar$ を前提とするのが標準的であるが，本書の流れではこの (4) を前提としている．

である．なお，$\hat{A}, \hat{B}$ について縮退はない．各演算子の交換関係は次のとおりである．

$$[\hat{A}, \hat{B}] \neq 0 \tag{11.19}$$

$$[\hat{A}, \hat{H}] \neq 0 \tag{11.20}$$

$$[\hat{B}, \hat{H}] = 0 \tag{11.21}$$

以下の問いに答えよ．

(1) 時刻 $t = 0$ において系の状態が $|\alpha\rangle$ であったとする．この時刻において A を測定したときに，得られる可能性のある値とその値が得られる確率を書け．

(2) 時刻 $t = 0$ における測定直後の状態が $|a_2\rangle$ になるためには直前の測定によって何の値が得られればよいか．

(3) (2) の値が得られた場合に引き続き直ちに A を測定したとき，得られる可能性のある値とその値が得られる確率を書け．A ではなくて B を測定した場合はどうか．

(4) $t = 0$ において状態が $|a_2\rangle$ のとき，以後の時刻 t において A あるいは B を測定したときの測定結果を予想する．まず，$|a_2\rangle$ を $|b_i\rangle$ の線形結合として書き直せ．

(5) 前問の結果を利用して時刻 t における系の状態を表すケットを書け．$|b_1\rangle, |b_2\rangle$ が $\hat{H}$ の固有ケットでもあることを利用するとよい．

(6) この結果から，時刻 t において A あるいは B を測定したときに，得られる可能性のある値と，その値が得られる確率を書け．$t = 0$ において状態が $|a_2\rangle$ だった直後の測定結果と比較せよ．

COLUMN	小澤の不等式

第 11 章で扱った 2 つの観測可能量の分散（あるいは標準偏差）の間の不確定性関係は，ハイゼンベルグがガンマ線顕微鏡の思考実験によって提唱した有名な不確

定性原理とは異なるので注意が必要である．ハイゼンベルグが提唱した不確定性原理を大雑把に説明すると，次のようになる．

電子の位置を測定するために波長の短い電磁波であるガンマ線を電子に照射する．通常の光学顕微鏡と同じように，電子の位置の測定精度 δx はガンマ線の波長 λ 程度である．したがって位置を正確に決めようとすると，波長の短いガンマ線を使う必要がある．

一方，ガンマ線が電子にぶつかると，第1章でコンプトン効果について説明した通り，電子はガンマ線より運動量を受け取る．その運動量の変化の大きさ δp はガンマ線の運動量 h/λ 程度であり，ガンマ線の波長を短くすればするほど大きくなる．以上より，位置の測定精度（誤差）δx と測定による運動量の変化（運動量が受ける擾乱）δp の積は無限には小さくできず，$\delta x \delta p \gtrsim h$ となる．この式は (11.14) と似てはいるものの，左辺の文字が表しているものが全然異なるので混乱しないことが大切である．

とはいうものの，物理学者の間でもこの区別は明確に認識されてきたわけではなかった．近年，小澤正直は，観測可能量の標準偏差，測定誤差，擾乱の間に成り立つ関係式，いわゆる「小澤の不等式」を提唱した．その説明は他書に譲るが，日本人が量子力学の根本原理としばしば見なされるハイゼンベルグの不確定性原理を書き換える，という話題性もあり，その検証実験の結果などが一般紙や科学雑誌でも取り上げられた．小澤の不等式を取り上げた一般向けの図書として，石井茂著，『ハイゼンベルグの顕微鏡——不確定性原理は超えられるか』（日経 BP 社）を紹介しておく．

第12章

角運動量の一般論

前章までは主に 1 次元の問題を扱って量子力学の基礎を学んできた．今後水素原子の内部構造を考えるためには中心力ポテンシャルの系で 3 次元のシュレーディンガー方程式を解くことになる．したがってこの章以降は 3 次元空間で議論を行う．そのために角運動量の理論を整理しておくことは極めて重要なのでこの章で行う．

この章では，まず角運動量演算子の定義を行い，次に角運動量演算子の固有値について角運動量の交換関係を用いて議論する．続いて次章で，古典力学で学んできた軌道角運動量とは別の種類の角運動量であるスピン角運動量について学ぶ．

12.1 角運動量演算子の定義

古典力学において，粒子の角運動量 $\boldsymbol{L}$ は粒子の位置ベクトル $\boldsymbol{r}$ と運動量ベクトル $\boldsymbol{p}$ の外積として次のように定義されたことを思い出そう．

$$\boldsymbol{L} = \boldsymbol{r} \times \boldsymbol{p}. \tag{12.1}$$

これにならって，量子力学においても各量を演算子と見なして**軌道角運動量演算子**を定義する．すなわち，

$$\hat{\boldsymbol{L}} = \hat{\boldsymbol{r}} \times \hat{\boldsymbol{p}}. \tag{12.2}$$

我々はすでに，$[\hat{x}, \hat{p_x}] = \hat{x}\hat{p_x} - \hat{p_x}\hat{x} = i\hbar$ などの交換関係を知っている．これを用いると，軌道角運動量演算子の各成分が満たす次の交換関係を導くことができる．

$$[\hat{L}_x, \hat{L}_y] = i\hbar\hat{L}_z, \quad [\hat{L}_y, \hat{L}_z] = i\hbar\hat{L}_x, \quad [\hat{L}_z, \hat{L}_x] = i\hbar\hat{L}_y. \tag{12.3}$$

例題 12.1 交換関係（12.3）を導け.

解 $[\hat{L}_x, \hat{L}_y] = i\hbar\hat{L}_z$ を証明する. $\hat{L}_x = \hat{y}\hat{p}_z - \hat{z}\hat{p}_y$, $\hat{L}_y = \hat{z}\hat{p}_x - \hat{x}\hat{p}_z$ なので,

$$[\hat{L}_x, \hat{L}_y] = [\hat{y}\hat{p}_z - \hat{z}\hat{p}_y, \hat{z}\hat{p}_x - \hat{x}\hat{p}_z] = [\hat{y}\hat{p}_z, \hat{z}\hat{p}_x] - [\hat{y}\hat{p}_z, \hat{x}\hat{p}_z] - [\hat{z}\hat{p}_y, \hat{z}\hat{p}_x] + [\hat{z}\hat{p}_y, \hat{x}\hat{p}_z].$$

位置演算子の各成分 $\hat{x}, \hat{y}, \hat{z}$ は互いに交換し，また運動量演算子の各成分 $\hat{p}_x, \hat{p}_y, \hat{p}_z$ も互いに交換する．位置演算子と運動量演算子の各成分も同じ軸成分以外は交換する．交換する演算子は積の順序を自由に入れ替えられる．これを考えると，上式の第2項と第3項はゼロである．同じ軸成分に関しては $[\hat{x}, \hat{p}_x] = i\hbar$ 等となる．第1,4項を変形して，

$$[\hat{L}_x, \hat{L}_y] = \hat{y}\hat{p}_x[\hat{p}_z, \hat{z}] + \hat{p}_y\hat{x}[\hat{z}, \hat{p}_z] = -i\hbar\hat{y}\hat{p}_x + i\hbar\hat{p}_y\hat{x} = i\hbar\hat{L}_z.$$

よって証明できた.

第2式，第3式についても，x, y, z をこの順で循環させて計算すれば証明できる. □

これを拡張して，軌道角運動量に限らずにスピン角運動量などを含む一般的な角運動量の演算子 $\hat{\boldsymbol{J}} = (\hat{J}_x, \hat{J}_y, \hat{J}_z)$ も，同様の交換関係を満たすとする.

$$[\hat{J}_x, \hat{J}_y] = i\hbar\hat{J}_z, \quad [\hat{J}_y, \hat{J}_z] = i\hbar\hat{J}_x, \quad [\hat{J}_z, \hat{J}_x] = i\hbar\hat{J}_y. \tag{12.4}$$

次節でこの交換関係を満たす演算子の固有値を調べる.

12.2 角運動量の固有値

交換関係（12.4）より，角運動量の各成分が定まった値をとる状態（角運動量演算子の各成分の同時固有状態）は存在しない（自明な例外は角運動量が0のとき）．しかし，各成分の2乗の和で定義される演算子

$$\hat{\boldsymbol{J}}^2 = \hat{J}_x^2 + \hat{J}_y^2 + \hat{J}_z^2 \tag{12.5}$$

は各成分と交換することがわかる．すなわち，

$$[\hat{J}_x, \hat{\boldsymbol{J}}^2] = [\hat{J}_y, \hat{\boldsymbol{J}}^2] = [\hat{J}_z, \hat{\boldsymbol{J}}^2] = 0. \tag{12.6}$$

156 | 第 12 章 **角運動量の一般論**

例題 **12.2** 上の交換関係 (12.6) を導け.

解 $[\hat{J}_x, \hat{\boldsymbol{J}}^2] = 0$ を証明する.

$$[\hat{J}_x, \hat{\boldsymbol{J}}^2] = [\hat{J}_x, \hat{J}_x^2 + \hat{J}_y^2 + \hat{J}_z^2] = [\hat{J}_x, \hat{J}_x^2] + [\hat{J}_x, \hat{J}_y^2] + [\hat{J}_x, \hat{J}_z^2].$$

第 1 項はゼロなので, 第 2,3 項を評価する. 第 2 項は

$$[\hat{J}_x, \hat{J}_y^2] = [\hat{J}_x, \hat{J}_y]\hat{J}_y + \hat{J}_y[\hat{J}_x, \hat{J}_y] = i\hbar\hat{J}_z\hat{J}_y + \hat{J}_y(i\hbar\hat{J}_z) = i\hbar(\hat{J}_z\hat{J}_y + \hat{J}_y\hat{J}_z).$$

第 3 項は

$$[\hat{J}_x, \hat{J}_z^2] = [\hat{J}_x, \hat{J}_z]\hat{J}_z + \hat{J}_z[\hat{J}_x, \hat{J}_z] = -i\hbar\hat{J}_y\hat{J}_z + \hat{J}_z(-i\hbar\hat{J}_y) = -i\hbar(\hat{J}_z\hat{J}_y + \hat{J}_y\hat{J}_z).$$

よって第 2 項と第 3 項の和はゼロになる. 以上より, $[\hat{J}_x, \hat{\boldsymbol{J}}^2] = 0$ は証明された.
$[\hat{J}_y, \hat{\boldsymbol{J}}^2] = 0$, $[\hat{J}_z, \hat{\boldsymbol{J}}^2] = 0$ についても同様に証明できる. □

したがって, $\hat{\boldsymbol{J}}^2$ は $\hat{\boldsymbol{J}}$ のいずれかの成分との同時固有状態を持つことができる. 慣例にならい今は z 成分を選び, $\hat{\boldsymbol{J}}^2$ と $\hat{J}_z$ の同時固有状態を調べてみる. その状態の (規格化された) ケットを $|a, b\rangle$ で表し, 固有値方程式を,

$$\hat{\boldsymbol{J}}^2|a, b\rangle = a\hbar^2|a, b\rangle \tag{12.7}$$

$$\hat{J}_z|a, b\rangle = b\hbar|a, b\rangle \tag{12.8}$$

と書く. 今, 後の便利のために $\hbar$ の因子を固有値にあらかじめ付けておいた. 固有値の a, b を以下求める.

まず, 次のように**昇降演算子**を定義する (+ が昇, − が降).

$$\hat{J}_\pm = \hat{J}_x \pm i\hat{J}_y. \tag{12.9}$$

これらが交換関係

$$[\hat{J}_+, \hat{J}_-] = 2\hbar\hat{J}_z, \tag{12.10}$$

$$[\hat{J}_z, \hat{J}_\pm] = \pm\hbar\hat{J}_\pm, \tag{12.11}$$

$$[\hat{\boldsymbol{J}}^2, \hat{J}_\pm] = 0 \tag{12.12}$$

を満たすことは (12.4), (12.6) から容易に示せる.

例題 **12.3** 上記の 3 つの交換関係を導け.

右上: 12.2 | 角運動量の固有値　157

> **解** 順に計算していく.

$$[\hat{J}_+, \hat{J}_-] = [\hat{J}_x + i\hat{J}_y, \hat{J}_x - i\hat{J}_y] = -i[\hat{J}_x, \hat{J}_y] + i[\hat{J}_y, \hat{J}_x] = -i(i\hbar\hat{J}_z) + i(-i\hbar\hat{J}_z)$$

$$= 2\hbar\hat{J}_z.$$

$$[\hat{J}_z, \hat{J}_\pm] = [\hat{J}_z, \hat{J}_x \pm i\hat{J}_y] = [\hat{J}_z, \hat{J}_x] \pm i[\hat{J}_z, \hat{J}_y] = i\hbar\hat{J}_y \pm i(-i\hbar\hat{J}_x) = \pm\hbar(\hat{J}_x \pm i\hat{J}_y)$$

$$= \pm\hbar\hat{J}_\pm.$$

$$[\hat{\boldsymbol{J}}^2, \hat{J}_\pm] = [\hat{\boldsymbol{J}}^2, \hat{J}_x \pm i\hat{J}_y] = [\hat{\boldsymbol{J}}^2, \hat{J}_x] \pm i[\hat{\boldsymbol{J}}^2, \hat{J}_y] = 0 \pm i \cdot 0 = 0.$$

以上より証明された. □

昇降演算子の意味するところは次からわかる.

$$\hat{J}_z(\hat{J}_\pm|a,b\rangle) = ([\hat{J}_z, \hat{J}_\pm] + \hat{J}_\pm\hat{J}_z)|a,b\rangle = \hat{J}_\pm(\pm\hbar + \hat{J}_z)|a,b\rangle = (b \pm 1)\hbar(\hat{J}_\pm|a,b\rangle). \tag{12.13}$$

したがって, $\hat{J}_+(\hat{J}_-)$ を $\hat{J}_z$ の固有状態 $|a,b\rangle$ に作用させると, その結果得られる状態は依然として $\hat{J}_z$ の固有状態（規格化は必ずしもされていない）であり, ただし, 固有値は $\hbar$ だけ増加（減少）している. これが昇降演算子と呼ばれるゆえんである. なお次の式で示されるように, 昇降演算子は $\hat{\boldsymbol{J}}^2$ の固有値は変えないことに注意しておく.

$$\hat{\boldsymbol{J}}^2(\hat{J}_\pm|a,b\rangle) = \hat{J}_\pm\hat{\boldsymbol{J}}^2|a,b\rangle = a\hbar^2(\hat{J}_\pm|a,b\rangle). \tag{12.14}$$

さて,

$$\begin{aligned}
\langle a,b|(\hat{\boldsymbol{J}}^2 - \hat{J}_z^2)|a,b\rangle &= \langle a,b|(\hat{J}_x^2 + \hat{J}_y^2)|a,b\rangle \\
&= \langle a,b|\frac{1}{2}(\hat{J}_+\hat{J}_- + \hat{J}_-\hat{J}_+)|a,b\rangle \\
&= \frac{1}{2}\langle a,b|(\hat{J}_+\hat{J}_+^\dagger + \hat{J}_+^\dagger\hat{J}_+)|a,b\rangle \\
&\geqq 0
\end{aligned} \tag{12.15}$$

であることに注目しよう. 最後の不等号はケット $\hat{J}_+|a,b\rangle$ とそのブラ $\langle a,b|\hat{J}_+^\dagger$ の内積 $\langle a,b|\hat{J}_+^\dagger\hat{J}_+|a,b\rangle$ は 0 以上などから成り立つ.

$$\langle a,b|(\hat{\boldsymbol{J}}^2 - \hat{J}_z^2)|a,b\rangle = (a - b^2)\hbar^2 \tag{12.16}$$

なので，$a - b^2 \geqq 0$，すなわち昇降演算子で $|b|$ が大きい状態をどんどん得たとしても，どこかで終わりがなくてはいけないということを意味している．ベクトルの大きさよりその z 成分が大きくなることがないのは直観的に納得できるであろう．その b の最大値（最小値）を $b_{\max}(b_{\min})$ と置くと，

$$\hat{J}_+|a, b_{\max}\rangle = 0, \tag{12.17}$$

$$\hat{J}_-|a, b_{\min}\rangle = 0, \tag{12.18}$$

でなくてはならない（これ以上 b が増えて（減って）は困るので）．まず $b_{\max}$ のほうを考える．(12.17) に左から $\hat{J}_-$ をかけて，

$$\hat{J}_-\hat{J}_+|a, b_{\max}\rangle = 0 \tag{12.19}$$

である．ここで

$$\hat{J}_-\hat{J}_+ = \hat{J}_x^2 + \hat{J}_y^2 - i(\hat{J}_y\hat{J}_x - \hat{J}_x\hat{J}_y) = \hat{\boldsymbol{J}}^2 - \hat{J}_z^2 - \hbar\hat{J}_z \tag{12.20}$$

なので，

$$(\hat{\boldsymbol{J}}^2 - \hat{J}_z^2 - \hbar\hat{J}_z)|a, b_{\max}\rangle = (a\hbar^2 - b_{\max}^2\hbar^2 - b_{\max}\hbar^2)|a, b_{\max}\rangle = 0 \tag{12.21}$$

である．$|a, b_{\max}\rangle$ はゼロケットではないので，これはつまり

$$a = b_{\max}(b_{\max} + 1) \tag{12.22}$$

を意味している．今 $b_{\max} = j$ とおくと，

$$a = j(j + 1) \tag{12.23}$$

である．

同様のことを $b_{\min}$ についても行うと，

$$a = b_{\min}(b_{\min} - 1) \tag{12.24}$$

が得られる．(12.22) と比べると，

$$b_{\min} = -b_{\max} = -j. \tag{12.25}$$

いま，$b_{\min}$ は昇演算子で 1 ずつ増えて $b_{\max}$ にたどり着くので，

$$b_{\max} - b_{\min} = 2j = （0 以上の整数） \tag{12.26}$$

でなくてはならない．したがって，これから，j のとりうる値は

$$j = 0, \frac{1}{2}, 1, \frac{3}{2}, \cdots \tag{12.27}$$

であることがわかる.

以上をまとめる. 慣例にならい $b = m$ とおき, $|j,m\rangle$ を $|a,b\rangle$ の代わりに使うと,

$$\hat{\boldsymbol{J}}^2|j,m\rangle = j(j+1)\hbar^2|j,m\rangle, \tag{12.28}$$

$$\hat{J}_z|j,m\rangle = m\hbar|j,m\rangle \tag{12.29}$$

ただし, $j = 0, \frac{1}{2}, 1, \frac{3}{2}, \cdots, \quad m = -j, -j+1, \cdots, j-1, j \tag{12.30}$

である. 量子力学の重要な特徴として, 角運動量の z 成分の最大値 (の 2 乗) は角運動量の大きさ (の 2 乗) より小さいということに注意すべきである. すなわち $j^2 \leqq j(j+1)$. なお, $\hat{\boldsymbol{J}}^2$ の固有値 $j(j+1)\hbar^2$ を持つ固有状態を単に j を用いて「角運動量 j の状態」などと呼ぶ.

最後に, この節の結果が角運動量演算子の満たす交換関係 (12.4) のみから導かれていることにもう一度注目すべきである.

さて, 規格化されているケット $|j,m\rangle$ に $\hat{J}_+$ を作用させた $\hat{J}_+|j,m\rangle$ が規格化を除いて m が 1 だけ増えた状態の固有ケットであることは, (12.13) のところで説明した通りである. 式で表すと

$$\hat{J}_+|j,m\rangle = c_{jm}^+|j,m+1\rangle \tag{12.31}$$

である. この c_{jm}^+ を決める. (12.20) より,

$$\begin{aligned}
\langle j,m|\hat{J}_+^\dagger\hat{J}_+|j,m\rangle &= \langle j,m|\hat{J}_-\hat{J}_+|j,m\rangle \\
&= \langle j,m|(\hat{\boldsymbol{J}}^2 - \hat{J}_z^2 - \hbar\hat{J}_z)|j,m\rangle \\
&= \hbar^2(j(j+1) - m^2 - m)
\end{aligned} \tag{12.32}$$

なので,

$$\begin{aligned}
\langle j,m+1|c_{jm}^{+\,*}c_{jm}^+|j,m+1\rangle &= |c_{jm}^+|^2 = \hbar^2(j(j+1) - m^2 - m) \\
&= \hbar^2(j-m)(j+m+1)
\end{aligned} \tag{12.33}$$

が得られる. 通常, c_{jm}^+ は正の実数になるように選ぶので,

$$c_{jm}^+ = \sqrt{(j-m)(j+m+1)}\,\hbar \tag{12.34}$$

であり，したがって，
$$\hat{J}_+|j,m\rangle = \sqrt{(j-m)(j+m+1)}\hbar|j,m+1\rangle \quad (12.35)$$
となる．

同様に，
$$\hat{J}_-|j,m\rangle = \sqrt{(j+m)(j-m+1)}\hbar|j,m-1\rangle \quad (12.36)$$
も示すことができる．

例題 12.4 上式 (12.36) を導いてみよ．

解 (12.10), (12.20) より，
$$\hat{J}_+\hat{J}_- = \hat{J}_-\hat{J}_+ + 2\hbar\hat{J}_z = \hat{\boldsymbol{J}}^2 - \hat{J}_z^2 + \hbar\hat{J}_z.$$
したがって (12.32) に相当する式として，
$$\begin{aligned}
\langle j,m|\hat{J}_-^\dagger\hat{J}_-|j,m\rangle &= \langle j,m|\hat{J}_+\hat{J}_-|j,m\rangle \\
&= \langle j,m|(\hat{\boldsymbol{J}}^2 - \hat{J}_z^2 + \hbar\hat{J}_z)|j,m\rangle \\
&= \hbar^2(j(j+1) - m^2 + m) \\
&= \hbar^2(j+m)(j-m+1)
\end{aligned} \quad (12.37)$$
を得る．よって，(12.35) に対応する式として (12.36) が得られる．□

問 12.1 $\boldsymbol{J}$ を角運動量ベクトルとする．角運動量の 2 乗と z 成分の関係について，下記の問いに答えよ．

(1) $\boldsymbol{J}$ の z 成分 J_z が $-j$ から j の間で等確率で分布していると仮定したとき，$\boldsymbol{J}^2$ の平均値 $\overline{\boldsymbol{J}^2}$ が j であることを示せ．この場合は古典力学の角運動量に対応する．

(2) $\boldsymbol{J}$ の z 成分 J_z が $-j$ から j の間で $2j+1$ 個の離散的な値 $-j, -j+1, \cdots, j-1, j$ に等確率で分布していると仮定したとき，$\boldsymbol{J}^2$ の平均値 $\overline{\boldsymbol{J}^2}$ が $j(j+1)$ であることを示せ．この場合は量子力学の角運動量に対応する．

問12.2 質量 m_0 の粒子が長さ a で質量の無視できる剛体棒の両端に1つずつついている．この棒の中心は固定されているものの，その中心の周りに自由に回転できる．この棒のエネルギー固有値を求めよ．これは二原子分子の回転のモデルである．

問12.3 角運動量の2乗と角運動量の z 成分の2つの観測可能量の交互測定について議論せよ．

COLUMN	角運動量の合成

　本書の範囲外であるが，複数の角運動量を合成して考える場合が頻繁にあるので，その結果についての知識を持っておくことは役立つ．そこでこのコラムで簡単に結果だけを説明しておく．

　角運動量の合成は，2つの電子のスピンの合成や，1つの電子のスピンと軌道角運動量の合成などに現れる．一般に大きさ j_1, j_2 の角運動量を合成してできる合成角運動量の大きさは，$|j_1 - j_2|, |j_1 - j_2 + 1|, \cdots, |j_1 + j_2|$ のいずれかの値になる．この関係は，通常のベクトルの足し算を思い描き，足し算でできるベクトルが最小になるのは2つのベクトルが反平行のときで，最大になるのは平行のときである，と理解するとよいだろう．そしてその値が1ずつとびとびになるのが量子力学である．

　例を見てみよう．たとえば2つの大きさ $1/2$ の電子スピンを合成してできる角運動量の大きさは $1/2 - 1/2 = 0, 1/2 + 1/2 = 1$ のいずれかである．また，大きさ1の軌道角運動量と大きさ $1/2$ の電子スピンを合成してできる角運動量の大きさは $1 - 1/2 = 1/2, 1 + 1/2 = 3/2$ のいずれかである．

第13章

スピン角運動量

　さまざまな実験から，電子には**スピン**と呼ばれる固有の角運動量があることが明らかになっている．これは，質量や電荷と同じように電子の基本的な性質の1つである．スピンという名称は，軌道角運動量が電子の「公転」に由来するとすると，スピンはあたかも電子の「自転」に由来するかのように見なせるためつけられた．ただし，古典力学的な「自転」では半整数の角運動量は生じない（第14章参照）ので，電子スピンの大きさが1/2であることを考えると，スピンは電子の「自転」に由来する量ではない．この節では，スピンが関係する数ある実験の中で歴史的にも重要なシュテルン–ゲルラッハの実験を題材にして，電子スピンの性質を明らかにしていく[1]．

13.1　角運動量と磁気モーメント

　まず準備として，軌道角運動量やスピン角運動量に付随していて，実験で直接的に測定できる磁気モーメント（正確には磁気双極子モーメント．小さな棒磁石をイメージすればよい）について説明する．電子の軌道角運動量に磁気モーメントが関係することは，電磁気学では次のように理解できる．平面上の閉じた電流 I の輪がつくる磁気モーメント $\boldsymbol{\mu}$ は，電流が囲む面積を S，平面の単位法線ベクトルを $\boldsymbol{n}$ とすると，詳細は電磁気学の教科書に譲るとして結果だけ書いて

$$\boldsymbol{\mu} = IS\boldsymbol{n} \tag{13.1}$$

　1]　この章の詳細は次章以降に扱う水素原子の内部構造の理解には必要がないので，とりあえず読み飛ばしても可．

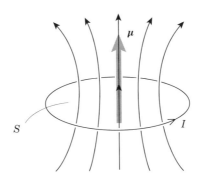

図 13.1　閉回路電流が作る磁場

である（図 13.1）．半径 r, 角周波数 ω で円運動している質量 m_e, 電荷 $-e$ の電子の角運動量 L は $L = m_e r^2 \omega n$, 電流は $I = -e\omega/(2\pi)$, 電流の囲む面積は $S = \pi r^2$ なので，

$$\boldsymbol{\mu} = -\frac{e}{2m_e}\boldsymbol{L} \tag{13.2}$$

であることがわかる．つまり，角運動量と反平行に磁気モーメントが存在する．

これも電磁気学で学んだとおり，磁気モーメント $\boldsymbol{\mu}$ に外部磁場 $\boldsymbol{B}$ をかけたときの相互作用エネルギーは $V = -\boldsymbol{\mu} \cdot \boldsymbol{B}$ である．今，$\boldsymbol{B} = B\boldsymbol{e}_z$ とすると（つまり磁場を z 方向にかけるとすると），

$$V = \frac{e}{2m_e}L_z B \tag{13.3}$$

である．

13.2　シュテルン–ゲルラッハの実験

ここでは，シュテルンとゲルラッハがもともと行った実験とは原子の種類を変えて，理論的なわかりやすさのために水素原子を用いた実験を想定する．水素原子は中性で電気的な相互作用は考えなくてよい．そして磁気的な性質は水素原子の中の電子が決めていると考えてよい（原子核の影響は小さい）．したがって水素原子の磁気的な性質を測るということは，電子のそれを測るということである．今，水素原子に z 依存性がある不均一な z 方向の磁場，つまり $\boldsymbol{B} = B(z)\hat{\boldsymbol{z}}$ と書け

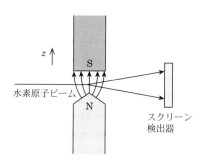

図 13.2　シュテルン–ゲルラッハの実験

る磁場を加える．この状況はたとえば，片方が尖った磁極のペアの間を水素原子ビームを通過させることで作ることができる（図 13.2）．このとき，水素原子は，原子内の電子の持つ磁気モーメントに応じて，次のような z 方向の力を受ける．

$$F_z = -\frac{\partial V}{\partial z} = -\frac{e}{2m_e} L_z \frac{\partial B}{\partial z}. \tag{13.4}$$

この力を受けて，原子ビームは偏向する．どれだけ偏向するかをビームの下流のスクリーンで検出するとき，この測定は原子が z 方向に受ける力を測定していることになる．そしてその力は電子の軌道角運動量の z 成分 L_z に比例している．

今，私たちはすでに，L_z は離散的な固有値 $m\hbar$ $(m = -l, -l+1, \cdots, l-1, l)$ をとることを知っている．したがってこの測定をすると，L_z の固有値に応じて，スクリーンではとびとびの位置に原子が検出されるはずである．たとえば，水素原子の基底状態は第 15 章で見るように $l=0$ であるが，このときは，$m=0$ に対応する 1 か所で原子が検出されるはずである．第 1 励起状態の $l=1$ の状態のときは，$m = -1, 0, 1$ に対応する 3 か所で原子が検出されるはずである．

実際に基底状態 ($l=0$) の水素原子についてこの測定をしてみると，なんと原子は 2 か所で検出される．これがある種の角運動量に起因する磁気モーメントによるものであると考えると，基底状態の水素原子は大きさ $1/2$ の角運動量を持つといえる．この角運動量の正体が，電子が固有に持つ角運動量であるスピンである[2]．

2] 電子スピンの場合，角運動量と磁気モーメントの比例係数は軌道角運動量の場合（13.2）の約 2 倍であることがわかっている．

以下，スピン角運動量を S，その各成分を S_x, S_y, S_z と書く．上記のシュテルン–ゲルラッハの実験では，S_z を測定しているといえる．つまり，今の磁場が $\frac{\partial B}{\partial z} < 0$ であるとすると，$+z$ 方向に偏向したビームは S_z が $+\frac{1}{2}\hbar$ で，$-z$ 方向に偏向したビームは S_z が $-\frac{1}{2}\hbar$ である，ということである．このそれぞれの成分（S_z+ 成分，S_z- 成分と呼ぶことにする）は S_z の固有状態で，それを表すケットを $|z+\rangle, |z-\rangle$ と書くとする．$|z+\rangle, |z-\rangle$ は以下の固有値方程式を満たす．

$$\hat{S}_z |z+\rangle = \frac{1}{2}\hbar |z+\rangle, \tag{13.5}$$

$$\hat{S}_z |z-\rangle = -\frac{1}{2}\hbar |z-\rangle. \tag{13.6}$$

13.3 連続したシュテルン–ゲルラッハ実験

もちろん z 方向というのは特別な方向ではなく，x 方向や y 方向に磁極を向けると，ビームはその方向に分裂して観測される．これらを次のように連続して行ってみる（図 13.3）．

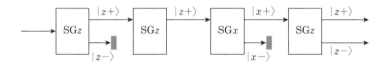

図 13.3　連続したシュテルン–ゲルラッハの実験

まず最初にビームに対して z 方向に不均一磁場をかける．この装置を SGz と呼ぶことにする．この装置を通過すると，前節で説明したとおりビームは z 軸の正の方向と負の方向の 2 成分に分かれる．$-z$ 方向に偏向した成分（$z-$ 成分）だけを遮り，$+z$ 方向に偏向した $z+$ 成分はそのままさらに先に飛ばす．その $z+$ 成分をもう一度 SGz 装置を通過させると，当然のことだが，ビームは $+z$ 方向にのみ偏向され，$z+$ 成分のみが観測される．

SGz 装置を通して $z+$ 成分を選んだ後，次の測定では x 方向に不均一磁場をかける SGx 装置にビームを通す．こうすると，今度はビームは $x+$ 成分と $x-$ 成分の 2 つに分裂する．

166 | 第 13 章 | **スピン角運動量**

さらに次の測定では，この測定の後に $x+$ 成分を選びもう一度 SGz 装置にビームを通してみる．すると再び $z+$ 成分と $z-$ 成分が半分ずつ観測される．つまり x 成分の測定が $z+$ 成分を選んだ以前の測定の情報を破壊したのである．これは，スピンの z 成分と x 成分の観測が両立しないことを示す例である．

13.4　スピン 1/2 演算子

これらの実験結果から，スピン演算子がどのように記述できるかを調べてみる．まず一般的に，演算子 $\hat{A}$ は，その固有ケット $|a'\rangle$ と固有値 a' を使って，次のように書けることを思い出そう（第 9 章の章末問題で取り扱った）．

$$\hat{A} = \sum_{a'} a'|a'\rangle\langle a'|. \tag{13.7}$$

$\hat{S}_z$ の場合は，

$$\hat{S}_z = \frac{\hbar}{2}|z+\rangle\langle z+| - \frac{\hbar}{2}|z-\rangle\langle z-| \tag{13.8}$$

と書ける．

それでは，$\hat{S}_x, \hat{S}_y$ は $|z+\rangle, |z-\rangle$ を使ってどのように書けるであろうか．連続したシュテルン–ゲルラッハ実験の 3 番目の実験で，$x+$ 成分に対して S_z の測定をしたところ，S_z の固有値 $\hbar/2$ あるいは $-\hbar/2$ の結果を 1/2 ずつの割合で得た．それぞれの固有値に属する固有ケットは $|z+\rangle$ あるいは $|z-\rangle$ である．3 番目の実験を測定する前の状態は S_x の固有値 $\hbar/2$ を持つ固有ケットであり，それを $|x+\rangle$ と表すと，第 9 章で学んだボルンの確率解釈より次の関係が成り立つことがわかる．

$$|\langle z+|x+\rangle|^2 = |\langle z-|x+\rangle|^2 = \frac{1}{2} \tag{13.9}$$

上式の絶対値の中身である内積の値は，正の実数，負の実数，あるいはもっと一般に複素数もあり得るが，慣例にならい $\langle z+|x+\rangle$ を正の実数にとり $1/\sqrt{2}$ とする．$\langle z-|x+\rangle$ については $\langle z+|x+\rangle$ を正の実数に決めたことから必ずしも正の実数にとれない（お互いは関係がある）ので，一般的な複素数として $\frac{1}{\sqrt{2}}\exp(i\delta_1)$（$\delta_1$ は実数）と表す．以上より，

$$|x+\rangle = \frac{1}{\sqrt{2}}|z+\rangle + \frac{1}{\sqrt{2}}\exp(i\delta_1)|z-\rangle \tag{13.10}$$

と書くことができる．一方，S_x の固有値 $-\frac{1}{2}\hbar$ を持つ固有ケット $|x-\rangle$ は $|x+\rangle$ と直交する必要があるので，

$$|x-\rangle = \frac{1}{\sqrt{2}}|z+\rangle - \frac{1}{\sqrt{2}}\exp(i\delta_1)|z-\rangle \tag{13.11}$$

と書ける．全体にかかる係数が異なってもケットは同じ物理状態を表すので，それを適当に選ぶことによってここでも $|z+\rangle$ の係数が正の実数になるようにしてある．

例題 13.1　上の 2 式（13.10），（13.11）で表現された $|x+\rangle$ と $|x-\rangle$ が確かに直交することを示せ．

解　両者の内積がゼロになることを示せばよい．

$$\langle x-|x+\rangle = \frac{1}{2}\left(\langle z+| - \exp(-i\delta_1)\langle z-|\right)\left(|z+\rangle + \exp(i\delta_1)|z-\rangle\right)$$
$$= \frac{1}{2}\left(\langle z+|z+\rangle - \langle z-|z-\rangle\right) = \frac{1}{2}(1-1) = 0.$$

途中で $|z+\rangle$ と $|z-\rangle$ が直交していることを使った． □

これを用いると，

$$\hat{S}_x = \frac{\hbar}{2}|x+\rangle\langle x+| - \frac{\hbar}{2}|x-\rangle\langle x-|$$
$$= \frac{\hbar}{2}\left[\exp(-i\delta_1)|z+\rangle\langle z-| + \exp(i\delta_1)|z-\rangle\langle z+|\right] \tag{13.12}$$

となることがわかる．

S_y についても，SGx 装置の代わりに SGy を使った実験を想定することにより S_x の場合と同様に考えられるので，別の実数 δ_2 を用いて，

$$|y\pm\rangle = \frac{1}{\sqrt{2}}|z+\rangle \pm \frac{1}{\sqrt{2}}\exp(i\delta_2)|z-\rangle, \tag{13.13}$$

$$\hat{S}_y = \frac{\hbar}{2}\left[\exp(-i\delta_2)|z+\rangle\langle z-| + \exp(i\delta_2)|z-\rangle\langle z+|\right] \tag{13.14}$$

を導くことができる．

δ_1, δ_2 は次のようにして決めることができる．これまで使っていない情報である，SGx 装置の後に SGy 装置がくる実験の結果を考えると，これまでと同様に

168　第 13 章 | スピン角運動量

$$|\langle y \pm |x+\rangle|^2 = |\langle y \pm |x-\rangle|^2 = \frac{1}{2} \tag{13.15}$$

が成り立つ必要がある. (13.15) に (13.10), (13.11), (13.13) を代入すると,

$$\frac{1}{4}|1 \pm \exp(i(\delta_1 - \delta_2))|^2 = \frac{1}{2}, \tag{13.16}$$

つまり

$$\delta_1 - \delta_2 = \pm\frac{\pi}{2} \tag{13.17}$$

であることがわかる.

例題 13.2 (13.16), (13.17) を導け.

解 (13.10), (13.11), (13.13) より

$$\langle y \pm |x+\rangle = \frac{1}{2}(\langle z+| \pm \exp(-i\delta_2)\langle z-|)(|z+\rangle + \exp(i\delta_1)|z-\rangle)$$
$$= \frac{1}{2}(1 \pm \exp(i(\delta_1 - \delta_2))).$$

$$\langle y \pm |x-\rangle = \frac{1}{2}(\langle z+| \pm \exp(-i\delta_2)\langle z-|)(|z+\rangle - \exp(i\delta_1)|z-\rangle)$$
$$= \frac{1}{2}(1 \mp \exp(i(\delta_1 - \delta_2))).$$

したがって (13.15) より

$$\frac{1}{4}|1 \pm \exp(i(\delta_1 - \delta_2))|^2 = \frac{1}{2} \tag{13.18}$$

が成り立つ.

$|1 \pm \exp(i(\delta_1 - \delta_2))|^2 = 2$ なので,

$$(1 \pm \exp(-i(\delta_1 - \delta_2)))(1 \pm \exp(i(\delta_1 - \delta_2))) = 2 \pm \exp(-i(\delta_1 - \delta_2)) \pm \exp(i(\delta_1 - \delta_2))$$
$$= 2(1 \pm \cos(\delta_1 - \delta_2)) = 2. \tag{13.19}$$

したがって $\cos(\delta_1 - \delta_2) = 0$ なので, $\delta_1 - \delta_2 = \pm\frac{\pi}{2}$ である. □

慣例にならい, $\hat{S}_x$ の表式の係数を実数にするために $\delta_1 = 0$ とする[3]. δ_2 は $-\pi/2$ と $+\pi/2$ の 2 通りの可能性があるが, これは座標系が右手系か左手系かを

――――――――――

3] $|z+\rangle, |z-\rangle$ の定義に含まれる任意の位相因子を適当に調整することにより, これはいつでも可能である. z 軸に対して x 軸をどの方向にとるか, という任意性に対応している.

13.4 | スピン 1/2 演算子　169

指定していないためである. $\delta_2 = \pi/2$ を選ぶと座標系が右手系になるのでそれを選択することにする.

以上をまとめると, (13.10), (13.11), (13.12), (13.13), (13.14) に $\delta_1 = 0, \delta_2 = \pi/2$ を代入して,

$$|x\pm\rangle = \frac{1}{\sqrt{2}}|z+\rangle \pm \frac{1}{\sqrt{2}}|z-\rangle, \tag{13.20}$$

$$|y\pm\rangle = \frac{1}{\sqrt{2}}|z+\rangle \pm \frac{i}{\sqrt{2}}|z-\rangle, \tag{13.21}$$

$$\hat{S}_x = \frac{\hbar}{2}[|z+\rangle\langle z-| + |z-\rangle\langle z+|], \tag{13.22}$$

$$\hat{S}_y = \frac{\hbar}{2}[-i|z+\rangle\langle z-| + i|z-\rangle\langle z+|] \tag{13.23}$$

が得られた.

これから, 角運動量演算子の満たす次の交換関係をスピン演算子も満たしていることがわかる. つまり, スピンはたしかに角運動量の一種である.

$$[\hat{S}_x, \hat{S}_y] = i\hbar\hat{S}_z, \quad [\hat{S}_y, \hat{S}_z] = i\hbar\hat{S}_x, \quad [\hat{S}_z, \hat{S}_x] = i\hbar\hat{S}_y. \tag{13.24}$$

例題 13.3　(13.24) を導け.

解　各式を順に示していく.

$$[\hat{S}_x, \hat{S}_y] = \frac{\hbar^2}{4}[|z+\rangle\langle z-| + |z-\rangle\langle z+|, -i|z+\rangle\langle z-| + i|z-\rangle\langle z+|]$$

$$= \frac{\hbar^2}{4}([|z+\rangle\langle z-|, i|z-\rangle\langle z+|] + [|z-\rangle\langle z+|, -i|z+\rangle\langle z-|])$$

$$= \frac{\hbar^2}{4}(i(|z+\rangle\langle z+| - |z-\rangle\langle z-|) - i(|z-\rangle\langle z-| - |z+\rangle\langle z+|))$$

$$= \frac{\hbar^2}{2}i(|z+\rangle\langle z+| - |z-\rangle\langle z-|) = i\hbar\hat{S}_z$$

$$[\hat{S}_y, \hat{S}_z] = \frac{\hbar^2}{4}[-i|z+\rangle\langle z-| + i|z-\rangle\langle z+|, |z+\rangle\langle z+| - |z-\rangle\langle z-|]$$

$$= \frac{\hbar^2}{4}([-i|z+\rangle\langle z-|, |z+\rangle\langle z+|] + [-i|z+\rangle\langle z-|, -|z-\rangle\langle z-|]$$

$$\quad + [i|z-\rangle\langle z+|, |z+\rangle\langle z+|] + [i|z-\rangle\langle z+|, -|z-\rangle\langle z-|])$$

$$= \frac{\hbar^2}{4}(i|z+\rangle\langle z-| + i|z+\rangle\langle z-| + i|z-\rangle\langle z+| + i|z-\rangle\langle z+|)$$

$$= \frac{\hbar^2}{2} i (|z+\rangle\langle z-| + |z-\rangle\langle z+|) = i\hbar \hat{S}_x$$

$$[\hat{S}_z, \hat{S}_x] = \frac{\hbar^2}{4}[|z+\rangle\langle z+| - |z-\rangle\langle z-|, |z+\rangle\langle z-| + |z-\rangle\langle z+|]$$

$$= \frac{\hbar^2}{4}([|z+\rangle\langle z+|, |z+\rangle\langle z-|] + [|z+\rangle\langle z+|, |z-\rangle\langle z+|]$$

$$+ [-|z-\rangle\langle z-|, |z+\rangle\langle z-|] + [-|z-\rangle\langle z-|, |z-\rangle\langle z+|])$$

$$= \frac{\hbar^2}{4}(|z+\rangle\langle z-| - |z-\rangle\langle z+1+|z+\rangle\langle z-| - |z-\rangle\langle z+|)$$

$$= \frac{\hbar^2}{2}(|z+\rangle\langle z-| - |z-\rangle\langle z+|) = i\hbar \hat{S}_y$$

以上より（13.24）は導かれた. □

13.5 行列表現と基底の変換

第8章で演算子を導入した際，それが行列に対応するというイメージを説明した．量子力学の演算子は実際に行列で表現することができる．そのことを，前節で調べたスピン演算子を例にとりながら説明する．

演算子 $\hat{S}_z$ をケット $|\alpha\rangle$ に作用させた次のケットを考える.

$$\hat{S}_z|\alpha\rangle. \tag{13.25}$$

$\hat{S}_z$ の固有ケットである $|z+\rangle, |z-\rangle$ についての完備関係式

$$|z+\rangle\langle z+| + |z-\rangle\langle z-| = 1 \tag{13.26}$$

を $\hat{S}_z$ と $|\alpha\rangle$ の間に挿入する.

$$\hat{S}_z(|z+\rangle\langle z+| + |z-\rangle\langle z-|)|\alpha\rangle. \tag{13.27}$$

この式に左からブラ $\langle z+|$ あるいは $\langle z-|$ をかけて整理すると次の2式を得る.

$$\langle z+|\hat{S}_z|z+\rangle\langle z+|\alpha\rangle + \langle z+|\hat{S}_z|z-\rangle\langle z-|\alpha\rangle. \tag{13.28}$$

$$\langle z-|\hat{S}_z|z+\rangle\langle z+|\alpha\rangle + \langle z-|\hat{S}_z|z-\rangle\langle z-|\alpha\rangle. \tag{13.29}$$

この2式は行列と列ベクトルを使って次の式にまとめられる.

$$\begin{pmatrix} \langle z+|\hat{S}_z|z+\rangle & \langle z+|\hat{S}_z|z-\rangle \\ \langle z-|\hat{S}_z|z+\rangle & \langle z-|\hat{S}_z|z-\rangle \end{pmatrix} \begin{pmatrix} \langle z+|\alpha\rangle \\ \langle z-|\alpha\rangle \end{pmatrix}. \tag{13.30}$$

この式を（13.25）と比べると，次の対応関係があることがわかる．

$$\hat{S}_z \leftrightarrow \begin{pmatrix} \langle z+|\hat{S}_z|z+\rangle & \langle z+|\hat{S}_z|z-\rangle \\ \langle z-|\hat{S}_z|z+\rangle & \langle z-|\hat{S}_z|z-\rangle \end{pmatrix} \quad |\alpha\rangle \leftrightarrow \begin{pmatrix} \langle z+|\alpha\rangle \\ \langle z-|\alpha\rangle \end{pmatrix} \tag{13.31}$$

このそれぞれを，演算子 $\hat{S}_z$ の固有ケット $|z+\rangle, |z-\rangle$ を基底ケットとした場合の演算子 $\hat{S}_z$ の行列表現，ケット $|\alpha\rangle$ のベクトル表現，と呼ぶ．

$|z+\rangle, |z-\rangle$ を基底ケットとした場合のスピン演算子 $\hat{S}_x, \hat{S}_y, \hat{S}_z$ の具体的な値は（13.8），（13.22），（13.23）から直ちに次のようにわかる．

$$\hat{S}_x \leftrightarrow \frac{\hbar}{2} \begin{pmatrix} 0 & 1 \\ 1 & 0 \end{pmatrix} = \frac{\hbar}{2}\sigma_x, \tag{13.32}$$

$$\hat{S}_y \leftrightarrow \frac{\hbar}{2} \begin{pmatrix} 0 & -i \\ i & 0 \end{pmatrix} = \frac{\hbar}{2}\sigma_y, \tag{13.33}$$

$$\hat{S}_z \leftrightarrow \frac{\hbar}{2} \begin{pmatrix} 1 & 0 \\ 0 & -1 \end{pmatrix} = \frac{\hbar}{2}\sigma_z. \tag{13.34}$$

ここで，$\sigma_x, \sigma_y, \sigma_z$ は**パウリ行列**と特別に呼ばれる行列である．

演算子の行列表現は基底ケットの取り方によって変わる．たとえば今，基底ケットを $\hat{S}_z$ の固有ケット $|z+\rangle, |z-\rangle$ から $\hat{S}_x$ の固有ケット $|x+\rangle, |x-\rangle$ に変えることを考える．この基底の変換は，次の演算子

$$\hat{U} = |x+\rangle\langle z+| + |x-\rangle\langle z-| \tag{13.35}$$

を使って，

$$|x\pm\rangle = \hat{U}|z\pm\rangle \tag{13.36}$$

で行うことができる．なおこの演算子は**ユニタリー演算子**とよばれる次の条件を満たす演算子である．

$$\hat{U}^\dagger\hat{U} = 1. \tag{13.37}$$

例題 13.4 $\hat{U}$ がユニタリー演算子であることを示せ．

解 $\hat{U}^\dagger = (|x+\rangle\langle z+|)^\dagger + (|x-\rangle\langle z-|)^\dagger = |z+\rangle\langle x+| + |z-\rangle\langle x-|$ なので，

$$\hat{U}^\dagger\hat{U} = (|z+\rangle\langle x+| + |z-\rangle\langle x-|)(|x+\rangle\langle z+| + |x-\rangle\langle z-|)$$
$$= |z+\rangle\langle z+| + |z-\rangle\langle z-| = 1.$$

172 | 第 13 章 | **スピン角運動量**

最後のところで完備関係式を使った．よって $\hat{U}$ はユニタリー演算子である．　　□

この新しい基底ケットで，ケットのベクトル表現や演算子の行列表現がどのように変わるのかを調べてみる．まず新しい基底ケット $|x\pm\rangle$ を使ったケット $|\alpha\rangle$ のベクトル表現であるが，

$$
\begin{pmatrix} \langle x+|\alpha\rangle \\ \langle x-|\alpha\rangle \end{pmatrix} = \begin{pmatrix} \langle z+|\hat{U}^\dagger|\alpha\rangle \\ \langle z-|\hat{U}^\dagger|\alpha\rangle \end{pmatrix} = \begin{pmatrix} \langle z+|\hat{U}^\dagger(|z+\rangle\langle z+|+|z-\rangle\langle z-|)|\alpha\rangle \\ \langle z-|\hat{U}^\dagger(|z+\rangle\langle z+|+|z-\rangle\langle z-|)|\alpha\rangle \end{pmatrix}
$$
$$
= \begin{pmatrix} \langle z+|\hat{U}^\dagger|z+\rangle & \langle z+|\hat{U}^\dagger|z-\rangle \\ \langle z-|\hat{U}^\dagger|z+\rangle & \langle z-|\hat{U}^\dagger|z-\rangle \end{pmatrix} \begin{pmatrix} \langle z+|\alpha\rangle \\ \langle z-|\alpha\rangle \end{pmatrix} \tag{13.38}
$$

となる．つまり，新しい基底を使ったベクトル表現は，元の基底を使ったベクトル表現に元の基底を使った $\hat{U}^\dagger$ の行列表現をかけて得られる．

新しい基底を使った場合に一般の演算子 $\hat{A}$ の行列表現は次のようになる．

$$
\begin{pmatrix} \langle x+|\hat{A}|x+\rangle & \langle x+|\hat{A}|x-\rangle \\ \langle x-|\hat{A}|x+\rangle & \langle x-|\hat{A}|x-\rangle \end{pmatrix} = \begin{pmatrix} \langle z+|\hat{U}^\dagger\hat{A}\hat{U}|z+\rangle & \langle z+|\hat{U}^\dagger\hat{A}\hat{U}|z-\rangle \\ \langle z-|\hat{U}^\dagger\hat{A}\hat{U}|z+\rangle & \langle z-|\hat{U}^\dagger\hat{A}\hat{U}|z-\rangle \end{pmatrix}
$$
$$
= \begin{pmatrix} \langle z+|\hat{U}^\dagger|z+\rangle & \langle z+|\hat{U}^\dagger|z-\rangle \\ \langle z-|\hat{U}^\dagger|z+\rangle & \langle z-|\hat{U}^\dagger|z-\rangle \end{pmatrix} \begin{pmatrix} \langle z+|\hat{A}|z+\rangle & \langle z+|\hat{A}|z-\rangle \\ \langle z-|\hat{A}|z+\rangle & \langle z-|\hat{A}|z-\rangle \end{pmatrix} \begin{pmatrix} \langle z+|\hat{U}|z+\rangle & \langle z+|\hat{U}|z-\rangle \\ \langle z-|\hat{U}|z+\rangle & \langle z-|\hat{U}|z-\rangle \end{pmatrix}.
$$
$$\tag{13.39}$$

つまり，新しい基底を使った演算子 $\hat{A}$ の行列表現は，元の基底を使った行列表現で $\hat{U}^\dagger\hat{A}\hat{U}$ を計算すれば出せるということである．$|z\pm\rangle$ を基底とした場合の $\hat{U}$ や $\hat{U}^\dagger$ の行列表現の具体的な値は容易に得られる．

$\boxed{\text{例題 13.5}}$　$\hat{U}$ や $\hat{U}^\dagger$ の行列表現を求めよ．

$\boxed{\text{解}}$　(13.35)，(13.20) をもちいれば

$$
\langle z+|\hat{U}|z+\rangle = \langle z+|x+\rangle = \frac{1}{\sqrt{2}}
$$

$$
\langle z+|\hat{U}|z-\rangle = \langle z+|x-\rangle = \frac{1}{\sqrt{2}}
$$

$$
\langle z-|\hat{U}|z+\rangle = \langle z-|x+\rangle = \frac{1}{\sqrt{2}}
$$

$$
\langle z-|\hat{U}|z-\rangle = \langle z-|x-\rangle = -\frac{1}{\sqrt{2}}
$$

である．よって $|z\pm\rangle$ を基底とした場合の $\hat{U}$ の行列表現は，

$$\hat{U} \leftrightarrow \frac{1}{\sqrt{2}}\begin{pmatrix} 1 & 1 \\ 1 & -1 \end{pmatrix}$$

である．$\hat{U}^\dagger$ の行列表現も同様に計算して

$$\hat{U}^\dagger \leftrightarrow \frac{1}{\sqrt{2}}\begin{pmatrix} 1 & 1 \\ 1 & -1 \end{pmatrix}$$

となる．なおこれは第 8 章の線形代数との対応で見た通り，$\hat{U}$ の行列表現の転置行列の各成分の複素共役をとったものに等しい（今はすべての成分が実数で対称行列なのではっきりしないものの）． □

演習問題

問 13.1 次の演算子

$$\exp\left(-i\frac{\hat{S}_z}{\hbar}\phi\right) \tag{13.40}$$

が系を z 軸まわりに角度 ϕ だけ回転させる演算子（回転演算子）であることを以下の問いに答えることにより示せ．

(1) 系の状態を $|\alpha\rangle$ とすると，スピン x 成分 S_x の期待値は $\langle S_x \rangle = \langle \alpha | \hat{S}_x | \alpha \rangle$ である．$|\alpha\rangle$ に (13.40) を作用させたとき，S_x の期待値が $\langle S_x \rangle \cos\phi - \langle S_y \rangle \sin\phi$ に変化することを示せ．
(2) S_y の期待値が $\langle S_y \rangle \cos\phi + \langle S_x \rangle \sin\phi$ に変化することを示せ．
(3) S_z の期待値は変化しないことを示せ．

COLUMN	スピン

スピン（ここでは電子スピン）には神秘的な香りがする．スピンは電子が固有に持つ基本的な性質の 1 つである．角運動量ではあるが，その名前から類推されるよ

うな電子の「自転」ではない．本書では扱わないがスピンは粒子の統計性と直接関係していて，パウリの排他原理に代表されるように，直接相互作用しなくても物質の性質に大きな影響を与える．スピンには磁気モーメントが付随し，固体の磁性の源である．スピンの磁場中での振動のようすを測定する磁気共鳴は，現在の物質科学には欠かすことのできない分析方法である．

　電子スピンは相対論的量子力学（本書で扱っているのは非相対論的な量子力学）のディラック方程式の中に自然に現れる．ぜひ楽しみに勉強を進めて行ってほしい．ここでは古典的名著として，朝永振一郎著，『新版　スピンはめぐる——成熟期の量子力学』（みすず書房）を紹介しておく[4]．

---

[4]　朝永氏が書いた一般向けの本としてもう1冊，『量子力学と私』（岩波文庫）もお勧めする．

第14章
水素原子（1）
——中心ポテンシャル中の粒子

前章まで学習したことをもとに，水素原子，一般的には原子核のまわりに電子が1個だけある一電子原子の内部状態のエネルギー固有値とエネルギー固有波動関数を求める問題にいよいよ取りかかる．この系は数学的に厳密に解ける系であり，さらにここで得られた知見がより複雑な原子や分子の系の理解でも基礎となる．本章で一般的な中心ポテンシャル中の粒子の系についての解法をまとめた後，次章で一電子原子のエネルギー準位と波動関数を具体的に見る．

14.1　中心ポテンシャル中の粒子

水素原子の内部状態を調べるための準備として，3次元空間において，一般的な中心ポテンシャル中の粒子の定常状態を調べる．中心ポテンシャルとは原点を中心として球対称なポテンシャルである．すなわちポテンシャルは原点からの距離 $r = |\boldsymbol{r}|$（$\boldsymbol{r}$ は位置ベクトル）のみの関数であり，$V(r)$ と書ける．質量 m_0 の粒子がこのポテンシャル中にあるとき，系のハミルトニアンは

$$\hat{H} = \frac{\hat{\boldsymbol{p}}^2}{2m_0} + V(\hat{r}) \tag{14.1}$$

である．定常状態はこのハミルトニアンの固有状態である．

このハミルトニアンは，軌道角運動量演算子 $\boldsymbol{L}$ に関する演算子 $\hat{\boldsymbol{L}}^2$ と $\hat{L}_z$ の両方と交換することが次の例題のように示せる．したがって，ハミルトニアンの固有ケット，つまりエネルギー固有ケットとして，$\hat{\boldsymbol{L}}^2$ と $\hat{L}_z$ の同時固有ケットを探すことにする．そのケットを $|E, l, m\rangle$ とおく．このケットは次の固有値方程式を

満たす.

$$\hat{H}|E,l,m\rangle = E|E,l,m\rangle, \tag{14.2}$$

$$\hat{\boldsymbol{L}}^2|E,l,m\rangle = l(l+1)\hbar^2|E,l,m\rangle, \tag{14.3}$$

$$\hat{L}_z|E,l,m\rangle = m\hbar|E,l,m\rangle. \tag{14.4}$$

(14.3), (14.4) は (12.28), (12.29) で見た通りである.

(14.2) に左から位置演算子の固有ケット $|\boldsymbol{r}\rangle$ に対応するブラ $\langle\boldsymbol{r}|$ をかけると,

$$\langle\boldsymbol{r}|\left(\frac{\hat{\boldsymbol{p}}^2}{2m_0}+V(\hat{r})\right)|E,l,m\rangle = \left(-\frac{\hbar^2}{2m_0}\nabla^2+V(r)\right)\langle\boldsymbol{r}|E,l,m\rangle = E\langle\boldsymbol{r}|E,l,m\rangle. \tag{14.5}$$

今, ポテンシャルが球対称なのでデカルト座標 x,y,z ではなく球面座標 r,θ,φ を使うのが便利である (図 14.1). 両者は次の関係がある.

$$\begin{aligned} x &= r\sin\theta\cos\varphi, \\ y &= r\sin\theta\sin\varphi, \\ z &= r\cos\theta, \end{aligned} \tag{14.6}$$

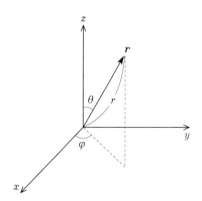

図 14.1 球面座標

あるいは

$$\begin{aligned} r &= (x^2+y^2+z^2)^{1/2}, \\ \cos\theta &= \frac{z}{(x^2+y^2+z^2)^{1/2}}, \end{aligned} \tag{14.7}$$

$$\tan\varphi = \frac{y}{x}.$$

これを使って、$\nabla^2 = \dfrac{\partial^2}{\partial x^2} + \dfrac{\partial^2}{\partial y^2} + \dfrac{\partial^2}{\partial z^2}$ を置き換えると、(14.5) は

$$\left[-\frac{\hbar^2}{2m_0}\left[\frac{1}{r^2}\frac{\partial}{\partial r}\left(r^2\frac{\partial}{\partial r}\right) + \frac{1}{r^2\sin\theta}\frac{\partial}{\partial\theta}\left(\sin\theta\frac{\partial}{\partial\theta}\right) + \frac{1}{r^2\sin^2\theta}\frac{\partial^2}{\partial\varphi^2}\right] + V(r)\right]$$
$$\times \langle\bm{r}|E,l,m\rangle = E\langle\bm{r}|E,l,m\rangle \tag{14.8}$$

となる（導出は例題で示す）.

続いて、(14.3) に左から $\langle\bm{r}|$ をかけると、

$$\langle\bm{r}|\hat{\bm{L}}^2|E,l,m\rangle = -\hbar^2\left[\frac{1}{\sin\theta}\frac{\partial}{\partial\theta}\left(\sin\theta\frac{\partial}{\partial\theta}\right) + \frac{1}{\sin^2\theta}\frac{\partial^2}{\partial\varphi^2}\right]\langle\bm{r}|E,l,m\rangle$$
$$= l(l+1)\hbar^2\langle\bm{r}|E,l,m\rangle \tag{14.9}$$

と書ける（導出は例題で示す）. これより、(14.8) の角度 θ,φ についての微分は l を使って書き換えられ、

$$\left\{-\frac{\hbar^2}{2m_0}\left[\frac{1}{r^2}\frac{\partial}{\partial r}\left(r^2\frac{\partial}{\partial r}\right) - \frac{l(l+1)}{r^2}\right] + V(r)\right\}\langle\bm{r}|E,l,m\rangle = E\langle\bm{r}|E,l,m\rangle \tag{14.10}$$

となる.

さらに、(14.4) に左から $\langle\bm{r}|$ をかけると、

$$\langle\bm{r}|\hat{L}_z|E,l,m\rangle = \frac{\hbar}{i}\frac{\partial}{\partial\varphi}\langle\bm{r}|E,l,m\rangle = m\hbar\langle\bm{r}|E,l,m\rangle \tag{14.11}$$

を得る（導出は例題で示す）.

> **例題 14.1** $\hat{H}$ が $\hat{\bm{L}}^2$ と $\hat{L}_z$ と交換することを示せ.

解 まず $\hat{\bm{p}}^2 = \hat{p}_x^2 + \hat{p}_y^2 + \hat{p}_z^2$ と L_z の交換関係を調べる.

$$[\hat{L}_z, \hat{p_x}^2] = [\hat{x}\hat{p}_y - \hat{y}\hat{p}_x, \hat{p_x}^2] = [\hat{x}\hat{p}_y, \hat{p_x}^2] = [\hat{x}, \hat{p_x}^2]\hat{p}_y$$
$$= [\hat{x}, \hat{p}_x]\hat{p}_x\hat{p}_y + \hat{p}_x[\hat{x}, \hat{p}_x]\hat{p}_y = i\hbar\hat{p}_x\hat{p}_y + i\hbar\hat{p}_x\hat{p}_y = 2i\hbar\hat{p}_x\hat{p}_y. \tag{14.12}$$

$$[\hat{L}_z, \hat{p_y}^2] = [\hat{x}\hat{p}_y - \hat{y}\hat{p}_x, \hat{p_y}^2] = -[\hat{y}\hat{p}_x, \hat{p_y}^2] = -[\hat{y}, \hat{p_y}^2]\hat{p}_x$$
$$= -[\hat{y}, \hat{p}_y]\hat{p}_y\hat{p}_x - \hat{p}_y[\hat{y}, \hat{p}_y]\hat{p}_x = -i\hbar\hat{p}_y\hat{p}_x - i\hbar\hat{p}_y\hat{p}_x = -2i\hbar\hat{p}_x\hat{p}_y. \tag{14.13}$$

$$[\hat{L}_z, \hat{p_z}^2] = [x\hat{p}_y - \hat{y}\hat{p}_x, \hat{p_z}^2] = 0.$$

よって,

$$[\hat{L}_z, \hat{\boldsymbol{p}}^2] = [\hat{L}_z, \hat{p}_x^2 + \hat{p}_y^2 + \hat{p}_z^2] = [\hat{L}_z, \hat{p}_x^2] + [\hat{L}_z, \hat{p}_y^2] + [\hat{L}_z, \hat{p}_z^2]$$
$$= 2i\hbar\hat{p}_x\hat{p}_y - 2i\hbar\hat{p}_x\hat{p}_y + 0 = 0. \tag{14.14}$$

となり,$\hat{L}_z$ と $\hat{\boldsymbol{p}}^2$ は交換する.

続いて $\hat{L}_z$ と $\hat{r} = (\hat{x}^2 + \hat{y}^2 + \hat{z}^2)^{1/2}$ の交換関係を調べる.

$$[\hat{L}_z, \hat{r}] = [\hat{x}\hat{p}_y - \hat{y}\hat{p}_x, \hat{r}] = [\hat{x}\hat{p}_y, \hat{r}] - [\hat{y}\hat{p}_x, \hat{r}] = \hat{x}[\hat{p}_y, \hat{r}] - \hat{y}[\hat{p}_x, \hat{r}]$$
$$= \hat{x}\frac{\hbar}{i}\frac{\partial}{\partial\hat{y}}\hat{r} - \hat{y}\frac{\hbar}{i}\frac{\partial}{\partial\hat{x}}\hat{r} = \hat{x}\frac{\hbar}{i}\frac{\hat{y}}{\hat{r}} - \hat{y}\frac{\hbar}{i}\frac{\hat{x}}{\hat{r}} = 0. \tag{14.15}$$

ここで (10.56) の関係式を使った.したがって $\hat{L}_z$ と $\hat{r} = (\hat{x}^2 + \hat{y}^2 + \hat{z}^2)^{1/2}$ は交換する.

今考えているハミルトニアン (14.1) は $\hat{\boldsymbol{p}}^2$ の関数の項と $\hat{r}$ の関数の項の和である.$\hat{L}_z$ は $\hat{\boldsymbol{p}}^2$ と $\hat{r}$ の両方と交換するので,$\hat{H}$ とも交換する.

なお上記の導出と同様に,$\hat{L}_x, \hat{L}_y$ と $\hat{\boldsymbol{p}}^2$ も交換すること,すなわち,

$$[\hat{L}_x, \hat{\boldsymbol{p}}^2] = 0, \quad [\hat{L}_y, \hat{\boldsymbol{p}}^2] = 0 \tag{14.16}$$

が示せる.同様に,$\hat{L}_x, \hat{L}_y$ と $\hat{r} = (\hat{x}^2 + \hat{y}^2 + \hat{z}^2)^{1/2}$ も交換すること,すなわち,

$$[\hat{L}_x, \hat{r}] = 0, \quad [\hat{L}_y, \hat{r}] = 0. \tag{14.17}$$

も示せる.

続いて,$\hat{\boldsymbol{L}}^2 = \hat{L}_x^2 + \hat{L}_y^2 + \hat{L}_z^2$ と $\hat{\boldsymbol{p}}^2$ の交換関係を調べる.まず次式が成り立つ.

$$[\hat{L}_x^2, \hat{\boldsymbol{p}}^2] = \hat{L}_x[\hat{L}_x, \hat{\boldsymbol{p}}^2] + [\hat{L}_x, \hat{\boldsymbol{p}}^2]\hat{L}_x = 0. \tag{14.18}$$

先に導いた交換関係 $[\hat{L}_x, \hat{\boldsymbol{p}}^2] = 0$ を用いた.同様に $[\hat{L}_y^2, \hat{\boldsymbol{p}}^2] = [\hat{L}_z^2, \hat{\boldsymbol{p}}^2] = 0$ なので,

$$[\hat{\boldsymbol{L}}^2, \hat{\boldsymbol{p}}^2] = [\hat{L}_x^2 + \hat{L}_y^2 + \hat{L}_z^2, \hat{\boldsymbol{p}}^2] = [\hat{L}_x^2, \hat{\boldsymbol{p}}^2] + [\hat{L}_y^2, \hat{\boldsymbol{p}}^2] + [\hat{L}_z^2, \hat{\boldsymbol{p}}^2] = 0$$

である.

さらに続いて $\hat{\boldsymbol{L}}^2 = \hat{L}_x^2 + \hat{L}_y^2 + \hat{L}_z^2$ と $\hat{r}$ の交換関係を調べる.まず次式が成り立つ.

$$[\hat{L}_x^2, \hat{r}] = \hat{L}_x[\hat{L}_x, \hat{r}] + [\hat{L}_x, \hat{r}]\hat{L}_x = 0. \tag{14.19}$$

ここでも先に導いた交換関係 $[\hat{L}_x, \hat{r}] = 0$ を用いた.同様に $[\hat{L}_y^2, \hat{r}] = [\hat{L}_z^2, \hat{r}] = 0$ な

ので,

$$[\hat{\boldsymbol{L}}^2, \hat{r}] = [\hat{L}_x^2 + \hat{L}_y^2 + \hat{L}_z^2, \hat{r}] = [\hat{L}_x^2, \hat{r}] + [\hat{L}_y^2, \hat{r}] + [\hat{L}_z^2, \hat{r}] = 0$$

である.

今考えているハミルトニアン (14.1) は $\hat{\boldsymbol{p}}^2$ の関数の項と $\hat{r}$ の関数の項の和である. $\hat{\boldsymbol{L}}^2$ は $\hat{\boldsymbol{p}}^2$ と $\hat{r}$ の両方と交換するので, $\hat{H}$ とも交換する. □

続いて, (14.8), (14.9), (14.11) を導こう.

例題 14.2 (14.8), (14.9), (14.11) を示せ.

(ヒント：x_2, y_2 が x_1, y_1 の関数であるときに $\dfrac{\partial}{\partial x_2} = \dfrac{\partial x_1}{\partial x_2}\dfrac{\partial}{\partial x_1} + \dfrac{\partial y_1}{\partial x_2}\dfrac{\partial}{\partial y_1}$, $\dfrac{\partial}{\partial y_2} = \dfrac{\partial x_1}{\partial y_2}\dfrac{\partial}{\partial x_1} + \dfrac{\partial y_1}{\partial y_2}\dfrac{\partial}{\partial y_1}$ である, という関係式を使うとよい)

解 必要となる偏微分を計算する. r, θ, φ を x, y, z の関数として表した式 (14.7) をそれぞれ x, y, z で微分する. まず x で微分する. 第 1 式については,

$$\frac{\partial r}{\partial x} = \frac{1}{2}(x^2 + y^2 + z^2)^{-1/2} \cdot 2x = \frac{x}{r} = \sin\theta\cos\varphi. \tag{14.20}$$

第 2 式については

$$-\sin\theta\frac{\partial\theta}{\partial x} = z \cdot \left(-\frac{1}{2}\right)(x^2 + y^2 + z^2)^{-3/2} \cdot 2x = -\frac{zx}{r^3} = -\frac{\sin\theta\cos\varphi\cos\theta}{r}.$$

より

$$\frac{\partial\theta}{\partial x} = \frac{\cos\theta\cos\varphi}{r}.$$

第 3 式については

$$\frac{1}{\cos\varphi^2}\frac{\partial\varphi}{\partial x} = -\frac{y}{x^2} = -\frac{\sin\varphi}{r\sin\theta\cos^2\varphi}$$

より

$$\frac{\partial\varphi}{\partial x} = -\frac{\sin\varphi}{r\sin\theta}.$$

y, z についても微分も同様に行える. 結果のみ書くと,

$$\frac{\partial r}{\partial y} = \sin\theta\sin\varphi, \qquad \frac{\partial\theta}{\partial y} = \frac{\cos\theta\sin\varphi}{r}, \qquad \frac{\partial\varphi}{\partial y} = \frac{\cos\varphi}{r\sin\theta},$$

$$\frac{\partial r}{\partial z} = \cos\theta, \qquad \frac{\partial\theta}{\partial z} = -\frac{\sin\theta}{r}, \qquad \frac{\partial\varphi}{\partial z} = 0. \tag{14.21}$$

180　第 14 章│水素原子（1）——中心ポテンシャル中の粒子

これらを使うと，x, y, z についての偏微分は r, θ, φ についての偏微分に次のように置き換えられる．

$$\frac{\partial}{\partial x} = \frac{\partial r}{\partial x}\frac{\partial}{\partial r} + \frac{\partial \theta}{\partial x}\frac{\partial}{\partial \theta} + \frac{\partial \varphi}{\partial x}\frac{\partial}{\partial \varphi} = \sin\theta\cos\varphi\frac{\partial}{\partial r} + \frac{\cos\theta\cos\varphi}{r}\frac{\partial}{\partial \theta} - \frac{\sin\varphi}{r\sin\theta}\frac{\partial}{\partial \varphi},$$

$$\frac{\partial}{\partial y} = \frac{\partial r}{\partial y}\frac{\partial}{\partial r} + \frac{\partial \theta}{\partial y}\frac{\partial}{\partial \theta} + \frac{\partial \varphi}{\partial y}\frac{\partial}{\partial \varphi} = \sin\theta\sin\varphi\frac{\partial}{\partial r} + \frac{\cos\theta\sin\varphi}{r}\frac{\partial}{\partial \theta} + \frac{\cos\varphi}{r\sin\theta}\frac{\partial}{\partial \varphi},$$

$$\frac{\partial}{\partial z} = \frac{\partial r}{\partial z}\frac{\partial}{\partial r} + \frac{\partial \theta}{\partial z}\frac{\partial}{\partial \theta} + \frac{\partial \varphi}{\partial z}\frac{\partial}{\partial \varphi} = \cos\theta\frac{\partial}{\partial r} - \frac{\sin\theta}{r}\frac{\partial}{\partial \theta}. \tag{14.22}$$

この結果を用いると，計算は面倒だが，$\nabla^2 = \dfrac{\partial^2}{\partial x^2} + \dfrac{\partial^2}{\partial y^2} + \dfrac{\partial^2}{\partial z^2}$ を r, θ, φ の偏微分で次のように書き表すことができる．

$$\nabla^2 = \frac{1}{r^2}\frac{\partial}{\partial r}\left(r^2\frac{\partial}{\partial r}\right) + \frac{1}{r^2\sin\theta}\frac{\partial}{\partial \theta}\left(\sin\theta\frac{\partial}{\partial \theta}\right) + \frac{1}{r^2\sin^2\theta}\frac{\partial^2}{\partial \varphi^2}. \tag{14.23}$$

よって（14.8）は示された．

続いて（14.11）を示す．任意のケット $|\alpha\rangle$ について，$\langle \boldsymbol{r}|\hat{L}_z|\alpha\rangle$ の表式を求める．

$$\langle \boldsymbol{r}|\hat{L}_z|\alpha\rangle = \langle \boldsymbol{r}|(\hat{x}\hat{p}_y - \hat{y}\hat{p}_x)|\alpha\rangle = \frac{\hbar}{i}\left(x\frac{\partial}{\partial y} - y\frac{\partial}{\partial x}\right)\langle \boldsymbol{r}|\alpha\rangle.$$

ここで（10.44）の関係を使っていることに注意．この式の $x, \dfrac{\partial}{\partial x}, y, \dfrac{\partial}{\partial y}$ を球面座標で置き換えると，次の結果を得る．

$$\langle \boldsymbol{r}|\hat{L}_z|\alpha\rangle = \frac{\hbar}{i}\frac{\partial}{\partial \varphi}\langle \boldsymbol{r}|\alpha\rangle.$$

よって（14.11）は示された．

同様に，$\langle \boldsymbol{r}|\hat{L}_x|\alpha\rangle, \langle \boldsymbol{r}|\hat{L}_y|\alpha\rangle$ の表式を求めると次のようになる．

$$\langle \boldsymbol{r}|\hat{L}_x|\alpha\rangle = i\hbar\left(\sin\phi\frac{\partial}{\partial \theta} + \frac{\cos\phi}{\tan\theta}\frac{\partial}{\partial \phi}\right)\langle \boldsymbol{r}|\alpha\rangle,$$

$$\langle \boldsymbol{r}|\hat{L}_y|\alpha\rangle = i\hbar\left(-\cos\phi\frac{\partial}{\partial \theta} + \frac{\sin\phi}{\tan\theta}\frac{\partial}{\partial \phi}\right)\langle \boldsymbol{r}|\alpha\rangle$$

これらの表式を用いると，$\hat{\boldsymbol{L}}^2 = \hat{L}_x^2 + \hat{L}_y^2 + \hat{L}_y^2$ について $\langle \boldsymbol{r}|\hat{\boldsymbol{L}}^2|\alpha\rangle$ の表式が，計算は面倒であるが，次のように求められる．

$$\langle \boldsymbol{r}|\hat{\boldsymbol{L}}^2|\alpha\rangle = -\hbar^2\left[\frac{1}{\sin\theta}\frac{\partial}{\partial \theta}\left(\sin\theta\frac{\partial}{\partial \theta}\right) + \frac{1}{\sin^2\theta}\frac{\partial^2}{\partial \varphi^2}\right]\langle \boldsymbol{r}|\alpha\rangle.$$

よって（14.9）は示された．　　　　　　　　　　　　　　　　　　　　□

$\hat{H}$ の固有値方程式から導かれた（14.10）は原点からの距離 r についてのみの微分方程式であり，一方 $\hat{\boldsymbol{L}}^2$ と $\hat{L}_z$ の固有値方程式からそれぞれ導かれた（14.9），（14.11）は角度 θ, φ の微分方程式であることを考えると，波動関数 $\langle \boldsymbol{r}|E, l, m\rangle$ は動径部分の関数（r の関数）と角度部分の関数（θ, φ の関数）の積として次のようにかける．

$$\langle \boldsymbol{r}|E, l, m\rangle = R_{E,l}(r)Y_{lm}(\theta, \varphi). \tag{14.24}$$

角度部分の関数 $Y_{lm}(\theta, \varphi)$ は（14.9），（14.11）より，次の方程式を満たす．

$$-\hbar^2 \left[\frac{1}{\sin\theta}\frac{\partial}{\partial\theta}\left(\sin\theta\frac{\partial}{\partial\theta}\right) + \frac{1}{\sin^2\theta}\frac{\partial^2}{\partial\varphi^2} \right] Y_{lm}(\theta, \varphi) = l(l+1)\hbar^2 Y_{lm}(\theta, \varphi), \tag{14.25}$$

$$\frac{\hbar}{i}\frac{\partial}{\partial\varphi}Y_{lm}(\theta, \varphi) = m\hbar Y_{lm}(\theta, \varphi) \tag{14.26}$$

この 2 つの方程式の解である $Y_{lm}(\theta, \varphi)$ は**球面調和関数**として知られている．l は**軌道角運動量量子数**（方位量子数とも呼ばれる）で，$l = 0, 1, 2, \cdots$ の値をとる．m は**磁気量子数**で，$m = -l, -l+1, \cdots, +l$ の値をとる．Y_{lm} の具体的な表式は，

$$Y_{lm}(\theta, \varphi) = (-1)^m \left[\frac{(2l+1)(l-m)!}{4\pi(l+m)!} \right]^{1/2} P_l^m(\cos\theta)e^{im\varphi}, \quad m \geqq 0$$
$$Y_{l,-m}(\theta, \varphi) = (-1)^m Y_{lm}^*(\theta, \varphi). \tag{14.27}$$

ここで $P_l^m(w)$ はルジャンドル陪関数である．l, m の小さいいくつかの $Y_{lm}(\theta, \varphi)$ の表式は，表 14.1（182 ページ）にある．確率密度である絶対値の 2 乗の値 $|Y_{lm}(\theta, \varphi)|^2$ を原点からの距離で表したものが図 14.2（183 ページ）である．なお，$Y_{lm}(\theta, \varphi)$ は規格化されている．つまり角度について $|Y_{lm}(\theta, \varphi)|^2$ を積分すると次の式のように 1 となる．

$$\int_0^{2\pi} d\varphi \int_0^\pi d\theta \sin\theta |Y_{lm}(\theta, \varphi)|^2 = 1. \tag{14.28}$$

ここで $|Y_{lm}(\theta, \varphi)|^2$ は φ には依存しない（式（14.27）参照）ことに注意すると，3 次元的な確率密度は，図 14.2 のグラフを z 軸を中心として回転させることによって得られる曲面で表されることがわかる．原点からその曲面までの距離がその方向の確率密度に対応している．

なお，l もしくは m が半整数ではなく整数だけをとらなくてはならないということは波動関数の φ 依存部分をみるとわかる（第 12 章で見たように，一般的

182 | 第 14 章 | **水素原子（1）——中心ポテンシャル中の粒子**

表 14.1 球面調和関数 Y_{lm} の表式

l	m	球面調和関数 $Y_{lm}(\theta, \varphi)$
0	0	$Y_{0,0} = \dfrac{1}{(4\pi)^{1/2}}$
1	0	$Y_{1,0} = \left(\dfrac{3}{4\pi}\right)^{1/2} \cos\theta$
	± 1	$Y_{1,\pm 1} = \mp \left(\dfrac{3}{8\pi}\right)^{1/2} \sin\theta\, e^{\pm i\varphi}$
2	0	$Y_{2,0} = \left(\dfrac{5}{16\pi}\right)^{1/2} (3\cos^2\theta - 1)$
	± 1	$Y_{2,\pm 1} = \mp \left(\dfrac{15}{8\pi}\right)^{1/2} \sin\theta \cos\theta\, e^{\pm i\varphi}$
	± 2	$Y_{2,\pm 2} = \left(\dfrac{15}{32\pi}\right)^{1/2} \sin^2\theta\, e^{\pm 2i\varphi}$
3	0	$Y_{3,0} = \left(\dfrac{7}{16\pi}\right)^{1/2} (5\cos^3\theta - 3\cos\theta)$
	± 1	$Y_{3,\pm 1} = \mp \left(\dfrac{21}{64\pi}\right)^{1/2} \sin\theta(5\cos^2\theta - 1)\, e^{\pm i\varphi}$
	± 2	$Y_{3,\pm 2} = \left(\dfrac{105}{32\pi}\right)^{1/2} \sin^2\theta \cos\theta\, e^{\pm 2i\varphi}$
	± 3	$Y_{3,\pm 3} = \mp \left(\dfrac{35}{64\pi}\right)^{1/2} \sin^3\theta\, e^{\pm 3i\varphi}$

な角運動量では半整数を取ることができる）．空間座標の関数である波動関数は，系を z 軸まわりに 2π だけ回転（$\varphi \to \varphi + 2\pi$）させても不変である必要がある（$\varphi = 0$ と $\varphi = 2\pi$ のとき波動関数は同じ値でなくてはいけない（波動関数は 1 価でなくてはいけない））．これはすなわち，m が整数である必要があり，半整数は許されないということを示している．

　動径部分の関数 $R_{E,l}(r)$ は，(14.10) より次の方程式を満たす．

$$\left\{-\frac{\hbar^2}{2m_0}\left[\frac{1}{r^2}\frac{d}{dr}\left(r^2\frac{d}{dr}\right) - \frac{l(l+1)}{r^2}\right] + V(r)\right\} R_{E,l}(r) = E R_{E,l}(r) \qquad (14.29)$$

したがって，時間依存しない中心ポテンシャル中の粒子の固有状態の波動関数を求める問題は，(14.29) を解くことに帰着する．後は，具体的な $V(r)$ について $E, R_{E,l}$ を求めればよい．

　なお，(14.29) は $u_{E,l}(r) = r R_{E,l}(r)$ と置くことによって r についての微分部分が $\dfrac{d}{dr}\left(r^2\dfrac{d}{dr}R_{E,l}\right) = r\dfrac{d^2 u_{E,l}}{dr^2}$ となり，さらに簡単な形になる．

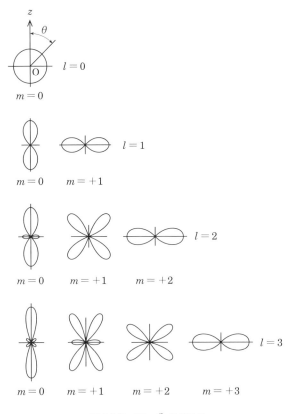

図 14.2 $|Y_{lm}|^2$ のグラフ

$$\left[-\frac{\hbar^2}{2m_0}\frac{d^2}{dr^2} + \frac{l(l+1)\hbar^2}{2m_0 r^2} + V(r)\right]u_{E,l}(r) = Eu_{E,l}(r). \tag{14.30}$$

これは $r \geqq 0$ の制限はあるが,第2項と第3項の和を新しいポテンシャルと考えれば 1 次元のシュレーディンガー方程式と同じ形をしている.第2項は,$l(l+1)\hbar^2 = $(角運動量)^2 と見なせば,古典力学で学んだ遠心力ポテンシャルに対応することがわかる.

14.2 二体系のシュレーディンガー方程式

現実の一電子原子は,質量 m_n,電荷 Ze(水素原子では $Z=1$)の 1 つの原子核が質量 m_e,電荷 $-e$ の 1 つの電子とポテンシャル

$$V(r) = -\frac{Ze^2}{4\pi\varepsilon_0 r} \tag{14.31}$$

で相互作用している(図 14.3).ここで r は原子核と電子の間の距離である.そのときのハミルトニアンは,

$$H = \frac{\hat{\boldsymbol{p}}_n^2}{2m_n} + \frac{\hat{\boldsymbol{p}}_e^2}{2m_e} + V(r). \tag{14.32}$$

原子核と電子の状態を表す波動関数を $\Psi(\boldsymbol{r}_n, \boldsymbol{r}_e)$ とすると,時間に依存しないシュレーディンガー方程式は

$$\left[-\frac{\hbar^2}{2m_n}\nabla_{\boldsymbol{r}_n}^2 - \frac{\hbar^2}{2m_e}\nabla_{\boldsymbol{r}_e}^2 + V(r) \right] \Psi(\boldsymbol{r}_n, \boldsymbol{r}_e) = E_t \Psi(\boldsymbol{r}_n, \boldsymbol{r}_e). \tag{14.33}$$

ここで $\nabla_{\boldsymbol{r}_n}^2, \nabla_{\boldsymbol{r}_e}^2$ の添字はそれぞれ $\boldsymbol{r}_n, \boldsymbol{r}_e$ の座標で偏微分することを意味している.二体問題なので,ここで古典力学で扱った通り相対座標 $\boldsymbol{r}$ と重心座標 $\boldsymbol{R}$ に座標変換する.

$$\boldsymbol{r} = \boldsymbol{r}_e - \boldsymbol{r}_n, \tag{14.34}$$

$$\boldsymbol{R} = \frac{m_e \boldsymbol{r}_e + m_n \boldsymbol{r}_n}{m_e + m_n}. \tag{14.35}$$

これを用いると(14.33)は,

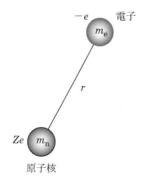

図 14.3 原子核と電子の二体系

$$\left[-\frac{\hbar^2}{2M}\nabla_{\boldsymbol{R}}^2 - \frac{\hbar^2}{2\mu}\nabla_{\boldsymbol{r}}^2 + V(r) \right] \Psi(\boldsymbol{R},r) = E_t\Psi(\boldsymbol{R},r) \qquad (14.36)$$

となることがわかる．ここで

$$M = m_{\mathrm{n}} + m_{\mathrm{e}}, \qquad (14.37)$$

$$\mu = \frac{m_{\mathrm{n}}m_{\mathrm{e}}}{m_{\mathrm{n}} + m_{\mathrm{e}}} \qquad (14.38)$$

は，古典力学でも出てきたようにそれぞれ全質量，換算質量である．

例題 14.3 / 式 (14.36) を導け．

解 (14.34), (14.35) を x 成分について具体的に書くと，

$$x = x_{\mathrm{e}} - x_{\mathrm{n}},$$

$$X = \frac{m_{\mathrm{e}}x_{\mathrm{e}} + m_{\mathrm{n}}x_{\mathrm{n}}}{m_{\mathrm{e}} + m_{\mathrm{n}}}. \qquad (14.39)$$

よって

$$\frac{\partial}{\partial x_{\mathrm{n}}} = \frac{\partial X}{\partial x_{\mathrm{n}}}\frac{\partial}{\partial X} + \frac{\partial x}{\partial x_{\mathrm{n}}}\frac{\partial}{\partial x} = \frac{m_{\mathrm{n}}}{m_{\mathrm{n}} + m_{\mathrm{e}}}\frac{\partial}{\partial X} - \frac{\partial}{\partial x},$$

$$\frac{\partial}{\partial x_{\mathrm{e}}} = \frac{\partial X}{\partial x_{\mathrm{e}}}\frac{\partial}{\partial X} + \frac{\partial x}{\partial x_{\mathrm{e}}}\frac{\partial}{\partial x} = \frac{m_{\mathrm{e}}}{m_{\mathrm{n}} + m_{\mathrm{e}}}\frac{\partial}{\partial X} + \frac{\partial}{\partial x}.$$

これより

$$\frac{1}{m_{\mathrm{n}}}\frac{\partial^2}{\partial x_{\mathrm{n}}^2} + \frac{1}{m_{\mathrm{e}}}\frac{\partial^2}{\partial x_{\mathrm{e}}^2} = \frac{1}{m_{\mathrm{n}} + m_{\mathrm{e}}}\frac{\partial^2}{\partial X^2} + \left(\frac{1}{m_{\mathrm{n}}} + \frac{1}{m_{\mathrm{e}}}\right)\frac{\partial^2}{\partial x^2} = \frac{1}{M}\frac{\partial^2}{\partial X^2} + \frac{1}{\mu}\frac{\partial^2}{\partial x^2} \qquad (14.40)$$

となる．y 成分，z 成分についても同様なのでまとめると，

$$\frac{1}{m_{\mathrm{n}}}\nabla_{\boldsymbol{r}_{\mathrm{n}}}^2 + \frac{1}{m_{\mathrm{e}}}\nabla_{\boldsymbol{r}_{\mathrm{e}}}^2 = \frac{1}{M}\nabla_{\boldsymbol{R}}^2 + \frac{1}{\mu}\nabla_{\boldsymbol{r}}^2. \qquad (14.41)$$

よって (14.33) より (14.36) は導かれた． □

(14.36) を見ると重心座標についての微分と相対座標についての微分とに分離できていることがわかる．したがって $\Psi(\boldsymbol{R},r)$ はそれぞれの変数の関数の積で

$$\Psi(\boldsymbol{R},r) = \Phi(\boldsymbol{R})\phi(\boldsymbol{r}) \qquad (14.42)$$

と書ける．ここで $\Phi(\boldsymbol{R}), \phi(\boldsymbol{r})$ は (14.36) のハミルトニアンの前半部分と後半部分の固有関数である．つまり，

$$-\frac{\hbar^2}{2M}\nabla_{\boldsymbol{R}}^2 \Phi(\boldsymbol{R}) = E_{CM}\Phi(\boldsymbol{R}), \tag{14.43}$$

$$\left[-\frac{\hbar^2}{2\mu}\nabla_{\boldsymbol{r}}^2 + V(r)\right]\phi(\boldsymbol{r}) = E\phi(\boldsymbol{r}), \tag{14.44}$$

を満たす．このとき $E_t = E_{CM} + E$ であることがわかる．今興味があるのは一電子原子の内部状態なので，(14.44) を解けばよい．これは中心ポテンシャル中の粒子の系であるので，14.1 節の結果を使うことができる．ちなみに (14.43) は原子の重心の自由な運動を表している．

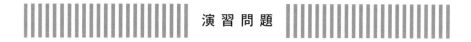

問 14.1 3 次元井戸型ポテンシャルに関する以下の問いに答えよ．

(1) ポテンシャル $V(\boldsymbol{r})$ が無限に深い井戸型ポテンシャル，すなわち

$$V(\boldsymbol{r}) = \begin{cases} 0 & (r \leqq a), \\ \infty & (a < r) \end{cases} \tag{14.45}$$

のとき，軌道角運動量量子数が $l = 0$ の状態のエネルギーと波動関数を求めよ．

(2) ポテンシャルの深さが有限のとき，すなわち

$$V(\boldsymbol{r}) = \begin{cases} 0 & (r \leqq a), \\ V_0 & (a < r) \end{cases} \tag{14.46}$$

のとき，束縛状態の定常状態が存在するための V_0 の条件を求めよ．

第15章

水素原子（2）

——エネルギー固有状態

　前章での準備を受けて，本章ではいよいよ水素原子の定常状態のエネルギー準位と波動関数を明らかにする．本書の最初に示したボーア模型で説明が試みられた水素原子の状態を量子力学で正しく記述できるようになる．

15.1　エネルギー準位

　動径波動関数の方程式 (14.30) に具体的なクーロンポテンシャルの表式 (14.31) を代入する．ただし，(14.44) でみたように，質量 m_0 を換算質量 μ と置き換える．

$$\left[-\frac{\hbar^2}{2\mu}\frac{d^2}{dr^2} + \frac{l(l+1)\hbar^2}{2\mu r^2} - \frac{Ze^2}{4\pi\varepsilon_0 r} \right] u_{E,l}(r) = E u_{E,l}(r). \tag{15.1}$$

　この方程式は第6章の調和振動子の場合と同様の考え方で，以下のように解ける．ここでは電子と原子核の束縛状態を考えるので $E < 0$ である（エネルギーの基準 $E = 0$ は電子が原子核から十分離れて静止しているときである）．

　(15.1) において r を次の式により無次元の ρ に変数変換する．

$$\rho = \sqrt{\frac{8\mu|E|}{\hbar^2}}r. \tag{15.2}$$

すると次の方程式を得る．

$$\frac{d^2 u_{E,l}}{d\rho^2} - \frac{l(l+1)}{\rho^2}u_{E,l} + \left(\frac{\lambda}{\rho} - \frac{1}{4} \right) u_{E,l} = 0. \tag{15.3}$$

ここで

$$\lambda = \frac{Ze^2}{4\pi\varepsilon_0\hbar}\sqrt{\frac{\mu}{2|E|}} \tag{15.4}$$

を導入した．また $u_{E,l}(r)$ を ρ の関数として書き換えているが同じ記号 $u_{E,l}$ を使っていることに注意．

まず（15.3）において $\rho \to \infty$（つまり $r \to \infty$）のときを考える．$1/\rho, 1/\rho^2$ の項は無視できるようになるので，

$$\frac{d^2 u_{E,l}}{d\rho^2} \simeq \frac{1}{4} u_{E,l}. \tag{15.5}$$

よって $u_{E,l}$ は ρ の十分大きいあたりで $\exp(-\rho/2)$ のように振る舞う（指数関数の中にマイナスがついているのは $\rho \to \infty$ で $u_{E,l}$ が発散しないようにするため）．よって，$u_{E,l}$ を次の式

$$u_{E,l} = \exp(-\rho/2) F_{E,l}(\rho) \tag{15.6}$$

と置き換えをして（15.3）に代入すると，$F_{E,l}$ についての次の方程式を得る．

$$\frac{d^2 F_{E,l}}{d\rho^2} - \frac{dF_{E,l}}{d\rho} + \left(\frac{\lambda}{\rho} - \frac{l(l+1)}{\rho^2}\right) F_{E,l} = 0. \tag{15.7}$$

今度は（15.7）において $\rho \to 0$（つまり $r \to 0$）のときを考える．$1/\rho^2$ の項が主な項になるので，

$$\frac{d^2 F_{E,l}}{d\rho^2} \simeq \frac{l(l+1)}{\rho^2} F_{E,l}. \tag{15.8}$$

よって $F_{E,l}$ は ρ の十分小さいあたりで ρ^{l+1} のように振る舞う（ρ^{-l} も解であるがこの解は原点で発散して規格化できなくなるので不適）．そこでさらに

$$F_{E,l}(\rho) = \rho^{l+1} L(\rho) \tag{15.9}$$

とおいて（15.7）に代入すると L についての次の微分方程式を得る．

$$\rho \frac{d^2 L}{d\rho^2} + (2l + 2 - \rho) \frac{dL}{d\rho} + (\lambda - 1 - l)L = 0. \tag{15.10}$$

$L(\rho)$ をべき級数で $L(\rho) = \sum_{k=0}^{\infty} a_k \rho^k$ と展開して（15.10）に代入すると，左辺の ρ^k の項の係数として次式を得る．

$$(k+1)(k+2l+2)a_{k+1} + (\lambda - 1 - l - k)a_k \tag{15.11}$$

（15.11）がゼロのとき（15.10）が成り立つので，

$$\frac{a_{k+1}}{a_k} = \frac{k+l+1-\lambda}{(k+1)(k+2l+2)} \tag{15.12}$$

である．したがって k が大きいとき $a_{k+1}/a_k \simeq 1/k$ となる．これは $\exp(\rho)$ を展開したときの係数の比に等しく，ρ が大きいときの振る舞いは k が大きい項で決まるので，もしべき級数が無限に続けば，$L(\rho)$ は ρ が大きいところで $L(\rho) \simeq \exp(\rho)$ のようにふるまう．そのとき，$R_{E,l} \simeq \rho^l \exp(\rho/2)$ となるので ρ が大きいとき発散してしまう．したがって級数はどこかで終わる必要がある．つまりある $k_{\max}$ において（15.12）の分子がゼロになる必要がある．つまり λ は

$$\lambda = k_{\max} + l + 1 \tag{15.13}$$

の整数でなくてはいけない．この λ をあらためて n とおく．$k_{\max} \geqq 0$ なので n は $n > l$ を満たす正の整数である．n は**主量子数**とよばれる．

$\lambda = n$ なので（15.4）よりエネルギー固有値 E が求まる．添字 n をつけて E_n としていくつかの表式で表すと，

$$\begin{aligned} E_n &= -\frac{1}{2n^2}\left(\frac{Ze^2}{4\pi\varepsilon_0}\right)^2\frac{\mu}{\hbar^2} \\ &= -\frac{e^2}{8\pi\varepsilon_0 a_0}\frac{\mu}{m_e}\frac{Z^2}{n^2} \\ &= -\frac{e^2}{8\pi\varepsilon_0 a_\mu}\frac{Z^2}{n^2}. \end{aligned} \tag{15.14}$$

ここで $a_0 = 4\pi\varepsilon_0\hbar^2/(m_e e^2)$ は，（1.20）のボーア半径，$a_\mu = 4\pi\varepsilon_0\hbar^2/(\mu e^2)$ は換算質量を用いた修正ボーア半径である．

（15.14）の式は水素原子の場合の $Z = 1$，原子核が無限に重い近似である $\mu = m_e$ とすると，第 1 章で出たエネルギーの式（1.22）に等しく，ついにこの式を量子力学的に正しく導出できた．

エネルギー準位を図示すると図 15.1 のようになる．ここで，エネルギー準位には 1s, 2p のように名前がつけられていて，最初の数字は n を表し，次のアルファベットは l に対応し，$l = 0, 1, 2, 3, 4, 5, \cdots$ にたいして，s,p,d,f,g,h,$\cdots$ である．

例題 15.1 水素原子 (^{1}H)，重水素原子 (^{2}D)，ヘリウム一価イオン (^{4}He$^+$) について，$n = 1, 2$ 状態のエネルギーをそれぞれ求めよ．

第 15 章 | 水素原子（2）——エネルギー固有状態

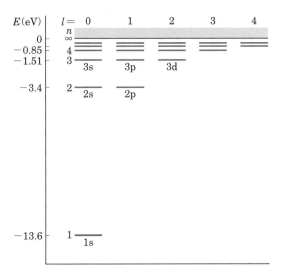

図 15.1　水素原子のエネルギー準位図

解　まず第 1 章でも見た通り，物理定数の値を代入して計算すると，

$$-\frac{e^2}{8\pi\varepsilon_0 a_0} = -13.60\,\text{eV}$$

である．また

$$\frac{\mu}{m_e} = \frac{m_n}{m_n + m_e} = \frac{1}{1 + m_e/m_n}$$

なので，水素，重水素，ヘリウムの場合の m_e/m_n を調べる．水素の場合，この比は電子と陽子の質量比でおよそ 1/1836 である．重水素は原子核が陽子と中性子 1 個ずつでできているので比は 1/1836 のおよそ 1/2．ヘリウムは原子核が陽子 2 個と中性子 2 個でできているので比は 1/1836 のおよそ 1/4．よって，μ/m_e の値は水素，重水素，ヘリウムについてそれぞれ，0.9995, 0.9997, 0.9999 である．

水素原子の場合，$Z=1$ なので，

$n=1$ のとき，$-13.60 \times 0.9995 = -13.59\,\text{eV}$．

$n=2$ のとき，$-13.60 \times 0.9995/2^2 = -3.398\,\text{eV}$．

重水素原子の場合も $Z=1$ なので，

$n=1$ のとき，$-13.60 \times 0.9997 = -13.60\,\text{eV}$．

$n = 2$ のとき，$-13.60 \times 0.9997/2^2 = -3.399\,\mathrm{eV}.$

ヘリウム一価イオンのとき，$Z = 2$ なので，

$n = 1$ のとき，$-13.60 \times 0.9999 \times 2^2 = -54.39\,\mathrm{eV}.$

$n = 2$ のとき，$-13.60 \times 0.9999 \times 2^2/2^2 = -13.60\,\mathrm{eV}.$ □

（15.14）を見るとわかるように，このエネルギー固有値は主量子数 n のみにより，軌道角運動量量子数 l によらない．これは，$V(r)$ が $\dfrac{1}{r}$ の形をしたクーロンポテンシャルに特有の結果である．一般的な中心ポテンシャルの場合には l にも依存する（ただこの場合も，磁気量子数 m にはよらない）．エネルギー E_n の準位の縮退度（同じエネルギー固有値に属する固有状態の数）は，ある n に対してとりうる l は $l = 0, 1, \cdots, n-1$ であり，l に対してとりうる m は $m = -l, -l+1, \cdots, l$ の $(2l+1)$ 個であるから，

$$\sum_{l=0}^{n-1} (2l+1) = n^2 \tag{15.15}$$

である．実は今は考えていない電子スピンの自由度 2（つまり電子スピン角運動量の大きさは 1/2 なので，その z 成分が $\hbar/2$ あるいは $-\hbar/2$ の 2 つの固有状態があるということ）をいれると，縮退度は $2n^2$ になる．

例題 15.2　$n = 3$ の状態を数え上げてみよ．

解　　電子スピンの z 成分の固有値を $m_s\hbar$ とすると，m_s は 1/2 もしくは $-1/2$ である．取りうる (n, l, m, m_s) の組を書き出すと，表 15.1（192 ページ）の 18 通りの状態がある．たしかに縮退度は $2 \cdot 3^2 = 18$ である． □

15.2 固有波動関数

エネルギー固有値 E_n に対応するエネルギー固有波動関数を求める．（15.10）で $\lambda = n$ とした方程式を改めて書く．

$$\rho \frac{d^2 L}{d\rho^2} + (2l + 2 - \rho)\frac{dL}{d\rho} + (n - 1 - l)L = 0. \tag{15.16}$$

この方程式の解は知られていて，ラゲール陪多項式 $L_{n+l}^{2l+1}(\rho)$ がそれである．ρ は（15.2）で定義されているが，E_n の式を代入して改めて書くと $\rho = 2Zr/(na_\mu)$ で

192 第 15 章 ｜ 水素原子（２）——エネルギー固有状態

表 15.1 $n = 3$ の場合の (n, l, m, m_s) の組

n	l	m	m_s		n	l	m	m_s
3	0	0	$-1/2$		3	2	-2	$1/2$
3	0	0	$1/2$		3	2	-1	$-1/2$
3	1	-1	$-1/2$		3	2	-1	$1/2$
3	1	-1	$1/2$		3	2	0	$-1/2$
3	1	0	$-1/2$		3	2	0	$1/2$
3	1	0	$1/2$		3	2	1	$-1/2$
3	1	1	$-1/2$		3	2	1	$1/2$
3	1	1	$1/2$		3	2	2	$-1/2$
3	2	-2	$-1/2$		3	2	2	$1/2$

ある.

以上よりエネルギー固有値 E_n を持つエネルギー準位に対応する動径波動関数は

$$R_{E,l}(r) = R_{nl}(r) = -\left\{ \left(\frac{2Z}{na_\mu} \right)^3 \frac{(n-l-1)!}{2n[(n+l)!]^3} \right\}^{1/2} e^{-\rho/2} \rho^l L_{n+l}^{2l+1}(\rho) \quad (15.17)$$

である. なおこの動径波動関数は r についての積分に関して規格化されている. すなわち

$$\int_0^\infty |R_{nl}(r)|^2 r^2 dr = 1 \quad (15.18)$$

である.

$R_{nl}(r)$ の具体的な表式は，n, l が小さいところでは以下の通りである.

$$R_{10}(r) = 2 \left(\frac{Z}{a_\mu} \right)^{3/2} \exp\left(-\frac{Zr}{a_\mu} \right),$$

$$R_{20}(r) = 2 \left(\frac{Z}{2a_\mu} \right)^{3/2} \left(1 - \frac{Zr}{2a_\mu} \right) \exp\left(-\frac{Zr}{2a_\mu} \right), \quad (15.19)$$

$$R_{21}(r) = \frac{1}{\sqrt{3}} \left(\frac{Z}{2a_\mu} \right)^{3/2} \left(\frac{Zr}{a_\mu} \right) \exp\left(-\frac{Zr}{2a_\mu} \right),$$

$$R_{30}(r) = 2 \left(\frac{Z}{3a_\mu} \right)^{3/2} \left(1 - \frac{2Zr}{3a_\mu} + \frac{2Z^2r^2}{27a_\mu^2} \right) \exp\left(-\frac{Zr}{3a_\mu} \right),$$

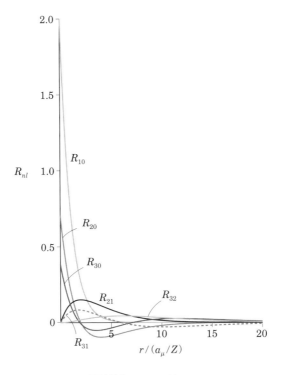

図 15.2 R_{nl} のグラフ

$$R_{31}(r) = \frac{4\sqrt{2}}{9}\left(\frac{Z}{3a_\mu}\right)^{3/2}\left(1 - \frac{Zr}{6a_\mu}\right)\left(\frac{Zr}{a_\mu}\right)\exp\left(-\frac{Zr}{3a_\mu}\right),$$

$$R_{32}(r) = \frac{4}{27\sqrt{10}}\left(\frac{Z}{3a_\mu}\right)^{3/2}\left(\frac{Zr}{a_\mu}\right)^2\exp\left(-\frac{Zr}{3a_\mu}\right).$$

これをグラフに表したものが図 15.2 である（長さの単位は a_μ/Z を 1 としている）. $R_{nl}(r)$ は原点から離れたところでは大きさが小さくなっていく傾向は同じであるが, $l=0$ のときのみ原点で 0 でない値を持つこと, $n-l-1$ 個の節（0 を横切るところ) を持つことなどが特徴としてあげられる.

シュレーディンガー方程式 (14.44) の固有関数 $\phi(\boldsymbol{r})$ は最終的に,

$$\phi(\boldsymbol{r}) = \phi_{nlm}(r,\theta,\varphi) = R_{nl}(r)Y_{lm}(\theta,\varphi) \tag{15.20}$$

となる. 具体的な表式は表 15.2 に示されている.

194 | 第 15 章 | **水素原子（2）——エネルギー固有状態**

表 15.2 　一電子原子のエネルギー固有波動関数

量子数			波動関数
n	l	m	$\psi_{nlm}(r,\theta,\varphi)$
1	0	0	$\dfrac{1}{\sqrt{\pi}}(Z/a_\mu)^{3/2}\exp\left(-Zr/a_\mu\right)$
2	0	0	$\dfrac{1}{2\sqrt{2\pi}}(Z/a_\mu)^{3/2}(1-Zr/2a_\mu)\exp\left(-Zr/2a_\mu\right)$
2	1	0	$\dfrac{1}{4\sqrt{2\pi}}(Z/a_\mu)^{3/2}(Zr/a_\mu)\exp\left(-Zr/2a_\mu\right)\cos\theta$
2	1	± 1	$\mp\dfrac{1}{8\sqrt{\pi}}(Z/a_\mu)^{3/2}(Zr/a_\mu)\exp\left(-Zr/2a_\mu\right)\sin\theta\exp\left(\pm i\varphi\right)$
3	0	0	$\dfrac{1}{3\sqrt{3\pi}}(Z/a_\mu)^{3/2}(1-2Zr/3a_\mu+2Z^2r^2/27a_\mu^2)\exp\left(-Zr/3a_\mu\right)$
3	1	0	$\dfrac{2\sqrt{2}}{27\sqrt{\pi}}(Z/a_\mu)^{3/2}(1-Zr/6a_\mu)(Zr/a_\mu)\exp\left(-Zr/3a_\mu\right)\cos\theta$
3	1	± 1	$\mp\dfrac{2}{27\sqrt{\pi}}(Z/a_\mu)^{3/2}(1-Zr/6a_\mu)(Zr/a_\mu)\exp\left(-Zr/3a_\mu\right)\sin\theta\exp\left(\pm i\varphi\right)$
3	2	0	$\dfrac{1}{81\sqrt{6\pi}}(Z/a_\mu)^{3/2}(Z^2r^2/a_\mu^2)(-Zr/3a_\mu)(3\cos^2\theta-1)$
3	2	± 1	$\mp\dfrac{1}{81\sqrt{\pi}}(Z/a_\mu)^{3/2}(Z^2r^2/a_\mu^2)(-Zr/3a_\mu)\sin\theta\cos\theta\exp\left(\pm i\varphi\right)$
3	2	± 2	$\dfrac{1}{162\sqrt{\pi}}(Z/a_\mu)^{3/2}(Z^2r^2/a_\mu^2)(-Zr/3a_\mu)\sin^2\theta\exp\left(\pm 2i\varphi\right)$

　波動関数が分かったので，以下，確率密度や期待値を考える．まず，

$$|\phi_{nlm}(\boldsymbol{r})|^2\,d\boldsymbol{r}=|R_{nl}(r)|^2|Y_{lm}(\theta,\varphi)|^2r^2dr\sin\theta d\theta d\varphi \tag{15.21}$$

は，位置 (r,θ,φ) の微小体積要素 $d\boldsymbol{r}=r^2dr\sin\theta d\theta d\varphi$ 中に電子を見つける確率である．$|R_{nl}|^2$ をプロットしたのが図 15.3 である．$|\phi_{nlm}(r,\theta,\varphi)|^2$ は図 15.3 に示した $|R_{nl}|^2$ と図 14.2 に示した $|Y_{lm}|^2$ の積である．その xz 平面での断面の確率密度を $(n,l,m)=(2,0,0),(2,1,0)$ の 2 つの場合についてプロットしたのが図 15.4 である．この図において色の濃いところが確率密度が高いところである．3 次元的な確率密度はこの断面図を z 軸を中心として回転させると得ることができる．

　さて，(15.21) を角度について積分すると

$$r^2|R_{nl}(r)|^2dr\int_0^\pi d\theta\sin\theta\int_0^{2\pi}d\varphi|Y_{lm}(\theta,\varphi)|^2=r^2|R_{nl}(r)|^2dr \tag{15.22}$$

である．これは，原子核からの距離 r と $r+dr$ の間の球殻内に電子を見つける確率と解釈できる．$r^2|R_{nl}(r)|^2$ を図示したのが，図 15.5（196 ページ）である．ち

15.2 | 固有波動関数

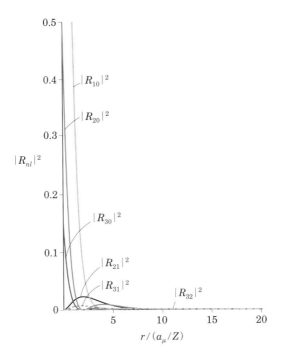

図 15.3 $|R_{nl}|^2$ のグラフ

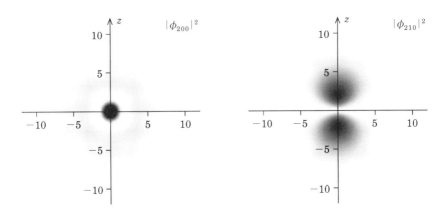

図 15.4 $|\psi_{nlm}(\boldsymbol{r})|^2$ の断面図. 軸の値は a_μ/Z を単位としている.

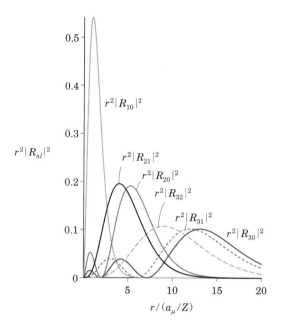

図 15.5 $r^2|R_{nl}|^2$ のグラフ

なみに l が最大値 $l = n-1$ をとるときは $r^2|R_{nl}|^2$ は 1 つの最大値をもつ. その位置は,

$$r = \frac{n^2 a_\mu}{Z} \tag{15.23}$$

であることが次の例題でわかる. これは, $Z=1, a_\mu = a_0$ のときボーアモデルで出てくる原子半径 (1.21) と一致する.

例題 15.3 (15.23) 式を証明せよ.
(ヒント:$R_{n,n-1}$ の表式は比較的単純な形をしていて, $R_{n,n-1} \sim r^{n-1} \times \exp[-Zr/(na_\mu)]$ である)

解 ヒントにあるように $R_{n,n-1} \sim r^{n-1} \exp[-Zr/(na_\mu)]$ なので, $r^2|R_{n,n-1}|^2 \sim r^{2n} \exp[-2Zr/(na_\mu)]$ を r について微分すると,

$$\frac{d}{dr}(r^2|R_{n,n-1}|^2) \sim 2nr^{2n-1}\exp[-2Zr/(na_\mu)] - \frac{2Z}{na_\mu}r^{2n}\exp[-2Zr/(na_\mu)]$$

最大値を持つのはこれがゼロの位置であるので，

$$n - \frac{Z}{na_\mu}r = 0.$$

つまり

$$r = \frac{n^2 a_\mu}{Z}$$

であり，証明できた． □

ここで，原子の「大きさ」と解釈できる r の期待値を計算してみよう．途中の計算はテクニカルに難しいので省略して結果のみ書くと，$\phi_{nlm}(\boldsymbol{r})$ に対して，

$$
\begin{aligned}
\langle r \rangle_{nlm} &= \int \phi_{nlm}^*(\boldsymbol{r}) r \phi_{nlm}(\boldsymbol{r}) \, d\mathbf{r} \\
&= \int_0^\infty dr\, r^2 \int_0^\pi d\theta \sin\theta \int_0^{2\pi} d\varphi\, r |R_{nl}(r)|^2 |Y_{lm}(\theta,\varphi)|^2 \\
&= \int_0^\infty |R_{nl}(r)|^2 r^3 \, dr \\
&= a_\mu \frac{n^2}{Z} \left\{ 1 + \frac{1}{2}\left[1 - \frac{l(l+1)}{n^2} \right] \right\}
\end{aligned}
\tag{15.24}
$$

である．つまりおおよそ n^2 に比例し，Z に反比例する．基底状態 $n=1, l=0, m=0$ の場合，

$$\langle r \rangle_{100} = \frac{3a_\mu}{2Z} \tag{15.25}$$

である．

例題 15.4 ϕ_{100} の具体的な表式を使って，r の期待値 $\langle r \rangle_{100}$（式（15.25））を導いてみよ．

解 表 15.2 より

$$\phi_{100}(\boldsymbol{r}) = \frac{1}{\sqrt{\pi}} \left(\frac{Z}{a_\mu} \right)^{3/2} \exp\left(-\frac{Zr}{a_\mu} \right)$$

なので，これを使って

$$\langle r \rangle_{100} = \int_0^\infty dr\, r^2 \int_0^\pi d\theta \sin\theta \int_0^{2\pi} d\varphi\, r \frac{1}{\pi} \left(\frac{Z}{a_\mu} \right)^3 \exp\left(-\frac{2Zr}{a_\mu} \right)$$

表 15.3　実数形の球面調和関数

l	$|m|$		
0	0	s	$\dfrac{1}{(4\pi)^{1/2}}$
1	0	p_z	$\left(\dfrac{3}{4\pi}\right)^{1/2}\cos\theta$
	1	p_x	$\left(\dfrac{3}{4\pi}\right)^{1/2}\sin\theta\cos\varphi$
		p_y	$\left(\dfrac{3}{4\pi}\right)^{1/2}\sin\theta\sin\varphi$
2	0	$\mathrm{d}_{3z^2-r^2}$	$\left(\dfrac{5}{16\pi}\right)^{1/2}(3\cos^2\theta-1)$
	1	d_{xz}	$\left(\dfrac{15}{4\pi}\right)^{1/2}\sin\theta\cos\theta\cos\varphi$
		d_{yz}	$\left(\dfrac{15}{4\pi}\right)^{1/2}\sin\theta\cos\theta\sin\varphi$
	2	$\mathrm{d}_{x^2-y^2}$	$\left(\dfrac{15}{16\pi}\right)^{1/2}(\sin^2\theta\cos 2\varphi)$
		d_{xy}	$\left(\dfrac{15}{16\pi}\right)^{1/2}(\sin^2\theta\sin 2\varphi)$

$$= 4\left(\frac{Z}{a_\mu}\right)^3 \int_0^\infty r^3 \exp\left(-\frac{2Zr}{a_\mu}\right)dr.$$

ここで $\displaystyle\int_0^\infty x^3 \exp(-ax)dx = 6/a^4$（ただし $a>0$）を用いると，

$$\langle r\rangle_{100} = \frac{3a_\mu}{2Z}$$

となり（15.25）が導かれた． □

実数形の球面調和関数

　これまでは，固有状態としてそれぞれ量子数 l と m で指定される $\boldsymbol{L}^2$ と L_z の固有状態をとって議論をしてきた．中心力ポテンシャルの場合，一般的にエネルギー固有値は m によらないので，同じ角運動量量子数 l を持つ異なる m の状態を適当に足し合わせて新しいエネルギー固有状態の組を作ってもかまわない（ただしこれは L_z の異なる固有値 m を持つ状態を足し合わせているので，もはや L_z の固有状態ではなくなる）．特に化学結合の議論で有用なのが，$m\neq 0$ のとき

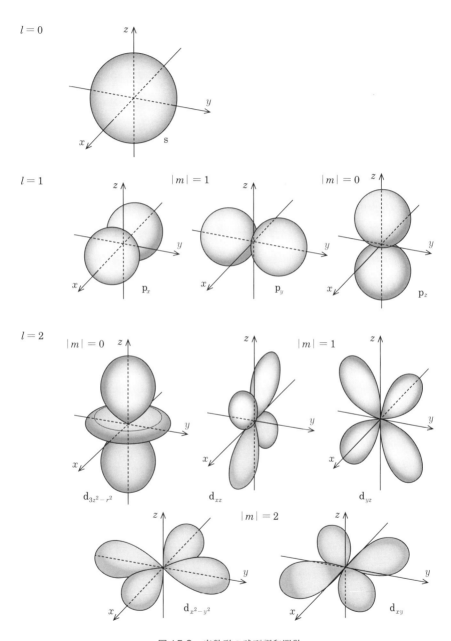

図 15.6　実数形の球面調和関数

次のように球面調和関数を足し合わせて作られる実数形の球面調和関数である．

$$\frac{1}{\sqrt{2}}(Y_{l|m|} + Y_{l|m|}^*)$$
$$-i\frac{1}{\sqrt{2}}(Y_{l|m|} - Y_{l|m|}^*) \tag{15.26}$$

$Y_{l|m|}^*$ と $Y_{l|m|}$ の関係は式 (14.27) を見よ．なお，$m = 0$ のときは Y_{l0} がそのまま実数形である．

具体的な表式が表 15.3（198 ページ）に載っている．関数を x, y, z 座標で表記したときの表式が，$l = 1, 2$ に対応する p, d に添字として z, x, y, xz, yz などのように付けられている．球面調和関数の実数形の絶対値の 2 乗の値が原点からの距離である曲面のグラフ（図 15.6，199 ページ）を見るとイメージ的にも分かりやすいであろう．

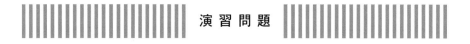

問 15.1 一電子原子のエネルギー固有状態について $1/r$ の期待値を計算すると

$$\left\langle \frac{1}{r} \right\rangle = \frac{Z}{a_\mu n^2} \tag{15.27}$$

となることが知られている．n は主量子数である．以下の問いに答えよ．

(1) $n = 1$ の基底状態の場合に (15.27) を確かめよ．

(2) 運動エネルギー T の期待値とポテンシャルエネルギー V の期待値に次の関係があることを示せ．

$$2\langle T \rangle = -\langle V \rangle. \tag{15.28}$$

(3) 前問の関係式はビリアル定理

$$2\langle T \rangle = \langle \boldsymbol{r} \cdot \nabla V \rangle \tag{15.29}$$

と呼ばれる古典力学にも現れる定理のある特定の場合であることを示せ．

COLUMN	水素原子は終わらない

　これまでのところ数学的に完全に解くことができた水素原子（一電子原子）についてでさえ，その現実の構造を正確に記述するには，以下のような数多くの補正が必要である．その中で特にスピン軌道相互作用による微細構造や原子核スピンの存在による超微細構造はしばしば重要であるが，本書ではいずれも取り扱わなかった．以下に必要となる補正を列挙する．

(1) 相対論的量子力学の効果（ディラックの理論）：微細構造
    (a) スピン軌道相互作用
    (b) 運動エネルギーの相対論的補正（相対論的質量補正）
    (c) ダーウィン項
(2) 量子電気力学の効果
    (a) ラムシフト
    (b) 電子の g 因子の値の2との差
(3) 原子核の効果
    (a) 質量効果（原子核の質量が無限に大きくない $\Leftarrow$ 非相対論的にはこの章でやったように換算質量の導入で効果を取り込める）
    (b) 体積効果（原子核の電荷が点電荷でなく有限の広がりをしている）
    (c) 原子核スピンの存在：原子核の磁気モーメントや高次のモーメントの効果（超微細構造と呼ばれる）

　水素原子について，これらの効果によるエネルギー準位の分裂やシフトを模式的に図示したのが図15.2である．これらの補正は値としては小さいが，物理学の基礎への貢献はたいへん大きい．原子のエネルギー準位は分光実験によって極めて高い精度で測定できるため，上記の効果に関する相対論的量子力学や量子電気力学の理論を極めて高い精度で検証することができる．逆に，実験結果を正確に記述するために高度な理論が発展してきたともいえる．高度な実験技術と理論を使って，最先端の研究，たとえば，反水素原子（電子と陽子の反粒子である陽電子と反陽子からなる水素原子の反粒子）の分光を通じた物質–反物質の対称性の検証，といった研究が行われている．超高精度の原子時計の一種である水素メーザー型原子時計も，原子核の効果によって作られている $1S_{1/2}, F = 0, F = 1$ 超微細構造の準位間

第 15 章　水素原子（２）——エネルギー固有状態

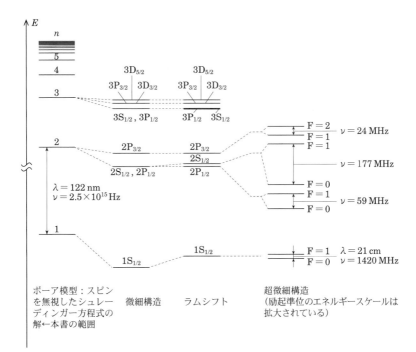

水素原子の詳細なエネルギー準位．エネルギー準位の分裂を明示するためにエネルギーのスケールはそろっていないことに注意．

隔 1420 MHz を超精密に測定しているものである．

　また，天文学の分野では，星間空間に希薄だが大量に存在する水素原子の超微細構造間での遷移で起こるマイクロ波放射を，その波長の大きさから 21 cm 線とよび，基本的な観測対象の１つとなっている．この電波のドップラー効果の観測（水素原子の運動が解析できる）から，我々の銀河が渦状であることが明らかにされたことは特筆すべきである．

今後の学習のために

量子力学の教科書は数知れず，名著とよばれるものも多い．筆者はそれらを網羅的に紹介するほどの多読家ではないため，本書を執筆するにあたり特に参考にした教科書を4つだけ挙げる．読者の今後の学習の一助となることを期待する．

[1] J.J.Sakurai, Jim Napolitano 著，桜井明夫訳，『現代の量子力学（上）』第2版，『現代の量子力学（下）』第2版（吉岡書店）

世界的な名著の日本語訳である．明快な論理構成は見事であり，解析力学など必要とされる予備知識のレベルは上がるものの，本書を読んだ読者が次に読む教科書として一番に勧める．

[2] 猪木慶治，川合光著，『量子力学 I』『量子力学 II』（講談社サイエンティフィク）

基礎から高度な内容までを取り扱った本格的な教科書．豊富な例題と詳しい問題解説で定評がある．理工系学生全般向けに内容を絞って平易にした教科書として，同じ著者による『基礎 量子力学』（講談社サイエンティフィク）もある．

[3] David J. Griffiths 著，"*Introduction to Quantum Mechanics*", Second Edition (Cambridge University Press)

これも有名な教科書．基礎からわかりやすく丁寧に記述してあり，学部レベルの量子力学の範囲を網羅している．難易度は本書と同程度．なお著者の Griffiths は電磁気学の教科書の著者としても有名．

[4] 清水明著，『新版 量子論の基礎——その本質のやさしい理解のために』（サイエンス社）

量子論の研究者による入門用教科書．数学的な記述に抵抗感がなければ，最近の量子論への入門としても「やさしく」読み進められる良書である．

写真の出典

J.J. トムソン　http://www.nndb.com/people/479/000099182/

E. ラザフォード　https://www.nobelprize.org/nobel_prizes/chemistry/laureates/
1908/rutherford-bio.html

M. プランク　https://ja.wikipedia.org/wiki/ファイル：Max_Planck_1933.jpg

A. アインシュタイン　https://ja.wikipedia.org/wiki/ファイル：Einstein1921 by
F Schmutzer 2.jpg

N. ボーア　https://ja.wikipedia.org/wiki/ファイル：Niels_Bohr.jpg

R. ミリカン　https://www.britannica.com/biography/Robert-Millikan

A. コンプトン　https://en.wikipedia.org/wiki/ファイル：Arthur Compton 1927.jpg

L. ド・ブロイ　https://ja.wikipedia.org/wiki/ファイル：Broglie Big.jpg

W. ハイゼンベルグ　https://ja.wikipedia.org/wiki/Bundesarchiv Bild183-R57262,
Werner Heisenberg.jpg

E. シュレディンガー　https://www.wikitree.com/wiki/Schr%C3%B6dinger-1

P. ディラック　https://ja.wikipedia.org/wiki/ファイル：Dirac 4.jpg

C. デビッソン　https://ja.wikipedia.org/wiki/ファイル：Clinton Davisson.jpg

G. トムソン　https://ja.wikipedia.org/wiki/ファイル：George Paget Thomson.jpg

O. シュテルン　https://ja.wikipedia.org/wiki/ファイル：Otto Stern.jpg

M. ボルン　https://ja.wikipedia.org/wiki/ファイル：Max Born.jpg

問題の略解

第 1 章の解答

問 1.1　半径 r のときの加速度の大きさ a は

$$a = \frac{1}{m}\frac{e^2}{4\pi\varepsilon_0}\frac{1}{r^2}. \tag{S.1}$$

このときのエネルギーは

$$E = -\frac{e^2}{8\pi\varepsilon_0 r}. \tag{S.2}$$

$\dfrac{dE}{dt} = -S$ なので，$\dfrac{dE}{dt} = \dfrac{dE}{dr}\dfrac{dr}{dt}$ より，

$$\frac{dr}{dt} = -\left(\frac{e^2}{4\pi\varepsilon_0}\right)^2 \frac{4}{3c^3m^2r^2} \quad (= -A/r^2 \text{ とおく}). \tag{S.3}$$

半径 r が a_0 から 0 になる時間を τ とおくと，

$$\tau = \int_0^\tau dt = -\int_{a_0}^0 \frac{r^2}{A}dr = \frac{a_0^3}{3A}. \tag{S.4}$$

これに具体的な数値を代入して計算すると，$\tau = 1.6 \times 10^{-11}\,\mathrm{s}$. すなわちわずか $16\,\mathrm{ps}$ で電子は原子核に落ち込んでしまい原子が崩壊してしまう．これは明らかに現実と異なる．

第 2 章の解答

問 2.1　問題にしたがって計算する．途中でシュレーディンガー方程式を代入．

$$\begin{aligned}
\frac{d}{dt}\int_{-\infty}^\infty |\psi(x,t)|^2 dx &= \frac{d}{dt}\int_{-\infty}^\infty \psi^*(x,t)\psi(x,t)dx \\
&= \int_{-\infty}^\infty \left(\frac{\partial \psi^*(x,t)}{\partial t}\psi(x,t) + \psi^*(x,t)\frac{\partial \psi(x,t)}{\partial t}\right)dx \\
&= \int_{-\infty}^\infty \left(\frac{\hbar}{2im}\frac{\partial^2 \psi^*(x,t)}{\partial x^2}\psi(x,t) - \psi^*(x,t)\frac{\hbar}{2im}\frac{\partial^2 \psi(x,t)}{\partial x^2}\right)dx \\
&= \frac{\hbar}{2im}\int_{-\infty}^\infty \left(\frac{\partial^2 \psi^*}{\partial x^2}\psi - \psi^*\frac{\partial^2 \psi}{\partial x^2}\right)dx \\
&= \frac{\hbar}{2im}\int_{-\infty}^\infty \frac{\partial}{\partial x}\left(\frac{\partial \psi^*}{\partial x}\psi - \psi^*\frac{\partial \psi}{\partial x}\right)dx \\
&= \frac{\hbar}{2im}\left[\frac{\partial \psi^*}{\partial x}\psi - \psi^*\frac{\partial \psi}{\partial x}\right]_{-\infty}^\infty. \tag{S.5}
\end{aligned}$$

今，粒子はある程度局在していると考える．つまり波動関数は十分遠方 $x \to \pm\infty$ でゼロで一定であると考えてよいので，ψ と $\partial\psi/\partial x$，それらの複素共役も $x \to \pm\infty$ でゼロである．よって，確率密度を全空間に渡って積分した値を時間微分するとゼロ，つまり粒子が空間中のどこかで検出される確率は時間によらない定数であることを示せた．

第3章の解答

問 3.1 $\psi(x, t)$ を書き下すと，$\omega = \dfrac{\hbar k^2}{2m}$ なので，

$$\psi(x, t) = A \int_{-\infty}^{\infty} \exp\left(-a^2(k - k_0)^2\right) \exp\left(i\left(kx - \frac{\hbar k^2}{2m}t\right)\right) dk. \tag{S.6}$$

式変形を行うと，

$$\psi(x, t) = A \exp\left(\frac{\dfrac{-x^2}{4a^2} + i(k_0 x - \omega_0 t)}{1 + izt}\right) \frac{1}{\sqrt{1 + izt}}$$

$$\int_{-\infty}^{\infty} \exp\left(-a^2\left(\sqrt{1 + izt}k - \frac{\dfrac{ix}{a^2} + 2k_0}{2\sqrt{1 + izt}}\right)^2\right) \sqrt{1 + izt}\, dk. \tag{S.7}$$

ここで $z = \hbar/(2ma^2)$，$\omega_0 = \omega(k_0) = \hbar k_0^2/(2m)$ である．積分部分は $\sqrt{\pi/a^2}$ なので，結局，

$$\psi(x, t) = A\sqrt{\frac{\pi}{a^2}} \frac{1}{\sqrt{1 + izt}} \exp\left(\frac{\dfrac{-x^2}{4a^2} + i(k_0 x - \omega_0 t)}{1 + izt}\right). \tag{S.8}$$

確率密度を計算すると

$$|\psi(x, t)|^2 = |A|^2 \frac{\pi}{a^2\sqrt{1 + z^2 t^2}} \exp\left(-\frac{(x - v_g t)^2}{2a^2(1 + z^2 t^2)}\right). \tag{S.9}$$

ここで $v_g = \hbar k_0/m$ である．この式より，この波束の確率密度は，中心が $x = v_g t$ で移動するガウス関数であり，その $1/e$ 全幅は $2\sqrt{2}a\sqrt{1 + z^2 t^2}$ で時間とともに広がる（高さは $1/\sqrt{1 + z^2 t^2}$ でつぶれる）．$zt = \hbar t/(2ma^2) \ll 1$ を満たす t では波束は形を変えずに移動すると見なせる．

第4章の解答

問 4.1 定常状態かどうかは $\phi(x)$ が時間に依存しないシュレーディンガー方程式の解であるかどうかを調べることでわかる．今は $V(x) = 0$ なので，

$$-\frac{\hbar^2}{2m}\frac{d^2\phi}{dx^2} = E\phi = (\text{定数}) \times \phi \tag{S.10}$$

を満たすかどうかを調べればよい.

   (1) この波動関数は平面波の状態を表している.

      (a) $\phi(x) = A\exp(ikx)$ を (S.10) の左辺に代入して,

$$-\frac{\hbar^2}{2m}\frac{d^2\phi}{dx^2} = \frac{\hbar^2 k^2}{2m}\phi. \tag{S.11}$$

よって時間に依存しないシュレーディンガー方程式を満たすので定常状態であり, エネルギー E は $\hbar^2 k^2/(2m)$ である.

      (b) 確率密度が $|\phi(x)|^2 = A^2$ で位置に依存しないので, どの位置でも等しい確率で検出される.

   (2) この波動関数は波束の状態を表している.

      (a) $\phi(x) = A\exp\left(-\dfrac{x^2}{2a^2}\right)\exp(ikx)$ を (S.10) の左辺に代入して計算すると

$$-\frac{\hbar^2}{2m}\frac{d^2\phi}{dx^2} \neq (\text{定数}) \times \phi \tag{S.12}$$

であることがわかる. つまりこの状態は定常状態ではない.

      (b) 確率密度が $|\phi(x)|^2 = A^2\exp\left(-\dfrac{x^2}{a^2}\right)$ なので, $x=0$ を中心に $2a$ 程度の幅の領域で検出される確率が高い.

第5章の解答

問 5.1   ポテンシャルの形は $x \geqq 0$ では第 5 章で扱った有限の深さの井戸型ポテンシャルの場合と同じである. 有限の深さの井戸型ポテンシャルの場合における奇関数の波動関数の解が, 無限に大きいポテンシャルの境界での境界条件 $\phi(0) = 0$ を満たす. よって奇関数の波動関数 (ただし $x \geqq 0$ においてである. $x < 0$ の波動関数は $\phi(x) = 0$ である. なお規格化条件を満たすためには $\sqrt{2}$ 倍すればよい) とエネルギーが求める解である.

問 5.2   時間に依存しないシュレーディンガー方程式は,

$$\frac{d^2\phi}{dx^2} = -\frac{2m}{\hbar^2}(E + \alpha\delta(x))\phi. \tag{S.13}$$

$x \neq 0$ において $V(x) = 0$ なので, $x = \pm\infty$ で発散せず $x = 0$ で連続な波動関数の一般解は A を定数として $\phi(x) = A\exp(-\rho|x|)$. ただし $\rho = \sqrt{-2mE}/\hbar$. E はエネルギーで $E < 0$ である.

$x = 0$ においてポテンシャルのとびが無限なので，そこでの境界条件を（S.13）の両辺を $x = -\varepsilon$ から $x = \varepsilon$ まで積分することにより考える．左辺は $\phi'(\varepsilon) - \phi'(-\varepsilon)$ であり，$\varepsilon \to 0$ の極限を考えると $-2\rho A$．右辺は，

$$-\frac{2m}{\hbar^2} \int_{-\varepsilon}^{\varepsilon} (E\phi + \alpha\delta(x)\phi)dx. \tag{S.14}$$

積分の第 1 項は $\varepsilon \to 0$ の極限を考えると 0．第 2 項はデルタ関数の性質より $\varepsilon \to 0$ の極限を考えても有限の値が残り $-2m\alpha\phi(0)/\hbar^2 = -2m\alpha A/\hbar^2$．よって（左辺）＝（右辺）より $\rho = m\alpha/\hbar^2$，すなわち $E = -m\alpha^2/(2\hbar^2)$ が導ける．規格化条件 $\int_{-\infty}^{\infty} |\phi|^2 dx = 1$ より A を正の実数として求めると $A = \sqrt{\rho}$．以上よりまとめると，

$$\phi(x) = \frac{\sqrt{m\alpha}}{\hbar} \exp\left(-\frac{m\alpha}{\hbar^2}|x|\right), \tag{S.15}$$

$$E = -\frac{m\alpha^2}{2\hbar^2}. \tag{S.16}$$

第6章の解答

問6.1 (1) ポテンシャルが $V(x,y,z) = V_x(x) + V_y(y) + V_z(z)$ の形のとき，3 次元の時間に依存しないシュレーディンガー方程式は

$$-\frac{\hbar^2}{2m}\left(\frac{\partial^2}{\partial x^2} + \frac{\partial^2}{\partial x^2} + \frac{\partial^2}{\partial x^2}\right)\phi(x,y,z) + (V_x(x) + V_y(y) + V_z(z))\phi(x,y,z)$$

$$= -\frac{\hbar^2}{2m}\left(\frac{\partial^2}{\partial x^2}\phi(x,y,z) + V_x(x)\phi(x,y,z)\right) - \frac{\hbar^2}{2m}\left(\frac{\partial^2}{\partial y^2}\phi(x,y,z) + V_y(y)\phi(x,y,z)\right)$$

$$-\frac{\hbar^2}{2m}\left(\frac{\partial^2}{\partial z^2}\phi(x,y,z) + V_z(z)\phi(x,y,z)\right) = E\phi(x,y,z) \tag{S.17}$$

左辺に $\phi(x,y,z) = \phi_x(x)\phi_y(y)\phi_z(z)$ を代入して計算すると，$(E_x + E_y + E_z)$ $\phi(x,y,z)$ となる．よって $\phi(x,y,z) = \phi_x(x)\phi_y(y)\phi_z(z)$ は解であり，そのときの E は $E = E_x + E_y + E_z$ である．

(2) 各座標についての 1 次元調和振動子型ポテンシャルの場合の時間に依存しないシュレーディンガー方程式の解は第 6 章で求めた通りであり，それを $\phi_{n_x}(x)$，$E_{n_x} = \hbar\omega\left(n_x + \frac{1}{2}\right)$ $(n_x = 0,1,2,\cdots)$ などとすると，求める波動関数は $\phi(x,y,z)$ $= \phi_{n_x}(x)\,\phi_{n_y}(y)\,\phi_{n_z}(z)$，エネルギーは $E_{n_x,n_y,n_z} = E_{n_x} + E_{n_y} + E_{n_z} = \hbar\omega\left(n_x + n_y + n_z + \frac{3}{2}\right)$ である．

(3) 基底状態は $(n_x, n_y, n_z) = (0,0,0)$ の場合で縮退しておらず，エネルギーは $3\hbar\omega/2$.

第 1 励起状態は $(n_x, n_y, n_z) = (1, 0, 0), (0, 1, 0), (0, 0, 1)$ の場合で 3 重に縮退してい
て，エネルギーは $5\hbar\omega/2$.

第 7 章の解答

問 7.1 (1) $E > 0$

(2) $\phi_1(x) = A \exp(ik_1 x) + B \exp(-ik_1 x)$, ただし $k_1 = \sqrt{2mE/\hbar^2}$, (S.18)

$\phi_2(x) = C \exp(ik_2 x) + D \exp(-ik_2 x)$, ただし $k_2 = \sqrt{2m(E + V_0)/\hbar^2}$, (S.19)

$$\phi_3(x) = 0. \tag{S.20}$$

A, B, C, D は定数である.

(3) $\phi_1(-a) = \phi_2(-a), \phi_1'(-a) = \phi_2'(-a), \phi_2(0) = 0$ が境界条件である. $x = 0$ ではポテンシャルのとびが無限大なので微分係数が等しいという条件は不要. この条件を適用すると各領域での波動関数の項の係数は次の関係式を満たす.

$$A \exp(-ik_1 a) + B \exp(ik_1 a) = C \exp(-ik_2 a) + D \exp(ik_2 a), \tag{S.21}$$

$$k_1 A \exp(-ik_1 a) - k_1 B \exp(ik_1 a) = k_2 C \exp(-ik_2 a) - k_2 D \exp(ik_2 a), \tag{S.22}$$

$$C + D = 0. \tag{S.23}$$

(4) 次のような点を答えられればよい.

・$x = -a$ で反射される確率と透過する確率がある.

・$x = -a$ を透過した成分は $x = 0$ で 100%の確率で反射.

・領域③には粒子はまったく侵入しない（③で検出される確率はゼロ）.

・$x = 0$ で反射されて x の負方向に戻る成分は $x = -a$ で反射される確率と透過する確率があり, 反射された成分は再び $x = 0$ と $x = -a$ の間で同様の反射と透過を起こす.

・最終的にはすべて $x = -\infty$ 方向に反射される.

(5) $|B|^2/|A|^2$ を計算すると

$$\frac{|B|^2}{|A|^2} = \frac{k_1^2 \sin^2(k_2 a) + k_2^2 \cos^2(k_2 a)}{k_1^2 \sin^2(k_2 a) + k_2^2 \cos^2(k_2 a)} = 1. \tag{S.24}$$

よって領域①で x の正の方向に進む確率の流れと負の方向に進む確率の流れが等しいので, 最終的には x が負の方向にすべて反射される.

(6) $|C|^2/|A|^2$ を最小にする条件を求める. 計算すると

$$\frac{|C|^2}{|A|^2} = \frac{k_1^2}{k_1^2 \sin^2(k_2 a) + k_2^2 \cos^2(k_2 a)} = \frac{k_1^2}{\frac{2m}{\hbar^2}(E + V_0 \cos^2(k_2 a))}. \tag{S.25}$$

よって $a = n\pi/k_2$ $(n = 1, 2, 3, \cdots)$. この条件のとき領域①と②の境界 $x = -a$ においても波動関数は 0 となる.

第8章の解答

問 8.1 (8.44) において $|\beta\rangle = |\alpha\rangle$ とおくと $\langle\alpha|\hat{A}|\alpha\rangle = \langle\alpha|\hat{A}|\alpha\rangle^*$ である. よって $\langle\alpha|\hat{A}|\alpha\rangle$ は実数である.

問 8.2 $|a\rangle\langle a|\alpha\rangle = (\langle a|\alpha\rangle)|a\rangle$ なので,射影演算子 $|a\rangle\langle a|$ は $|\alpha\rangle$ から $|a\rangle$ に平行な成分を選び出すはたらきをする演算子であるといえる.

問 8.3 $[\hat{X}, \hat{Y}] = 0$ なので $\hat{X}\hat{Y} = \hat{Y}\hat{X}$ であり,$\hat{X}$ と $\hat{Y}$ の積の順序は自由に入れ替えられる. したがって指数関数の式 $\exp(x + y) = \exp(x)\exp(y)$ と同様に $\exp(\hat{X} + \hat{Y}) = \exp(\hat{X})\exp(\hat{Y})$ が成り立つ. 一般には $[\hat{X}, \hat{Y}] \neq 0$ なので $\exp(\hat{X} + \hat{Y}) = \exp(\hat{X})\exp(\hat{Y})$ とはできない.

第9章の解答

問 9.1 (1)
$$\hat{S}_z|+\rangle = \frac{\hbar}{2}|+\rangle, \tag{S.26}$$
$$\hat{S}_z|-\rangle = -\frac{\hbar}{2}|-\rangle \tag{S.27}$$

(2)
$$\hat{S}_z = (|+\rangle\langle+| + |-\rangle\langle-|)\hat{S}_z(|+\rangle\langle+| + |-\rangle\langle-|)$$
$$= (|+\rangle\langle+| + |-\rangle\langle-|)\left(\frac{\hbar}{2}|+\rangle\langle+| - \frac{\hbar}{2}|-\rangle\langle-|\right). \tag{S.28}$$

規格直交性より $\langle+|+\rangle = \langle-|-\rangle = 1$, $\langle+|-\rangle = \langle-|+\rangle = 0$ なので,結局 $\hat{S}_z = \frac{\hbar}{2}|+\rangle\langle+| - \frac{\hbar}{2}|-\rangle\langle-|$ と表せる.

(3) $\langle\alpha|\alpha\rangle = \left(\frac{1}{2}\langle+| - i\frac{\sqrt{3}}{2}\langle-|\right)\left(\frac{1}{2}|+\rangle + i\frac{\sqrt{3}}{2}|-\rangle\right) = \frac{1}{4} + \frac{3}{4} = 1.$

(4) 固有値 $\hbar/2$ が得られる確率は $|\langle+|\alpha\rangle|^2 = 1/4$ である. 固有値 $-\hbar/2$ が得られる確率は $|\langle-|\alpha\rangle|^2 = 3/4$ である. 期待値は $\langle S_z\rangle = \langle\alpha|\hat{S}_z|\alpha\rangle = \frac{1}{4}\frac{\hbar}{2} - \frac{3}{4}\frac{\hbar}{2} = -\frac{\hbar}{4}$ である.

(5) 測定の結果 $\hbar/2$ を得た直後の状態は $|+\rangle$ なので,再び S_z を測定したときに得られる結果は確率 1 で $\hbar/2$ である.

第10章の解答

問 10.1 $|\alpha\rangle = \exp\left(-i\dfrac{\hat{p}}{\hbar}l\right)|x'\rangle$ が位置演算子 $\hat{x}$ の固有値 $x' + l$ に属する固有ケットであることを示せばよい. $\hat{x}$ を左から作用させる.

$$\hat{x}|\alpha\rangle = \hat{x}\exp\left(-i\frac{\hat{p}}{\hbar}l\right)|x'\rangle. \tag{S.29}$$

ここで n を 0 以上の整数として

$$[\hat{x}, \hat{p}^n] = i\hbar n\hat{p}^{n-1} \tag{S.30}$$

が成り立つことが交換関係 $[\hat{x}, \hat{p}] = i\hbar$ より導ける. つまり (10.56) と同様に, $G(\hat{p})$ を $\hat{p}$ の任意の関数として,

$$[\hat{x}, G(\hat{p})] = i\hbar\frac{dG(\hat{p})}{d\hat{p}} \tag{S.31}$$

が成り立つ. この関係を使うと

$$\hat{x}\exp\left(-i\frac{\hat{p}}{\hbar}l\right) = \exp\left(-i\frac{\hat{p}}{\hbar}l\right)(\hat{x} + l). \tag{S.32}$$

よって (S.29) は

$$\exp\left(-i\frac{\hat{p}}{\hbar}l\right)(\hat{x} + l)|x'\rangle = \exp\left(-i\frac{\hat{p}}{\hbar}l\right)(x' + l)|x'\rangle = (x' + l)|\alpha\rangle \tag{S.33}$$

となる. つまり $|\alpha\rangle = \exp\left(-i\dfrac{\hat{p}}{\hbar}l\right)|x'\rangle$ は位置演算子 $\hat{x}$ の固有値 $x' + l$ に属する固有ケットであるので, $\exp\left(-i\dfrac{\hat{p}}{\hbar}l\right)$ は $|x'\rangle$ を $|x' + l\rangle$ に平行移動する演算子であるといえる.

問 10.2 $|\alpha; t\rangle$ をシュレーディンガー方程式 (10.49) の左辺に代入すると,

$$i\hbar\frac{d}{dt}|\alpha; t\rangle = i\hbar\frac{d}{dt}\left(\exp\left(-i\frac{\hat{H}}{\hbar}t\right)|\alpha\rangle\right) = \hat{H}\left(\exp\left(-i\frac{\hat{H}}{\hbar}t\right)|\alpha\rangle\right) = \hat{H}|\alpha; t\rangle \tag{S.34}$$

となり, シュレーディンガー方程式 (10.49) の右辺に等しい. つまり $|\alpha; t\rangle$ はシュレーディンガー方程式を満たす. また, $t = 0$ のとき $|\alpha; t = 0\rangle = \exp(0)|\alpha\rangle = |\alpha\rangle$ である. よって, $\exp\left(-i\dfrac{\hat{H}}{\hbar}t\right)|\alpha\rangle$ は時刻 t でのケットである.

第11章の解答

問 11.1 (1) 得られる可能性のある値は a_1, a_2 で, 得られる確率はそれぞれ $|\langle a_1|\alpha\rangle|^2$, $|\langle a_2|\alpha\rangle|^2$.

(2) a_2.

問題の略解　213

(3)　A を測定したとき a_2 が確率 1 で得られる. B を測定したときは値 b_1, b_2 がそれぞれ確率 $|\langle b_1|a_2\rangle|^2, |\langle b_2|a_2\rangle|^2$ で得られる.

(4)　完備関係式 $\sum_{i=1}^{2} |b_i\rangle\langle b_i| = 1$ を使って, $|a_2\rangle = |b_1\rangle\langle b_1|a_2\rangle + |b_2\rangle\langle b_2|a_2\rangle$.

(5)　(11.21) より $|b_i\rangle$ $(i = 1, 2)$ は $\hat{H}$ の固有ケットでもあり, その固有値は (11.4) より $E_i = \langle b_i|\hat{H}|b_i\rangle$ である. よって, 時刻 t におけるケットを $|a_2; t\rangle$ とすると
$$|a_2; t\rangle = \exp\left(-i\frac{E_1}{\hbar}t\right)|b_1\rangle\langle b_1|a_2\rangle + \exp\left(-i\frac{E_2}{\hbar}t\right)|b_2\rangle\langle b_2|a_2\rangle.$$

(6)　A を測定したときに a_i が得られる確率は
$$|\langle a_i|a_2; t\rangle|^2 = |\exp\left(-i\frac{E_1}{\hbar}t\right)\langle a_i|b_1\rangle\langle b_1|a_2\rangle + \exp\left(-i\frac{E_2}{\hbar}t\right)\langle a_i|b_2\rangle\langle b_2|a_2\rangle|^2$$
$$= |\exp\left(-i\frac{E_1}{\hbar}t\right)|$$
$$\times |\langle a_i|b_1\rangle\langle b_1|a_2\rangle + \exp\left(-i\frac{E_2 - E_1}{\hbar}t\right)\langle a_i|b_2\rangle\langle b_2|a_2\rangle|^2$$
$$= |\langle a_i|b_1\rangle\langle b_1|a_2\rangle + \exp\left(-i\frac{E_2 - E_1}{\hbar}t\right)\langle a_i|b_2\rangle\langle b_2|a_2\rangle|^2 \tag{S.35}$$

である. 状態が $|a_2\rangle$ だった直後とは異なり, 一般には a_1, a_2 の両方が上記の確率で観測される可能性がある. ただし指数関数部分が 1, つまり $E_1 = E_2$ あるいは $t = 2\pi n\hbar/(E_2 - E_1)$ (n は整数) の場合は $|\langle a_i|a_2\rangle|^2$ となるので, a_2 のみが確率 1 で観測される. B を測定したときに b_i が得られる確率は
$$|\langle b_i|a_2; t\rangle|^2 = |\exp\left(-i\frac{E_i}{\hbar}t\right)\langle b_i|a_2\rangle|^2 = |\langle b_i|a_2\rangle|^2 \tag{S.36}$$

である. つまり状態が $|a_2\rangle$ だった直後と比べて得られる値とその確率は変わらない.

<u>第12章の解答</u>

<u>問 12.1</u>　(1)　J_z の 2 乗の平均値は
$$\overline{J_z^2} = \int_{-j}^{j} j_z^2 \frac{dj_z}{2j} = \frac{j^2}{3}. \tag{S.37}$$

x, y, z 方向は同等なので,
$$\overline{\boldsymbol{J}^2} = \overline{J_x^2} + \overline{J_x^2} + \overline{J_x^2} = 3\overline{J_z^2} = j^2. \tag{S.38}$$

(2)　J_z の 2 乗の平均値は
$$\overline{J_z^2} = \frac{1}{2j+1}\sum_{m=-j}^{j} m^2 = \frac{1}{2j+1}\frac{1}{3}j(j+1)(2j+1) = \frac{1}{3}j(j+1). \tag{S.39}$$

よって

$$\overline{\boldsymbol{J}^2} = 3\overline{J_z^2} = j(j+1). \tag{S.40}$$

問 12.2　棒の慣性モーメント I は $I = m_0 a^2/2$ である．したがってハミルトニアンは

$$\hat{H} = \frac{\hat{\boldsymbol{L}}^2}{2I} = \frac{\hat{\boldsymbol{L}}^2}{m_0 a^2}. \tag{S.41}$$

$\hat{\boldsymbol{L}}^2$ の固有値は l を 0 以上の整数として $l(l+1)\hbar^2$ なので，エネルギー固有値は $l(l+1)\hbar^2/(m_0 a^2)$ $(l = 0, 1, 2, \cdots)$.

問 12.3　最初に角運動量の 2 乗 $\boldsymbol{J}^2$ を測定して $j'(j'+1)\hbar^2$ という値を得たとする．このとき系の状態は $|j'\rangle$ と書けるが，角運動量の z 成分の固有値としては $-j'$ から j' までの $2j'+1$ 通りの値を持ちうる．つまり $|j'\rangle$ は $2j'+1$ 重に縮退しているので，$\hat{\boldsymbol{J}}^2$ と $\hat{J}_z$ の同時固有ケット $|j, m\rangle$ を使うと，測定後の状態は c_m を係数として $\sum_{m=-j'}^{j'} c_m |j', m\rangle$ と書くのが適当である．その後 J_z を測定して $m'\hbar$ という値を得たとすると，そのとき系の状態は $|j', m'\rangle$ となる．その後は $\boldsymbol{J}^2, J_z$ を測定すると確率 1 でそれぞれ $j'(j'+1)\hbar^2, m'\hbar$ を得る．

第 13 章の解答

問 13.1　(1) 作用後の S_x の期待値は

$$\langle \alpha | \exp\left(i\frac{\hat{S}_z}{\hbar}\phi\right) \hat{S}_x \exp\left(-i\frac{\hat{S}_z}{\hbar}\phi\right) |\alpha\rangle \tag{S.42}$$

である．この式の演算子部分を計算する．(13.22) を利用すると

$$\frac{\hbar}{2} \exp\left(i\frac{\hat{S}_z}{\hbar}\phi\right) (|z+\rangle\langle z-| + |z-\rangle\langle z+|) \exp\left(-i\frac{\hat{S}_z}{\hbar}\phi\right) \tag{S.43}$$

$$= \frac{\hbar}{2}\left(\exp\left(i\frac{\phi}{2}\right) |z+\rangle\langle z-| \exp\left(i\frac{\phi}{2}\right) + \exp\left(-i\frac{\phi}{2}\right) |z-\rangle\langle z+| \exp\left(-i\frac{\phi}{2}\right) \right)$$

$$= \frac{\hbar}{2}\left((|z+\rangle\langle z-| + |z-\rangle\langle z+|)\cos\phi - i(-|z+\rangle\langle z-| + |z-\rangle\langle z+|)\sin\phi \right)$$

$$= \hat{S}_x \cos\phi - \hat{S}_y \cos\phi$$

となる．よって，作用後の S_x の期待値が $\langle \hat{S}_x \rangle \cos\phi - \langle \hat{S}_y \rangle \cos\phi$ であることが示せた．

(2) (1) と同様に示せる．

(3) $\exp\left(i\dfrac{\hat{S}_z}{\hbar}\phi\right) \hat{S}_z \exp\left(-i\dfrac{\hat{S}_z}{\hbar}\phi\right) = \hat{S}_z$ なので明らかである．

問題の略解　215

第14章の解答

問 14.1　(1)　(14.30) で $l = 0$ とおくと

$$\left[-\frac{\hbar^2}{2m_0} \frac{d^2}{dr^2} + V(r) \right] u_{E,0}(r) = E u_{E,0}(r). \tag{S.44}$$

であり，第 5 章で扱った 1 次元の無限に深い井戸型ポテンシャルの解が利用できる．$u_{E,0}(r) = rR_{E,0}$ なので，$r = 0$ で $u_{E,0} = 0$ である．この条件を満たす波動関数の解は奇関数の解（5.14）である（今は $r \geqq 0$ の領域のみなので規格化条件を満たすためには $\sqrt{2}$ 倍する）．以上より，求める波動関数は，1 以上の整数 n でエネルギー E がラベル付けできるので n を添字として用いて，$0 \leqq r \leqq a$ のとき

$$R_{n,0} Y_{0,0} = \frac{1}{\sqrt{2\pi a}} \frac{1}{r} \sin\left(\frac{n\pi}{a} r \right). \qquad (n = 1, 2, 3, \cdots) \tag{S.45}$$

$a < r$ では波動関数はゼロである．エネルギーは，

$$E_n = \frac{\pi^2 \hbar^2 n^2}{2ma^2}. \tag{S.46}$$

(2)　$l = 0$ の束縛状態が存在する条件は，第 5 章の有限の深さの井戸型ポテンシャルにおいて奇関数解が存在するための条件と同じなので，$V_0 \geqq \pi^2 \hbar^2/(8ma^2)$．実際 $l = 0, n = 1$ のときが $l > 0$ の場合を含めて最低のエネルギー固有値を持つので，この条件が 3 次元の有限深さの井戸型ポテンシャルの場合に束縛状態が存在する条件である．定性的に考えると $l > 0$ のときポテンシャルは $l(l+1)\hbar^2/(2m_0 r^2)$ の項があるためより浅くなり $l = 0$ に比べ束縛状態になりにくくなる．

第15章の解答

問 15.1　(1)　$\left\langle \dfrac{1}{r} \right\rangle_{100} = 4 \left(\dfrac{Z}{a_\mu} \right)^3 \displaystyle\int_0^\infty r \exp\left(-\dfrac{2Zr}{a_\mu} \right) dr = 4 \left(\dfrac{Z}{a_\mu} \right)^3 \left(\dfrac{a_\mu}{2Z} \right)^2 = \dfrac{Z}{a_\mu}.$
$$\tag{S.47}$$

確かにこれは（15.27）で $n = 1$ の場合である．

(2)　主量子数 n の状態のエネルギー固有値を E_n とすると，$E_n = \langle H \rangle = \langle T \rangle + \langle V \rangle$．よって

$$\langle T \rangle = E_n - \langle V \rangle = -\frac{e^2}{8\pi\varepsilon_0 a_\mu} \frac{Z^2}{n^2} + \frac{Ze^2}{4\pi\varepsilon_0} \left\langle \frac{1}{r} \right\rangle \tag{S.48}$$

$$= \frac{e^2}{8\pi\varepsilon_0 a_\mu} \frac{Z^2}{n^2} = -\frac{1}{2} \langle V \rangle.$$

よって証明された．

(3) ポテンシャルが中心ポテンシャル $V(r) = Cr^n$（C は定数）のとき，ビリアル定理は

$$2\langle T \rangle = \langle \boldsymbol{r} \cdot \nabla V \rangle = \langle r \frac{\partial V}{\partial r} \rangle = n\langle V \rangle. \tag{S.49}$$

今 $n = -1$ なので確かに前問の結果はビリアル定理のある特定の場合である．

索引

あ 行

位置空間の波動関数…… 136
陰極線…… 5
運動量空間の波動関数…… 136
エーレンフェストの定理…… 36
エネルギー固有関数…… 49
エネルギー固有状態…… 49
エネルギー固有値…… 49
エネルギー準位…… 58
エルミート…… 109
エルミート共役…… 109
エルミート多項式…… 77
演算子…… 26, 107
オブザーバブル…… 117

か 行

回転演算子…… 173
ガウス波束…… 39
確率の流れ…… 86
確率の保存…… 85
確率密度…… 21
完全系…… 118
観測…… 122
観測可能量…… 117
　両立できない—…… 144
　両立できる—…… 144
完備関係式…… 119
規格化…… 20, 105
規格直交系…… 117
基準振動…… 44
期待値…… 30, 124
基底準位…… 59
基底状態…… 59
軌道角運動量量子数…… 181
球面調和関数…… 181

行列表現…… 171
クロージャー…… 119
クロネッカーのデルタ…… 46
ケット…… 103
原子核…… 10
光子…… 2
光電効果…… 2
光電子…… 2
光量子…… 2
固有状態…… 116
固有振動…… 44
固有値…… 116
固有値方程式…… 48
コンプトン効果…… 3

さ 行

最小不確定状態…… 80
時間発展演算子…… 142
磁気モーメント…… 162
磁気量子数…… 181
仕事関数…… 3
実数形の球面調和関数…… 198
射影演算子…… 114
射影仮説…… 123
修正ボーア半径…… 189
縮退…… 69
主量子数…… 189
シュレーディンガー方程式…… 26, 139
　時間に依存しない—…… 48
　時間を含まない—…… 48
昇降演算子…… 156
消滅演算子…… 120
真空放電…… 5
スピン…… 162
正準交換関係…… 34
生成演算子…… 120
ゼロケット…… 104
ゼロ点エネルギー…… 59
ゼロ点振動…… 77
測定…… 122

束縛状態…… 54, 58

た 行

対角化…… 143
調和振動子…… 73
定常状態…… 49
デビッソン–ガーマーの実験…… 9
電気素量…… 7
電子…… 5
ド・ブロイ波…… 8
ド・ブロイ波長…… 8
同時固有ケット…… 144
トムソンの実験…… 5
トンネル効果…… 93

な 行

内積…… 105

は 行

パウリ行列…… 171
波束…… 36
波動関数…… 19
ハミルトニアン…… 33
パリティ…… 71
ビリアル定理…… 200
フーリエ級数展開…… 45
フーリエ変換…… 136
不確定性関係…… 146
物質波…… 8
ブラ…… 105
プランク定数…… 2
分散…… 147
平行移動演算子…… 142
ベクトル表現…… 171
方位量子数…… 181
ボーアの原子模型…… 11
ボーア半径…… 12
ボルンの確率解釈…… 20, 123

ま 行

マクスウェル方程式…… 1
ミリカンの実験…… 7

ら 行

ラゲール陪多項式…… 191
理想測定…… 124
リュードベリ定数…… 11
量子化…… 58
量子数…… 59
ルジャンドル陪関数…… 181

畠山 温（はたけやま・あつし）
1972年　岩手県久慈市生まれ．
1996年　京都大学理学部卒業．
2001年　京都大学大学院理学研究科修了（博士（理学））．
　　　　大阪大学大学院理学研究科，カナダ国立素粒子原子核物理研究所
　　　　（TRIUMF），東京大学大学院総合文化研究科を経て，
現　在　東京農工大学大学院工学研究院先端物理工学部門准教授．
　　　　専門は原子物理学・量子エレクトロニクスの実験．
2015–2017年　内閣府上席科学技術政策フェロー

日本評論社ベーシック・シリーズ＝NBS

量子力学
（りょうしりきがく）

2017 年 11 月 15 日　第 1 版第 1 刷発行

著　者	畠山　温
発行者	串崎　浩
発行所	株式会社 日本評論社
	〒170-8474　東京都豊島区南大塚 3-12-4
電　話	(03) 3987-8621（販売）(03) 3987-8599（編集）
印　刷	藤原印刷
製　本	井上製本所
装　幀	図工ファイブ
イラスト	Tokin

ⓒ Atsushi Hatakeyama 2017　　　　　　　ISBN 978-4-535-80641-2

JCOPY　〈(社)出版者著作権管理機構 委託出版物〉本書の無断複写は著作権法上での例外を除き禁じられています．複写される場合は，そのつど事前に，(社)出版者著作権管理機構（電話 03-3513-6969, FAX 03-3513-6979, e-mail: info@jcopy.or.jp）の許諾を得てください．また，本書を代行業者等の第三者に依頼してスキャニング等の行為によりデジタル化することは，個人の家庭内の利用であっても，一切認められておりません．

NBS Nippyo Basic Series 日評ベーシック・シリーズ

大学で始まる「学問の世界」。講義や自らの学習のためのサポート役として、基礎力を身につけ、思考力、創造力を養うために随所に創意工夫がなされた教科書シリーズ。物理分野、刊行開始！

力学 御領 潤 ■既刊／本体価格2400円

電磁気学 中村 真 ＊

熱力学 河原林 透 ＊

量子力学 畠山 温 ■既刊／本体価格2200円

統計力学 出口哲生 ＊

解析力学 十河 清 ■既刊／本体価格2400円

物理数学 山崎 了＋三井敏之 ＊

相対性理論 小林 努 ■既刊／本体価格2200円

振動・波動 羽田野直道 ＊

＊は続刊

「学問の世界」への最初の1冊

日本評論社
https://www.nippyo.co.jp/